Physiker und Astronomen in Frankfurt

Johann Wolfgang Goethe-Universität
Frankfurt am Main

Physiker und Astronomen in Frankfurt

Herausgegeben im Auftrag
des Fachbereichs Physik

von

Klaus Bethge
Horst Klein

Die Herausgabe dieses Bandes wurde ermöglicht durch finanzielle Zuwendungen nachfolgend aufgeführter Firmen und Privatpersonen:

Adolf Messer Stiftung
Degussa AG
Deutsche Bank AG
Hartmann + Braun AG
alle Frankfurt am Main
W. C. Heraeus GmbH
Leybold AG
Vacuum Schmelze AG
alle Hanau
Linotype AG, Eschborn
Dr. Erich Vierhub, Frankfurt am Main
Wilfried Braun, Kronberg

Der Fachbereich Physik dankt allen Spendern für ihre freundliche Unterstützung.

CIP-Titelaufnahme der Deutschen Bibliothek

Geschichte der Johann-Wolfgang-Goethe-Universität, Frankfurt am Main : Physiker und Astronomen in Frankfurt / hrsg. im Auftr. d. Fachbereichs Physik. Klaus Bethge ; Horst Klein. – Neuwied : Metzner, 1989
ISBN 3-472-00031-7
NE: Bethge, Klaus [Hrsg.]

Verlag: Alfred Metzner Verlag im Hermann Luchterhand Verlag GmbH & Co KG, Frankfurt/Neuwied

Gesamtherstellung: Druckerei Wagner, Nördlingen
Gesetzt aus der Aldus-Antiqua der Firma Linotype in Eschborn
ISBN 3-472-00031-7

Physiker und Astronomen an der Johann Wolfgang Goethe-Universität Frankfurt am Main

Zur Einführung

Die Physik, an der jetzt 75 Jahre alten Universität Frankfurt am Main, seit 1932 Johann Wolfgang Goethe-Universität, blickt auf eine lange Tradition zurück. Im Jahre 1824 wurde der Physikalische Verein gegründet, der sich vor allem die Aufgabe gestellt hat, naturwissenschaftliche Erkenntnis und z. T. auch technisches Wissen zu vermitteln. Zu diesem Zweck waren durch den Verein Dozenten angestellt, unter denen so klangvolle Namen, wie *Ernst Florens Friedrich Chladni* (1825), *Johann Philipp Wagner, Philipp Reis, Ernst Abbe, Friedrich Kohlrausch, James Franck* (1907) waren.

Dieser Verein, der auch heute noch, z. B. durch seine regelmäßigen Schülervorlesungen, eine wichtige Rolle als Übermittler von Wissen spielt und damit die Jugend für die Naturwissenschaft zu begeistern versucht, war eine der Gründungsinstitutionen der Universität. So ergab es sich fast von selbst, daß die im Jahre 1914 vom Verein angestellten Dozenten nach der Gründung der Universität das Fach Physik in der naturwissenschaftlichen Fakultät als Professoren vertraten.

Der Physiker *Richard Wachsmuth,* seit 1907 Dozent am Physikalischen Verein und der letzte Rektor der Akademie für Sozial- und Handelswissenschaften, wurde zum ersten Rektor der Universität ernannt.

Mit einfacher handgeschriebener Postkarte lud er zur Eröffnung des akademischen Lehrbetriebs zum 26. Oktober 1914 ein.

Die schwere Zeit, durch die viele der Frankfurter Physiker während der Zeit der Nationalsozialistischen Herrschaft gingen, fand auch mit dem Kriegsende keinen Abschluß, denn die zum großen Teil zerstörten physikalischen Institute wurden nur sehr langsam wieder hergestellt, dennoch wurde unter großen Anstrengungen versucht, wieder einen geordneten Lehr- und Forschungsbetrieb aufzubauen. Ein Dokument aus dem Jahre 1946 ist das Bild, das die vier Lehrstuhlinhaber, *Czerny* (Experimentalphysik), *Madelung* (Theoretische Physik), *Seddig* (Angewandte Physik) und *Rajewsky* (Biophysik) zeigt.

Über Lehren und Wirken der Professoren und Dozenten der Physik an der Universität Frankfurt am Main soll dieser Band mit kurzen biographischen Lebensbildern berichten.

Es sind alle verstorbenen Mitglieder der naturwissenschaftlichen Fakultät oder des Fachbereiches Physik aufgenommen, die hier lehrten und forschten. Wenn allerdings der erste Inhaber der Professur für Angewandte Physik *Carl Déguisne* fehlt, so liegt das daran, daß über ihn fast keine Unterlagen vorhanden sind.

In vielen Fällen haben sich ehemalige Schüler oder Freunde bereit gefunden, den Bericht zu schreiben. Die Summe der Lebensbilder zeichnet auch ein Bild der deutschen Geschichte seit der Gründung der Universität. Wenn dabei unter-

Richard Wachsmuth 1914, erster Rektor der Universität

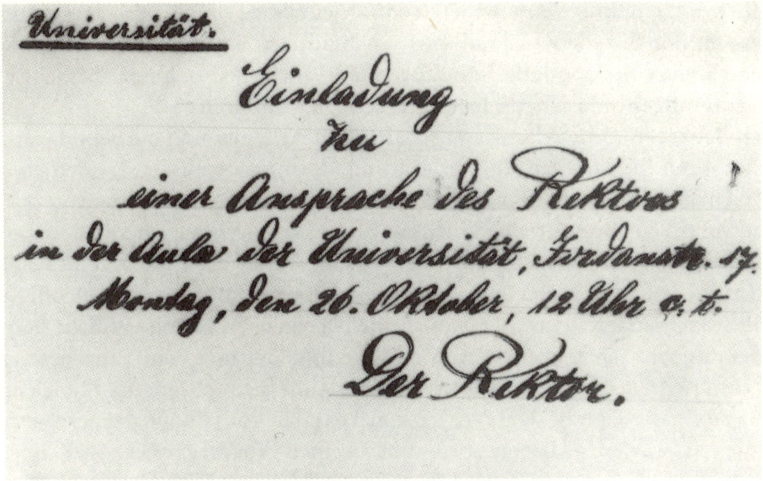
Universität.

Einladung

zu

einer Ansprache des Rektors

in der Aula der Universität, Mertonstr. 17.

Montag, den 26. Oktober, 12 Uhr c.t.

Der Rektor.

Einladungskarte zur Eröffnung der Universität

Die Ordinarien der Physik an der Universität 1946, v. l. M. Seddig, E. Madelung, B. Rajewsky, M. Cerny schiedlich lange Beiträge entstanden sind, so zeugt dies davon, daß einige Autoren das Wirken der Physiker in Frankfurt am Main aus eigenem Erleben schildern, während andere die spezielle Frankfurter Zeit nicht selbst miterlebt haben und aus Erinnerungen und Überlieferungen schöpfen mußten.

In allen Beiträgen stehen die wissenschaftlichen Arbeiten und die Schilderung der Wege zu ihren Ergebnissen im Vordergrund, doch runden die z. T. auch erwähnten vielen persönlichen Züge der Forscher das Bild das von ihnen gezeichnet werden sollte, ab. Beeindruckend ist die Breite des physikalischen Interesses der hier bedachten. Unter den Lehrern der Physik waren drei, die bereits vor ihrer Frankfurter Zeit oder später mit dem Nobelpreis für Physik ausgezeichnet wurden, aber auch andere, deren Leistung eine ebensolche Ehrung verdient hätte.

Die Herausgeber danken allen Autoren für ihre Beiträge, ein ganz besonderer Dank gilt *Friedrich Hund,* der selbst den Lehrstuhl für theoretische Physik an der Johann Wolfgang Goethe-Universität von 1951 bis 1957 innehatte und der sehr gerne bereit war, den Lebensabriß über seinen Vorvorgänger *Max Born* zu schreiben.

Möge dieser Beitrag des Fachbereichs Physik zum 75jährigen Bestehen der Johann Wolfgang Goethe-Universität Frankfurt am Main helfen, das Mosaik geistiger Bestrebungen, wie sie durch das Wirken der Physiker mitbestimmt wurde, zu dokumentieren.

Frankfurt am Main, im August 1989 K. Bethge, H. Klein

Richard Wachsmuth

1868–1941
Professor für Experimentalphysik und erster Rektor der »Königlichen Universität zu Frankfurt am Main«

von
Walter G. Saltzer
Frankfurt am Main

I. Lebenslauf und beruflicher Werdegang

RICHARD WACHSMUTH, geboren am 21. März 1868 in Marburg, entstammt einer alten Gelehrtenfamilie. Sein Vater, CURT WACHSMUTH, war Professor der Klassischen Philologie und Alten Geschichte, zuletzt in Leipzig, wo RICHARD WACHSMUTH 1887 an der Thomas-Schule sein Abitur ablegte. Entgegen der Familientradition wandte er sich nicht den Geisteswissenschaften zu, sondern studierte Physik in Heidelberg (1887/88), Berlin (88/89) und Leipzig (89/92).

Sein ererbter Sinn für historische Zusammenhänge und Traditionen kommt in seinem späteren Wirken immer wieder zum Vorschein, insbesondere in den verschiedenen Stellungnahmen und Reden zur Gründung der Johann Wolfgang Goethe-Universität, zu Rektoratsübergaben, zu Jubiläen, auch anderer akademischer Institutionen der Stadt[1].

Sein Physikstudium schloß WACHSMUTH im November 1892 mit der Promotion zum Dr. phil. ab. Thema der bei WIEDEMANN angefertigten Dissertation: »Untersuchungen auf dem Gebiet der inneren Wärmeleitung«.

Zu Beginn des Jahres 1893 trat er eine Stelle als »Wissenschaftlicher Hilfsarbeiter« bei der Physikalisch-Technischen Reichsanstalt in Berlin-Charlottenburg an und kam bald in den engeren Kreis um HERMANN VON HELMHOLTZ, der ihn mit der Herausgabe zweier Werke beauftragte; einmal der 5. Auflage seiner »Lehre von den Tonempfindungen« und zum anderen den von ANNA VON HELMHOLTZ und EMIL DU BOIS-REYMOND übersetzten »Neuesten Anschauungen über Elektrizität« von OLIVER LODGE. Beide Werke erschienen 1896, zwei Jahre nach HELMHOLTZ' Tod.

Im März 1895 wurde WACHSMUTH zum Assistenten an der PTR ernannt, nahm aber im folgenden Jahr eine Assistentenstelle am Physikalischen Institut der Universität Göttingen an, wo er bis zum Mai 1898 blieb. Im Juni 1896 erhielt er die »venia legendi« für Physik.

In Göttingen begann sich gerade die bald berühmt gewordene mathematisch-physikalische Schule zu entwickeln. Als erster Direktor des Physikalischen Insti-

1 Als Beispiel führe ich seine Rede zum 25. Jahrestag der Eröffnung der Akademie für Sozial- und Handelswissenschaften an, über die in II 2 noch näher gehandelt wird.

tuts an der neu gegründeten Universität Frankfurt am Main war er später maßgeblich an der Berufung von Vertretern der Göttinger Schule an die Naturwissenschaftliche Fakultät beteiligt.

Im Mai 1898 erfolgte WACHSMUTHS Berufung auf eine a. o. Professur in Rostock, die er für 7 Jahre innehatte. Etwas überraschend mutet der Wechsel als »Ordentlicher Lehrer« an die Militärakademie nach Berlin im Oktober 1905 an. Suchte er die Nähe zu seinem ersten Wirkungskreis an der PTR? Im November 1906 kam eine Bestallung als a. o. Lehrer an die Bergakademie hinzu.

Eine entscheidende Wende – gerade auch im Hinblick auf das Anliegen und den Anlaß dieses Bandes – fand in WACHSMUTHS beruflichem Leben mit der Ernennung zum Dozenten für Physik an den hiesigen »Physikalischen Verein« statt. Frankfurt am Main blieb fortan seine Wirkungsstätte. Ab Oktober 1907 übernahm er nebenamtlich eine Dozentur an der »Akademie für Sozial- und Handelswissenschaften«, dem institutionellen Kernstück der späteren Universität. Ein Jahr später wurde WACHSMUTH zum Professor für Experimentalphysik an der Akademie ernannt. Es zeigten sich also schon ganz deutlich Tendenzen an, das Lehrangebot dieser Einrichtung auch in andere noch nicht einmal benachbarte Disziplinen hinein auszuweiten[2].

WACHSMUTH war auch der letzte Rektor der Akademie, im akademischen Jahr 1913/14, bevor diese in der Neugründung der »Universität zu Frankfurt am Main« aufging. So bekleidete er das Rektoramt zweimal in Folge: Zwei Tage nach seiner Berufung zum ordentlichen Professor für Experimentalphysik und der Bestellung zum Direktor des »Physikalischen Universitäts-Instituts« wurde er am 16. August 1914 zum ersten Rektor der Universität Frankfurt am Main ernannt, in einer politisch sehr schwierigen Zeit, 15 Tage nach Ausbruch des 1. Weltkrieges. Im Grunde war von da an die gesamte Zeit, in der WACHSMUTH Mitglied der Universität war, nur noch politisch labil; erst die Jahre des Weltkrieges, dann die Weltwirtschaftskrise und die Labilitäten der Weimarer Republik. Manch einer, dem das Wohl seiner Universität am Herzen lag, hat viel an Zeit und Kraft aufgebracht, um diese noch so junge Institution am Leben zu bewahren. Zu denen gehörte ganz gewiß auch WACHSMUTH. Eine Feststellung aus seiner Abschiedsvorlesung, wenn sie richtig überliefert ist[3], läßt etwas von dem Zwang zur Abwägung der Interessen ahnen: An der Universität habe er sich nur als Helfer empfunden, hier am Institut aber habe er Schöpfer sein dürfen.

WACHSMUTH ließ sich aus gesundheitlichen Gründen vorzeitig zum April 1932 emeritieren. 1939, zum 25. Jubiläum der Universitätsgründung, wurde er Ehrensenator der »Johann Wolfgang Goethe-Universität«, wie sie nun seit Goethes 100. Todestag, am 22. März 1932, hieß. Am 1. Januar 1941 verstarb WACHSMUTH in Icking bei München, wo er seine letzten Lebensjahre verbracht hatte, im Alter von 72 Jahren.

2 Vgl. dazu den Beitrag von *Kegel, Martin Brendel* betreffend, in diesem Band.

3 Frankfurter Stadtblatt vom 27. Februar 1932. Das große Echo auf diese letzte Vorlesung, von dem berichtet wird, läßt den Schluß zu, daß *Wachsmuth* ein beliebter und erfolgreicher Hochschullehrer war.

Richard Wachsmuth, um 1930

II. Wissenschaftlicher Beitrag

Hierzu gehören nicht nur die physikalischen Arbeiten WACHSMUTHS, sondern Aufsätze historischen Inhalts, seine Tätigkeit als Herausgeber und Übersetzer[4] und biographische Traktate und Skizzen. Es sind also praktisch vier Gebiete, auf denen er, mit unterschiedlichem wissenschaftlichen Standard freilich, publiziert hat, und das muß mitberücksichtigt werden, wenn man zu einem ausgewogenen Urteil kommen will.

1. Was seine physikalischen Abhandlungen angeht, so nannte WACHSMUTH selbst drei Forschungsschwerpunkte, mit denen er insbesondere befaßt war:
a) Akustik,
b) Elektrische Wellen,
c) Elektrizitätsleitung in Gasen.

4 *Wachsmuth* hat das Standardwerk zur Spektroskopie im englischen Sprachraum, *Baly's* »Spectroscopy« übersetzt (Berlin 1908).

Seine erste physikalische Arbeit [1] erschien 1891, etwa ein Jahr vor der Promotion. Es ist eine sorgfältige experimentelle Untersuchung zur Drehung der Polarisationsebene des Lichtes in verschiedenen chemischen Flüssigkeiten. Solche empirischen Durchmusterungen waren damals sehr populär. WACHSMUTH wählte die Säuren H_2SO_4, HCL, HNO_3, $CH_3.CO.OH$ und die entsprechenden Salze von Mangan, Cobalt und Nickel. Der ermittelte mittlere Fehler von 5,4'' bis 18,8'' (bei $CoSO_4$, das zu der dunkelsten Lösungsgruppe gehört) entsprach einem guten Genauigkeitsgrad. Die Ergebnisse werden in einer Tabelle zusammengestellt; Korrelationen der Werte von spezifischer und molekularer Drehung der einzelnen Salze – etwa bei gleichen elektropositiven, aber verschiedenen elektronegativen Bestandteilen – in Richtung auf eine möglicherweise zugrundeliegende Gesetzlichkeit werden erwogen, aber nicht affirmativ festgestellt.
Das Arbeitsgebiet von WACHSMUTHS Dissertation [2] taucht bei ihm nicht weiter auf[5], höchstens könnte man von einer Verschiebung der Thematik von der Wärmeleitung in Flüssigkeiten auf die der Elektrizität in Gasen sprechen, also den dritten Schwerpunkt betreffend. Als ihr wichtigstes Ergebnis bezeichnet WACHSMUTH den Nachweis, daß die Wärmeleitung unabhängig von der inneren Reibung in der Flüssigkeit sei. Die Bestimmung der Konstanten »k« für das innere Wärmeleitungsvermögen in Abhängigkeit von der spezifischen Wärme und Dichte der Flüssigkeit geschieht nach einer damals gängigen Formel von LORBERG, worin die Temperaturdifferenzen – nach einer empirisch als gesichert geltenden Proportionalität – auf Galvanometerausschläge reduziert sind. Vom historischen Standpunkt interessant ist, daß WACHSMUTH Strömungsphänomene möglichst ausschalten will, um die Wärmeleitung turbulenzenfrei verfolgen zu können. Ihm war aufgefallen, daß bei der sogen. »Säulenmethode« (eine Flüssigkeitssäule wird von oben erwärmt) schon sehr geringe Unregelmäßigkeiten, sei es in dem Erwärmungsgefäß, sei es im umgebenden Mantel, das statische Gleichgewicht der aufeinandergeschichteten Lagen verschiedener Temperatur und daher verschiedenen spezifischen Gewichtes stören[6].
Heute sind es gerade die spontan auftretenden Strömungsmuster beim Wärmetransport, die das Interesse der Forschung auf sich ziehen. Darin liegt ein typisches Merkmal im Entwicklungsprozeß von Theorien: vorher ausgeschaltete »Störfaktoren« werden wieder hereingeholt und zum Gegenstand eines erweiterten theoretischen Ansatzes gemacht.

Zu den drei von WACHSMUTH angegebenen Schwerpunkten:

a) Das Interesse an der Akustik mag wohl durch HELMHOLTZ geweckt worden sein während WACHSMUTHS Aufenthalt bei der PTR. Es liegt nahe, sich weiter für die Objektseite akustischer Phänomene zu interessieren, wenn man sich so exten-

5 Wie üblich wurde eine Zusammenfassung in einer Fachzeitschrift (hier unter dem selben Titel und in fast gleichem Umfang) publiziert [3].
6 AaO. [2] S. 162/3.

siv mit der »Lehre von den Tonempfindungen« beschäftigt hat[7]. Die erste mir zugängliche Arbeit zur Akustik stammt aus seiner Rostocker Zeit [4] und handelt über die Tonbildung bei Labialpfeifen. Wie so oft, wenn man sich einem neuen Arbeitsgebiet zuwendet, legt der erste Ansatz eine Folge von Problemen und Lösungsversuchen fest. So war es auch hier der Fall, und deshalb sei exemplarisch auf diese Abhandlung näher eingegangen.
WACHSMUTH hatte offenbar ein überraschendes nichtlineares Phänomen entdeckt: Bringt man vor den rechteckigen Luftspalt einer Pfeife einen passenden Keil und läßt die Luft gegen dessen scharfe Schneide anschlagen, so entstehen die sog. »Schneidentöne«. Verschiebt man nun den Keil langsam parallel vom Spalt fort, so wird der Ton tiefer – entsprechend einem abnehmenden Luftdruck – bis zu einem gewissen vom Blasedruck und der Spaltweite abhängigen Abstand. Ist dieser erreicht, so springt der Ton plötzlich um eine Oktave in die Höhe, wird bei weiterer Vergrößerung des Abstandes wieder tiefer, bis ein zweiter Sprung erfolgt, diesmal um eine Quinte, der den Ton wieder auf die Höhe des ersten Oktavsprunges bringt. Manchmal gelänge es noch, einen dritten Sprung zu hören. WACHSMUTH vermerkt noch ein adjungiertes Phasenphänomen, einen spontanten Oktavabfall, wenn man den Keil seitlich zur Spaltöffnung verschiebt (Position IV in Fig. 2).
Die beiden Figuren geben einmal die Tonsprünge (für einen willkürlichen Druck) in Abhängigkeit vom Keilabstand wieder (Fig. 1) und zum anderen die entsprechenden 4 Positionen des Keils relativ zum Luftspalt (Fig. 2). Die dickgezogene schwarze Linie soll die Gestalt des wandernden Luftstroms darstellen, die WACHSMUTH durch eine schöne experimentelle Anordnung kinematographisch aufzeichnete[8]. Es gelang ihm zu zeigen, daß bereits das aus dem rechteckigen Spalt heraustretende Luftband von vornherein in einem labilen Gleichgewichtszustand war und zu pendeln begann. Eine befriedigende Erklärung des zweifachen Tonsprungs konnte auch in der lebhaften sich anschließenden Diskussion nicht gefunden werden. Es ist jedoch interessant zu sehen, wie um ein phänomenologisches Verständnis des Bruches einer doch als vollkommen symmetrisch erwarteten Situation gerungen wird[9]. WACHSMUTH hat sich dann der Tonerzeugung bei Pfeifen und Blasinstrumenten generell auf breiteter Grundlage gewidmet [5], das verblüffende Phasenphänomen allerdings nicht mehr in extenso aufgegriffen.

b) Womöglich bilden Resonanzerscheinungen in der Akustik die Brücke zum zweiten Forschungsschwerpunkt, den »elektrischen Wellen«. In der letzten Arbeit zur Akustik [6] weist WACHSMUTH auf diese Entsprechung ausdrücklich hin. Überblickt man die Mehrzahl seiner hier einschlägigen Untersuchungen – es sind

7 *Wachsmuth* besorgte noch eine 6. Auflage dieses Standardwerkes, Braunschweig 1913, sieben Jahre nach der fünften.

8 Auf einer in einem Kasten schnell rotierenden Trommel war ein Film angebracht, auf dem alle 4–6 $\times 10^{-3}$ sec. ein Bild aufgenommen werden konnte, so daß sich jede Schallschwingung in mehrere Phasen zerlegen ließ.

9 AaO. [4] S. 746/7.

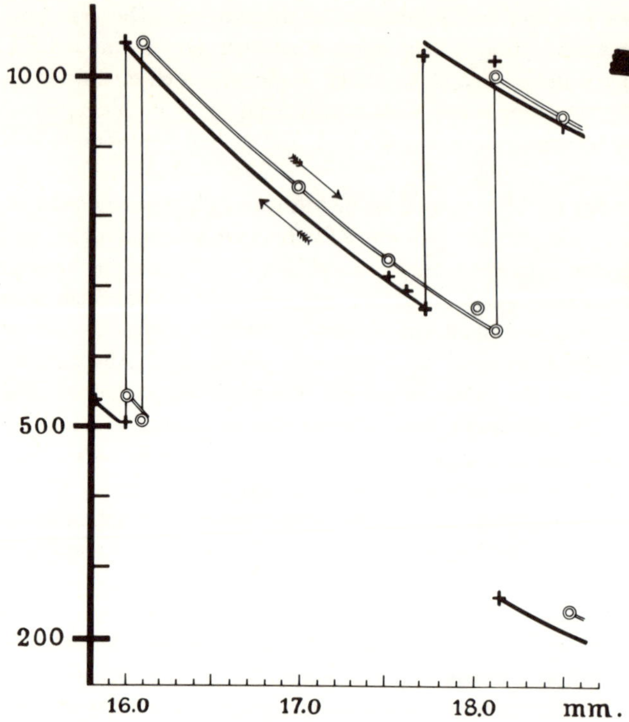

Fig. 1

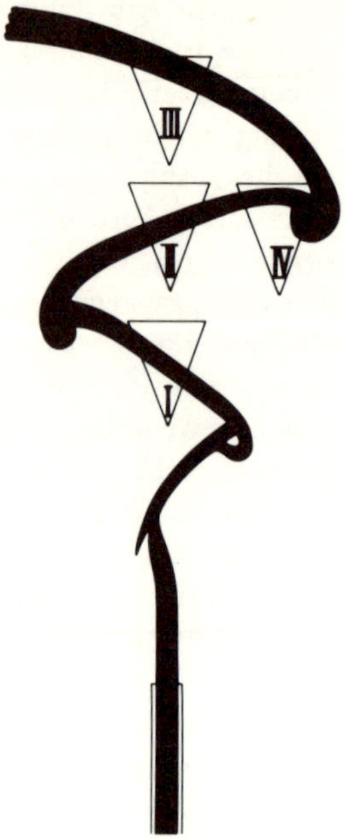

Fig. 2

Ergebnisse über Strömungswirbel

meist knappe experimentelle Arbeiten – so spielt in der Tat immer die Korrelation mit akustischen und mechanischen Schwingungen die entscheidende Rolle. Zum Beispiel wird nach einer zweijährigen kontrovers geführten Debatte (in deren Verlauf WACHSMUTH zwei Dissertationen mit gleicher Thematik vergab) schließlich der Beweis erbracht, daß die sichtbaren elektrischen Seitenentladungen isoliert gespannter Drähte nicht etwa die Folge einer stehenden elektrischen Welle sind, sondern auf mechanische Schwingungen der Drähte zurückgeführt werden müssen, die durch elektrostatische Anziehung benachbarter Leiter erregt werden [7]. In einem anderen Fall bringt ihn die Korrelation elektrischer und mechanischer Schwingungen auf den Gedanken, die Frequenz eines Wechselstromes mit Hilfe einer in einer kleinen Feilzwinge eingespannten dünnen Uhrfeder, deren Schwingungszahl N vorher geeicht wurde, zu bestimmen. Der Grundversuch: Das freie Ende der Feder trägt ein angeklebtes Papierquadrat; wird die Feder durch Zupfen in Schwingung gebracht und das Quadrat mit Wechselstromlicht beleuchtet, so wird das Quadrat stillzustehen scheinen, wenn die Schwingungszahl der Stromfrequenz entspricht. Bis zu einer Wechselzahl von 150 pro Sekunde (die Bezeichnung »Hertz« war noch nicht eingeführt) erwies sich diese Methode als recht zuverlässig [8].

Auch in WACHSMUTHS letzter Arbeit auf diesem Gebiet geht es um eine korrelierte Resonanzerscheinung [9]. In Umkehrung des piezoelektrischen Effektes werden Parameter (etwa die Fortpflanzungsgeschwindigkeit) und Begleiterscheinungen (eine auftretende Luftströmung bei intensiver Dickenschwingung) mechanischer Schwingungen an Quarzplatten näher untersucht, die durch einen ungedämpften Schwingkreis elektrisch erregt wurden. Diese Erscheinungen waren seinerzeit ein beliebtes Experimentierfeld.
Aber in die allgemeinen, mehr theoretisches Wissen und Engagement erfordernden Erörterungen den Elektromagnetismus betreffend, ließ sich WACHSMUTH nicht ein, regte aber Dissertationen darüber an, wie beispielsweise die von ULLER von 1903[10]. Erst zwei Jahre zuvor war es MARCONI gelungen, von Irland aus den Atlantik »drahtlos« zu überbrücken.
c) Was das dritte Forschungsfeld angeht, die Elektrizitätsleitung in Gasen, so hat WACHSMUTH die wichtigsten Ergebnisse in einem Festbeitrag zur Jahrhundertfeier des Physikalischen Vereins zu Frankfurt am Main zusammengefaßt [10][11]. Geklärt werden soll ein Phänomen, das J. J. THOMSON 1891 beobachtet hatte: Eine Glaskugel hängt in einer Drahtspule, die von hochfrequentem Entladungsstrom einiger Leidener Flaschen durchflossen wird; bei zunehmender Evakuierung der Kugel zeigt sich zunächst ein rosa leuchtender, dann ein blendend weißer Ring. Das Interesse WACHSMUTHS und anderer Forscher galt natürlich den Vorgängen im Inneren der Kugel. Die wechselnde Farberscheinung mußte ein Maß für die Ionisierung des eingeschlossenen Gases sein und die wiederum einer wechselnden Größe der Leitfähigkeit entsprechen. Auf zwei verschiedenen Wegen wurde schließlich ein Maximum der Leitfähigkeit sowohl bei gedämpfter als auch bei ungedämpfter Erregung gefunden. Es war empirisch durch den Zustand des vollen Leuchtens (weißleuchtend und blau) der Kugel bereits indiziert; der verbliebene Druck lag im ersten Fall bei 0.0288 mm, im zweiten bei 0.366 mm.
Fazit bezüglich der physikalischen Arbeiten WACHSMUTHS: Er war noch ganz und gar Vertreter der klassischen experimentellen Physik; vielseitig in der Anlage, versatil im Ausdenken von Experimenten. Kein nachweisbares Echo, so scheint es, haben sowohl die beiden Relativitätstheorien – als auch die schon deutliche Kontur gewinnende Quantentheorie bei ihm erzeugt. 1913 war BOHRS Trilogie zum Aufbau der Atome und Moleküle erschienen, aber in keiner der späteren Arbeiten WACHSMUTHS wird auch nur der Versuch gemacht, die im elektrodenlosen Ringstrom erzeugten Spektren mit der BOHRschen Theorie irgendwie in Verbindung zu bringen. Auch die im Anschluß an die Quanten- und

10 »Beiträge zur Theorie der elektromagnetischen Strahlung«. Darauf machte mich Herr Dipl. phys. *W. Trageser* aufmerksam. Eine wichtige zur Entscheidung stehende Frage war, ob es sich bei der elektromagnetischen Ausbreitung um Oberflächen- oder Raumwellen handelt. 1909 schaltete sich *Sommerfeld* mit einer umfänglichen Arbeit in den Annalen der Physik (28, S. 665–736) in die Debatte ein, »Über die Ausbreitung der Wellen in der drahtlosen Telegraphie«.

11 Eine letzte Arbeit zu diesem Thema [11] erscheint 1 Jahr später mit nur geringfügigen Modifikationen und ausführlicherer Darlegung des Weges, auf dem die Ergebnisse erzielt wurden.

Relativitätstheorie heftig einsetzende Grundlagendiskussion um die Neue Physik ist offenbar spurlos an ihm vorbeigegangen. Während an seinem Institut der folgenschwere STERN-GERLACH Versuch gemacht wurde, im November 1921[12], war WACHSMUTH gerade mit einer Biographie über HELMHOLTZ und einer neuen Methode zur Bestimmung der Dielektrizitätskonstanten flüssiger Körper beschäftigt.

2. Noch einige Bemerkungen zu den anderen erwähnten Publikationsfeldern. Es wurde bereits gesagt, daß HELMHOLTZ WACHSMUTH in jungen Jahren mit der Herausgabe zweier Werke beauftragt hatte (s. o. S. 6 und Anm. 7). Mit wesentlich größerem Arbeitsaufwand war die gemeinsam mit B. LEPSIUS besorgte Herausgabe der voluminösen »Denkschrift« zur ersten internationalen Luftschifffahrts-Ausstellung (ILA) von 1909 in Frankfurt am Main verbunden [12]. Diese Ausstellung wurde zu einer Prestige-Angelegenheit des gesamten Reichs, und WACHSMUTH erhielt den Vorsitz der sie organisierenden und begleitenden wissenschaftlichen Kommission, über deren Tätigkeit er ebenfalls in der Denkschrift berichtete.
Noch bei einem wichtigen Anlaß war WACHSMUTH als Editor tätig: 1924 gab er die Festschrift zum 100jährigen Bestehen des Physikalischen Vereins heraus. Für das entsprechende Anliegen von seiten der Johann Wolfgang Goethe-Universität – 1939 wurde ihr 25jähriges Gründungsjubiläum gefeiert – übernahm er auch die Autorschaft [13]. Diese Gründungsgeschichte der Johann Wolfgang Goethe-Universität Frankfurt am Main ist sicher die wichtigste historische Veröffentlichung WACHSMUTHS. Die wesentliche Vorarbeit hierzu ist bereits in einer für den Druck erweiterten Rede zur Feier des 25. Jahrestages der Eröffnung der Akademie für Sozial- und Handelswissenschaften, der Keimzelle für die spätere Johann Wolfgang Goethe-Universität, geleistet [14]. WACHSMUTH war voll vertraut mit der Geschichte der zahlreichen Stiftungen und Institutionen, meist naturwissenschaftlicher Ausrichtung, die mit Beginn des 19. Jahrhunderts von Frankfurter Bürgern gegründet wurden und die zumindest ideell das Feld für eine künftige Universität bereiten halfen; in einigen Fällen war die Hilfestellung zusätzlich auch materieller Art, etwa beim Physikalischen Verein und der Senckenbergischen Naturforschenden Gesellschaft. Und er hatte Sinn für die richtige Einschätzung der neuen Situation, die mit der Reichsgründung von 1871 auf eine Stadt wie Frankfurt am Main hinsichtlich der Ausweitung von Handel und wissenschaftlich-technischem Transfer zukam. WACHSMUTH zeichnet den Weg zur Gründung der Akademie ganz im Sinne dieser Forderung nach und forciert seinen Bericht sogleich auf den notwendigen Folgeschritt hin, die Errichtung der »Universität zu Frankfurt am Main«, an der er selbst schon in hohem Maße beteiligt war, jedenfalls mehr als es aus seiner nüchternen Darstellung von 1929 [13] ersichtlich wird. Nach gutem historiographischen Stil gibt er im Anhang eine

12 *Walter Gerlach* war damals *Wachsmuths* Oberassistent. Zu *Gerlach* und *Stern* siehe die Beiträge von *Rechenberg* und *Estermann* in diesem Band.

Zusammenstellung der wichtigsten Quellen, so daß sich der Leser an entscheidenden Stellen des Gründungsverfahrens ein eigenes Urteil bilden kann.
Bei dieser Neigung zu historischen Gegenständen und Fragestellungen ist es eigentlich erstaunlich, daß WACHSMUTH nur einmal – wenn ich recht sehe – zur Geschichte seines eigenen Faches Stellung genommen hat[13], und zwar in seiner Rede zur Übernahme des Rektorats an der Akademie (im November 1913), mit dem Thema »Physik vor hundert Jahren« [16]. Seine Beschreibung der Situation und der erreichten Fortschritte um die Wende zum 19. Jahrhundert, sind im Ganzen zutreffend: Klärung des Materiebegriffs bis zur Begründung der neuen Atomistik durch Dalton; Klärung des Verhaltens der Gase in Abhängigkeit von Druck und Temperatur (GAY-LUSSAC 1802); die initiierte Ablösung der Wärmestoff-Hypothese durch die Experimente von Graf RUMFORD; der Schwenk von der newtonischen Korpuskulartheorie des Lichts zur Wellentheorie durch die Arbeiten von YOUNG und schließlich die Begründung einer wissenschaftlichen Elektrizitätslehre innerhalb der ersten zwei Jahrzehnte. Nur die Leistungen der Franzosen in der Rationalen Mechanik und ihr theoretischer Stil überhaupt kommen zu kurz. Natürlich mußte WACHSMUTH auch zu der damals noch heftig diskutierten Frage um die Bestimmung der Positionen von Geistes- und Naturwissenschaften im Rahmen der Gesamtkultur und im Verhältnis zueinander Stellung nehmen. Und diese Stellungnahme läuft vielmehr auf das Gemeinsame, als auf das Trennende hinaus: allenfalls im Gegenstandsbereich, im Objekt könne ein Unterschied liegen, nicht aber im Ziel und Methode der Erkenntnisfindung schlechthin! Denn letztlich bestehe auch das naturwissenschaftliche Wissen nur aus Bildern, die wir uns von der Außenwelt machen, ohne daß wir zugleich ein Mittel besäßen, uns auch von ihrer Realität zu überzeugen (S. 26-8). Das erinnert an die Einleitung von Hertz zu seiner ,,Mechanik''.

III. Hochschulpolitisches Wirken

WACHSMUTH war also der letzte Rektor der Akademie und wurde 9 Monate später Gründungsrektor der Johann Wolfgang Goethe-Universität, in der die Akademie aufgegangen war. Gewiß lag in dieser Abfolge der Ämter ein Moment des Praktischen, der erwarteten Reibungslosigkeit des Übergangs[14]. Trotzdem, meine ich, war er auch der richtige Mann, um die hinzukommenden nicht-naturwissenschaftlichen Fakultäten und Disziplinen ebenfalls zu repräsentieren. Ein Zitat aus der oben skizzierten Rektoratsrede mag dies belegen:

13 Mittelbar enthält natürlich auch *Wachsmuths* recht ausführliche Biographie über *Helmholtz* [15] Stellungnahmen zum Zustand der Physik, wie er seit den Vierziger Jahren zu einem ganz erheblichen Teil von seinem großen Vorbild mitgestaltet worden war.

14 Es trifft zu, daß Alt-Bürgermeister *Adickes*, Vorsitzender des Kuratoriums, gern *Paul Ehrlich*, den »bekanntesten Frankfurter Professor« als ersten Rektor gewonnen hätte. *Ehrlich* lehnte ab (siehe [13] S. 97). Inzwischen war nach Beginn des Weltkrieges die Situation eine völlig andere geworden; rasches Handeln war gefragt.

»Man könnte vielleicht all die Gebiete, welche sich mit der Erforschung der geistigen Äußerungen des Menschenlebens, also mit der Sprache, der Geschichte, in diesem Sinne auch mit der Mathematik beschäftigen, als Kulturwissenschaften zusammenfassen, denen man die Naturwissenschaften folgerichtig gegenüberstellen würde. Allerdings läßt sich auch diese Unterscheidung nicht bis zur letzten Konsequenz durchführen, weil jeder äußere Gegenstand von uns nur durch Vermittlung unserer Sinne wahrgenommen werden kann . . . Wenn aber nach dem Goetheschen Wort alles Vergängliche nur ein Gleichnis ist, und das Gleichnis dem besonderen Denkvermögen unseres Geistes entspricht, so ist damit die Brücke geschlagen, auf der die gesamte Naturwissenschaft zu den ›Kulturwissenschaften‹ hinüberzieht.«

Unabhängig von den Gründen, die den Kultusminister in Berlin bewogen haben mögen, WACHSMUTH zum ersten Rektor zu ernennen, sind dessen Verdienste an der Errichtung der Johann Wolfgang Goethe-Universität unbestreitbar. Spätestens seit dem 29./30. September 1911, dem Datum einer allgemeinen Aussprache im Kultusministerium, gehört er ständig zu dem Kreis derer, die intensiv mit den Vorarbeiten zur Gründung in jeder Phase befaßt waren. Durch seine Wahl zum Rektor der Akademie wurde er qua Amt Mitglied des »Großen Rates«, dem wichtigsten internen Entscheidungsgremium in Sachen Universität, in dessen Händen die Vollendung der Satzung, der baulichen Maßnahmen sowie der Verlauf der Eröffnung lag. Damit war WACHSMUTH neben dem Alt-Bürgermeister Adickes, dem spiritus rector des Unternehmens von Anbeginn, zum wichtigsten Repräsentanten der kulturellen und politischen Körperschaften geworden, die in dieser letzten Phase das Werk vollenden wollten.

Und die Schwierigkeiten türmten sich. Nach dem kaiserlichen Erlaß vom 10. Juni 1914 war das juristische Verfahren der Gründung praktisch abgeschlossen, die Satzung aber noch nicht vom Kaiser unterschrieben. Inzwischen erkrankte ADIKKES schwer und mußte den ganzen Juli über vom Rektor (WACHSMUTH) täglich besucht werden, weil sowohl die für die ersten Augusttage angekündigte allgemeine Besichtigung aller künftigen Universtäts-Anstalten durch den Minister als auch die auf den 18. Oktober festgelegte feierliche Eröffnung in Anwesenheit des Kaisers vorzubereiten war.

Es kam bekanntlich anders: Am 1. August brach der 1. Weltkrieg aus, und am gleichen Tage noch wurde die Satzung unterschrieben. Laut ministeriellem Erlaß vom 8. August sollten nun, ohne besondere Feierlichkeiten, Anfang des Wintersemesters die Vorlesungen beginnen. Am 16. Oktober fand die erste Immatrikulation statt und am 18. meldete der Rektor dem Kaiser, »daß die Universität in aller Stille ihre Arbeit zu beginnen im Angriff stehe« ([13] S. 99). Am 26. Oktober versammelte WACHSMUTH den Lehrkörper und die Studentenschaft zu einer kleinen Feier, um mit einer »schlichten Ansprache« die Universität formell zu eröffnen. Dem Brauch gemäß verfaßte er eine kleine Ode, die ich nicht unterdrücken will:

Ohne Prunkmal, ohne Orden
ohne Rede, ohne Fest,

bist Du nun eröffnet worden
Alma Mater in Südwest.
Rechte Tat am rechten Orte,
doch kein Trunkspruch, lang und fad,
heute gelten keine Worte
heute gilt allein die Tat.

Urteile wer wie mag. Sicher wurde WACHSMUTH wegen seiner Verdienste um die Errichtung und den Erhalt der Arbeitsfähigkeit der Johann Wolfgang Goethe-Universität in den ersten Kriegsjahren zum Geheimen Regierungsrat ernannt (Juli 1916), und nach Kriegsende, vom November 1919 bis 1923, nahm er das Amt des Stadtverordneten zur Vertretung der Belange der Johann Wolfgang Goethe-Universität wahr.

Es ist gewiß nicht verfehlt zu sagen, daß ihm die Johann Wolfgang Goethe-Universität und der Fachbereich Physik, beide in ihrem geschichtlichen Werdegang, viel verdanken.

Zitierte Literatur

[1] Die electromagnetische Drehung der Polarisationsebene einiger Säuren und Salzlösungen, in Wiedemanns Annalen der Physik und Chemie, NF 44, 1981, 377–82.

[2] Untersuchungen auf dem Gebiet der inneren Wärmeleitung, Inaugural-Dissertation, Leipzig 1892.

[3] Untersuchungen auf dem Gebiet der inneren Wärmeleitung, in Wiedemanns Annalen der Physik und Chemie, 48, 1893, 158–79.

[4] Schneidentöne und Labialpfeifen, Physikalische Zeitschrift, 4. Jahrg., 26b, 1903, 743–48.

[5] Labialpfeifen und Lamellentöne, Annalen der Physik, 4. Folge, 14, 1904, 469–505. Tonerzeugung in Orgelpfeifen, Verh. d. Deut. Physik. Ges. 8, 1906, 60–76. Klang, in Handwörterbuch der Naturwissenschaften, G. Fischer, Jena, 5, 1914, 775–82.

[6] Ein Vorlesungsversuch über Resonanz, Physik. Zeitschrift XXVI, 1925, 75/6.

[7] Seiten-Entladungen frei gespannter Drähte, Physik. Zeitschrift, 4. Jahrg. 19, 1903, 534–5.

[8] Bestimmung der Wechselzahl eines Wechselstromes, Annalen d. Physik, 4. Folge, 4, 1901, 323–6.

[9] Mechanische Schwingungen piezoelektrisch angeregter Quarze, Zeitschrift f. Physik, Vol. 47, 1928, 323–9.

[10] Der Elektrodenlose Ringstrom bei gedämpfter und ungedämpfter Erregung, Festschrift zur Jahrhundertfeier d. Physikalischen Vereins, Frankfurt am Main 1924, 39–43.

[11] Der elektrodenlose Ringstrom. (zus. m. W. Schütz), Annalen d. Physik, Vol. 78, 1925, 57–71.

[12] Ergebnisse der ersten Internationalen Luftschiffahrts-Ausstellung zu Frankfurt am Main 1909, 2 Bände, Springer Berlin 1911.

[13] Die Gründung der Universität Frankfurt. Im Auftrag des Senats dargestellt, Frankfurt am Main 1929, 260 S.

[14] Die Errichtung der Akademie und ihre Entwicklung zur Universität. Frankfurter Universitätsreden XXIV, Frankfurt am Main 1926.

[15] Hermann von Helmholtz, Veröffentl. d. Gesellschaft f. Wissenschaft und Leben im rhein.-westf. Industriebezirk, Essen 1922, 31 Seiten.
[16] Physik vor hundert Jahren. Rektoratswechsel an der Akad. für Sozial- und Handelswiss. zu Frankfurt am Main am 5. Nov. 1913, Jena G. Fischer, 1914, 19–36.

Martin Brendel

1862–1939

von

Wilhelm H. Kegel

Frankfurt am Main

1. Der berufliche Werdegang

OTTO RUDOLF MARTIN BRENDEL wurde am 12. August 1862 in Niederschönhausen bei Berlin geboren. Nach dem Abitur im Jahre 1883 studierte er in Berlin, München, Stockholm, Paris und London Mathematik und Astronomie. 1890 wurde er in Berlin zum Dr. phil. promoviert. Nach der Promotion ging er zunächst nach Potsdam und dann nach Greifswald. Hier habilitierte er sich 1892 für das Fach Astronomie und lehrte dann bis 1898 als Privatdozent.

In diese Zeit fällt seine Heirat mit der Französin EMILIE MARCELINE LE GARGAM. Aus der Ehe ging ein Sohn KARL OTTO RENÉ hervor.

Im Jahre 1898 wurde BRENDEL auf eine a. o. Professur für theoretische Astronomie und Geodäsie nach Göttingen berufen. 1902 wurde er zusätzlich damit beauftragt, im Rahmen des Seminars für Versicherungswissenschaft die Fächer mathematische Statistik, Versicherungsstatistik und Wahrscheinlichkeitsrechnung zu vertreten. Die Akademie für Sozial- und Handelswissenschaften hat dann im Jahre 1907 BRENDEL zur Vertretung der Fächer Mathematik und Versicherungswissenschaften nach Frankfurt am Main berufen. Dies gab dem Physikalischen Verein die Möglichkeit, ihm auch die Leitung der 1908 fertiggestellten Sternwarte zu übertragen und damit die Astronomie durch einen Fachmann vertreten zu lassen. Hieraus ergaben sich aber auch gewisse Probleme, da eine selbständige, wissenschaftlich arbeitende Sternwarte in dem ursprünglichen Konzept des Physikalischen Vereins eigentlich nicht vorgesehen war. Bei der Planung des Neubaus in der damaligen Viktoriaallee hatte man bei der Sternwarte vielmehr nur an eine Einrichtung zur Demonstration der Erscheinungen des Sternenhimmels gedacht. Daneben sollten die für den Zeitdienst notwendigen Beobachtungen ausgeführt werden. Entsprechend nahmen sich die für die Sternwarte vorgesehenen Räume im Vergleich zu denen der anderen Institute des Physikalischen Vereins bescheiden aus [1, 2]. Darüber hinaus war es dem Astronomen BRENDEL von Anfang an klar, daß für grundlegende wissenschaftliche Beobachtungen die Lage der Sternwarte wegen der Stadtnähe und der damit verbundenen Beeinträchtigung durch den Verkehr sowie durch Dunst und Staub recht ungünstig war [3]. Er legte daher den Schwerpunkt der an der Sternwarte durchgeführten Arbeiten mehr auf theoretische Untersuchungen. Dies war sicherlich nicht allein durch die äußeren Umstände, sondern auch durch seine persönlichen Interessen bedingt.

Bei der Gründung der Universität 1914 wurden die Akademie für Sozial- und

Handelswissenschaften sowie alle Institute des Physikalischen Vereins Teil der Universität. BRENDEL erhielt eine Professur für Astronomie und Versicherungsmathematik und wurde (bzw. blieb) Direktor der Sternwarte und des Seminars für Versicherungswissenschaften. Diese Professur hatte er bis zu seiner Emeritierung im Jahre 1927 inne. Daneben leitete er das 1913 gegründete Planeteninstitut. In den Jahren 1920–22 nahm er außerdem noch einen Lehrauftrag für Versicherungswissenschaften an der Universität Gießen wahr.

2. Die astronomischen Arbeiten

Das Hauptarbeitsgebiet BRENDELS war die Himmelsmechanik und hier insbesondere die Bestimmung der Bahnen der kleinen Planeten (Asteroiden). Das war zu

Martin Brendel, um 1930

der damaligen Zeit ein sehr aktuelles Thema. Seit Ende des vorigen Jahrhunderts wurden jedes Jahr mehr als ein Dutzend Asteroiden entdeckt. Um die Jahrhundertwende kannte man etwa 450, um 1910 bereits über 700. Bei den kleinen Planeten handelt es sich um ziemlich lichtschwache Objekte, die im wesentlichen nur während ihrer Opposition, d. h. wenn sie der Erde am nächsten sind, beobachtet werden können. Damit stellt sich die Aufgabe, aus den Beobachtungen die Bahn so genau zu bestimmen, daß man den Planeten auch nach einer längeren Zeit am Himmel wieder auffinden kann. Ein zweites Problem besteht darin, bei der Beobachtung eines kleinen Planeten zu entscheiden, ob es sich um eine Neuentdeckung handelt oder nicht. Das eigentliche Problem bei der Bahnbestimmung liegt darin, daß die Bahnen der Asteroiden durch die großen Planeten, insbesondere durch Jupiter, merklich gestört werden, so daß es sich um ein Dreikörperproblem handelt, für das es bekanntlich keine exakte analytische Lösung gibt.

Auf Grund der großen und ständig steigenden Zahl der kleinen Planeten war es zur damaligen Zeit nicht möglich, für alle Planeten sehr genaue Bahnen, etwa durch numerische Integration, zu bestimmen. Vielmehr kam es darauf an, geeignete, möglichst einfache Näherungsmethoden zu entwickeln. Eine Methode, die vor alllem auch am Astronomischen Recheninstitut in Berlin angewendet wurde, bestand darin, die Bahn zunächst ohne Berücksichtigung der Jupiterstörung zu berechnen und dann die Bahnelemente bei jeder Opposition zu korrigieren. Man hoffte, auf diese Weise langfristig mittlere Bahnelemente bestimmen zu können [4]. Dieses Verfahren könnte man eine empirische Bestimmung der Jupiterstörungen nennen. Im Gegensatz hierzu war es BRENDELS Ziel – ausgehend von den Arbeiten von GYLDÉN – analytische Näherungsausdrücke für die Störungen abzuleiten. Die entsprechenden Koeffizienten mußten dann aus den Beobachtungen bestimmt und für jeden Planeten tabelliert werden [3, 5, 6]. Die bei der Berechnung der Störungen angestrebte Genauigkeit sollte genügen, die Bahn eines Planeten für 100 Jahre so genau festzulegen, daß er zu jedem Zeitpunkt innerhalb des Gültigkeitsbereichs wieder aufgefunden werden konnte. (Viele der im BRENDELschen Institut berechneten Planetenbahnen gelten bis zum Jahr 2000.)

BRENDEL ging es in seinen theoretischen Untersuchungen darum, die *praktische* Berechnung der Störungen möglichst einfach zu gestalten und damit die Bearbeitung eines umfangreichen Beobachtungsmaterials zu erleichtern. Ein wesentliches Element seiner Theorie war, daß er nicht die Zeit als unabhängige Variable benutzte, sondern die wahre Anomalie eines Planeten (d. h. den Winkel Planet-Sonne-Perihel). Die Anregung zu diesen Arbeiten hat er wohl von GYLDÉN[1] während seiner Studienjahre in Stockholm (1885–88) erhalten. Bereits seine Dissertation »Anwendung der Gyldén'schen absoluten Störungstheorie auf die Breitenstörungen« bezieht sich auf diesen Themenkreis. 1894 erhielt er von der Pariser Akademie der Wissenschaften für seine Theorie der kleinen Planeten den DAMOISEAU-Preis. In den Jahren 1898–1911 publizierte er sein vierteiliges Werk

1 *Johan August Gyldén* (1841–1896), von 1871–1896 Direktor der Stockholmer Sternwarte.

»Theorie der kleinen Planeten« [7]. Neben der praktischen Anwendung bemühte er sich in den folgenden Jahren auch um eine Weiterentwicklung seiner Theorie.
BRENDEL hat sich aber nicht nur mit theoretischen Arbeiten befaßt, sondern auch – hauptsächlich während seiner Zeit in Berlin – mit konkreten astronomischen Beobachtungen (Beobachtungen von Asteroiden, Kometen und Doppelsternen). Er beschäftigte sich mit der Theorie des von V. WELLMANN erfundenen Doppelbildmikrometers und konstruierte 1890 für dieses Prismen aus einachsigen Kristallen [8, 9, 10]. Weiterhin konstruierte er eine rotierende Kamera zur Photometrierung heller Sterne. 1891–92 reiste er mit O. BASCHIN nach Lappland, um erdmagnetische Messungen und Nordlichtbeobachtungen durchzuführen. Seine Mitarbeiter an der Frankfurter Sternwarte haben ebenfalls eine Reihe praktischer Arbeiten ausgeführt.
Schließlich sei erwähnt, daß BRENDEL Mitherausgeber der Gesamtausgabe der Werke von CARL FRIEDRICH GAUSS war.
Die bekanntesten Schüler BRENDELS waren KARL BODA, der noch bis 1942 das Fach Astronomie an der Johann Wolfgang Goethe-Universität vertreten hat, und WILLY HARTNER, der spätere Direktor des Instituts für Geschichte der Naturwissenschaften (s. den Beitrag von MATHIAS SCHRAMM in diesem Band).

3. Das Planeteninstitut

Die »Theorie der kleinen Planeten« war nicht nur eine abstrakte Theorie, sondern ein wissenschaftliches Programm, um dessen Umsetzung sich BRENDEL intensiv bemühte. In diesem Zusammenhang entstand die Idee, ein internationales Institut zu gründen, dessen spezielle Aufgabe die Berechnung der Bahnen der kleinen Planeten sein sollte.
Diese Idee hatte eine etwas längere Vorgeschichte. Im Jahre 1889 waren auf der Tagung der Astronomischen Gesellschaft in Brüssel erstmals die Probleme diskutiert worden, die sich aus der ständig wachsenden Zahl der kleinen Planeten ergaben [11]. Auf Grund dieser Diskussion wurde dann im Jahre 1891 auf der Tagung in München eine Kommission eingesetzt, die Vorschläge für die Lösung der Probleme und für eine Koordinierung der Arbeiten der verschiedenen Institute ausarbeiten sollte [12]. Die Arbeit dieser Kommission hat zunächst zu keinen konkreten Initiativen geführt. Als BRENDEL seine Theorie zu einem gewissen Abschluß gebracht hatte, machte er sich auch darüber Gedanken, wie die Bearbeitung der kleinen Planeten am zweckmäßigsten zu organisieren sei. Hierüber hat er 1910 auf der Tagung der Astronomischen Gesellschaft in Breslau vorgetragen [6, 13]. In der sich anschließenden Debatte schlug CARL VILHELM LUDVIG CHARLIER (Lund) vor, ein internationales Institut für die kleinen Planeten zu gründen. Zur Konkretisierung dieses Vorschlags wurde wiederum eine Kommission eingesetzt.
Zu dieser Kommission gehörten u. a. MARTIN BRENDEL und FRITZ COHN, der Direktor des Astronomischen Recheninstituts in Berlin. Zwischen beiden haben

zunächst offensichtlich erhebliche Meinungsunterschiede darüber bestanden, wie man das Problem der Bahnbestimmung der kleinen Planeten mit dem geringsten Arbeitsaufwand lösen kann [4, 5]. (Ein – nicht ausgesprochenes – Problem mag auch darin gelegen haben, daß das Berliner Institut sich seit vielen Jahren intensiv mit den kleinen Planeten beschäftigte.) Diese Meinungsunterschiede wurden aber beigelegt, und nach der Gründung des Frankfurter Instituts wurden die Arbeitsgebiete der beiden Institute gegeneinander abgegrenzt und eine Zusammenarbeit vereinbart [14]. (Im Berliner Institut wurden in späteren Jahren die Planeten, für die in Frankfurt am Main Bahnen gerechnet worden waren, als »BRENDELsche Planeten« bezeichnet.)
Aus der Arbeit der Kommission entstand eine Denkschrift, die mit folgenden wohl formulierten Worten beginnt:
»Die Astronomen müssen dankbar die freigebige, von Regierungen wie von privaten Gönnern der Wissenschaft erwiesene Großmut anerkennen, mit der besonders in den letzten paar Jahrzehnten Millionen für den Bau großer Fernröhre und die Errichtung prächtiger Sternwarten gestiftet wurden, auf denen diese Instrumente der Wissenschaft nutzbar gemacht worden sind. Der Erfolg hat diese Freigebigkeit gerechtfertigt. Niemals haben seit Galileis Zeiten die Astronomen so hohe Probleme der Entwicklung des Fixsternsystems in Angriff genommen wie in unsern Tagen; niemals drang die Messung kühner in die Unendlichkeit als jetzt.
In dieser glänzenden Entwicklung scheint indessen ein Teil der Astronomie gänzlich übersehen oder vergessen zu sein. Wir meinen die *theoretische* Astronomie. Diese Vergessenheit mag sich aus der Bescheidenheit und der Unbeholfenheit des theoretischen Astronomen herleiten; sie gründet sich jedoch zum großen Teil auf eine irrige Vorstellung von den Arbeitsmethoden des theoretischen Astronomen. Die meisten Menschen werden denken: alles was ein Theoretiker braucht, sei Verstand und eine Schreibfeder. Dies sind ja sicherlich seine Hauptinstrumente, aber wenn man Tätigkeit und Ergebnis seiner Arbeit miteinander vergleicht, so liegen die Dinge anders.«
Später wird dann festgestellt:
»Wir dürfen ohne Übertreibung behaupten, daß die Erklärung des verhältnismäßig langsamen Fortschrittes der theoretischen Astronomie seit dem Ende des 18. Jahrhunderts (den Zeiten eines LAGRANGE und LAPLACE) in dem Mangel an ökonomischer Hilfe für den theoretischen Astronomen liegt.«
Mit derartigen Argumenten würde man heute die Forderung nach einer Großrechenanlage begründen. Damals begründete man damit den Plan für ein Institut für theoretisch-astronomische Forschung. Dieses sollte 48 Planstellen erhalten, 8 für theoretische Astronomen, 10 für algebraische Rechner und 30 für numerische Rechner. Das für die Einrichtung eines solchen Instituts notwendige Kapital wurde auf 5,6 Millionen Reichsmark veranschlagt, wobei 5 Millionen der Betrag war, dessen Zinsen für die Bezahlung der Gehälter ausreichen sollten [15].
Parallel zu diesen Plänen für eine optimale Lösung verfolgte BRENDEL sein Ziel auf etwas bescheidenerem (und damit realistischerem) Wege. Die Göttinger Ge-

sellschaft für Wissenschaften hatte ihm einige Mittel zur Verfügung gestellt. Weiterhin wurden ihm auf Vermittlung der Stadt Frankfurt am Main von der SPEYER-Stiftung erhebliche Mittel für die Einrichtung eines Planeteninstituts zugesichert. Die Stadt Frankfurt am Main hatte hieran aber die Bedingung geknüpft, daß sich die maßgebenden Stellen verschiedener Staaten für diese Einrichtung aussprechen würden. Hierbei waren seine guten internationalen Beziehungen, insbesondere auch die zu JULES HENRI POINCARÉ, eine wesentliche Hilfe. Auf der Sitzung der Association des Académies in Petersburg im Mai 1913 stellte die Pariser Academie des Sciences den Antrag, die Bestrebungen von BRENDEL moralisch zu unterstützen. Dieser Antrag wurde bei Stimmenthaltung der Berliner Akademie von allen anderen anwesenden europäischen und überseeischen Akademien angenommen [14].
Auf der Tagung der Astronomischen Gesellschaft in Hamburg im August 1913 hat dann CHARLIER über die Arbeit der Kommission für die kleinen Planeten berichtet und die vorher erwähnte Denkschrift bekannt gemacht. Nach einer ausführlichen Diskussion wurde Folgendes beschlossen [16]:

1. »Die Astronomische Gesellschaft gibt dem Vorstand die Vollmacht, im Namen der Gesellschaft dasjenige zu tun, was zur Förderung des vorgelegten Planes zur Errichtung eines internationalen Instituts für theoretische Astronomie dienen kann.«
2. »Die Astronomische Gesellschaft begrüßt es freudig, daß in Frankfurt am Main ein Institut für die Bearbeitung der kleinen Planeten in Entwicklung begriffen ist, und entspricht dem durch Herrn BRENDEL übermittelten Wunsch des Kuratoriums dieses Instituts bei der Entwerfung und Durchführung des Programms mitzuwirken.«

Damit war der Weg für die Gründung des Frankfurter Planeteninstitus frei. Diese fand offiziell am 5. November 1913 statt. In dem Kuratorium waren die Stadt Frankfurt am Main, die SPEYER-Stiftung, der Physikalische Verein und die Handelsakademie bzw. später die Universität vertreten. Das neue Institut war zwar personell und räumlich eng mit der Sternwarte verbunden, finanziell und arbeitsmäßig aber unabhängig. Es war insofern als internationales Institut konzipiert als vorgesehen war, daß ausländische Astronomen hier für einige Zeit arbeiten sollten. Dies sollte der Ausgangspunkt für eine umfangreiche internationale Zusammenarbeit sein. Im ersten Jahr haben sich Astronomen aus Frankreich, Rumänien, Belgien und Rußland an den Arbeiten in Frankfurt am Main beteiligt. Die Resultate der am Planeteninstitut ausgeführten Arbeiten sollten in einer Reihe »Dokumente zur Theorie der kleinen Planeten« erscheinen, deren Veröffentlichung die Akademie in Petersburg übernommen hatte.
Nach diesem vielversprechenden Anfang wurde die weitere Entwicklung des Planeteninstituts jedoch durch den Ausbruch des ersten Weltkrieges sehr beeinträchtigt. Die Mitarbeit ausländischer Astronomen war nicht mehr möglich. Ein

Teil der deutschen Mitarbeiter wurde zum Militärdienst eingezogen. BRENDEL selbst hielt sich bei Kriegsausbruch gerade in Frankreich auf. Er wurde dort interniert und konnte erst 1916 nach Frankfurt am Main zurückkehren. Er hatte während seiner Internierung allerdings in beschränktem Maße die Möglichkeit, wissenschaftlich zu arbeiten [17]. Auch nach Ende des Krieges gestalteten sich die Bedingungen für das Planeteninstitut und für die Sternwarte äußerst schwierig. So ist im Jahresbericht für 1920 zu lesen: »Das Planeteninstitut erhielt eine größere Zuwendung von Herrn Konsul KOTZENBERG, durch die ein sofortiger völliger Zusammenbruch des Instituts vermieden werden konnte.« [18] Bei der Gründung war dem Institut von seiten der SPEYER-Stiftung eine jährliche Zuwendung von 5000 Mark für zehn Jahre zugesagt worden. Diese Zusage wurde 1923 nicht erneuert. Seit diesem Zeitpunkt war das Institut in seiner Existenz bedroht. Mit (vertraglich nicht geregelten) Beihilfen der Stadt und von privater Seite konnte es noch einige Jahre als unabhängiges Institut weitergeführt werden. Da sich insbesondere gegen Ende der zwanziger Jahre wieder eine breite internationale Zusammenarbeit entwickelt hatte, wurde offensichtlich auch überlegt, die Aufgaben des Instituts an ein anderes im Ausland zu übertragen [19]. BRENDEL bemühte sich nachdrücklich darum, das Frankfurter Institut aufrechtzuerhalten. Er erreichte es, daß auf der Versammlung des Völkerbundes in Genf eine Besprechung über die Probleme stattfand. Bei dieser wurde die internationale Bedeutung der Arbeiten sowie der Wunsch nach einer Weiterführung des Instituts hervorgehoben, jedoch gleichzeitig festgestellt, daß eine direkte Unterstützung durch den Völkerbund nicht möglich sei [19]. Im Jahre 1931 schließlich wurde das Planeteninstitut als selbständige Abteilung der Sternwarte angegliedert und damit in die Universität übernommen. Nach der Aufhebung des Universitätsinstituts Sternwarte im Jahre 1936 blieb das Planeteninstitut zunächst noch weiter bestehen. 1939 wurde es nach Heidelberg verlegt und der dortigen Sternwarte angegliedert.

Wie bereits erwähnt, war die Hauptaufgabe des Planeteninstituts die praktische Berechnung der Bahnen der kleinen Planeten. Während des fast dreißigjährigen Bestehens des Instituts wurden hier für über 600 Asteroiden die Bahnstörungen berechnet. Daneben wurden natürlich die Methoden laufend weiter entwickelt. 1925 veröffentlichte BRENDEL eine neue, verbesserte Störungstheorie, durch die sich diese Berechnungen weiter vereinfachten [20]. Diese neue Theorie wurde nicht nur auf die kleinen Planeten angewandt, sondern auch auf die großen. Besonders erwähnenswert ist hier ein Gemeinschaftsprojekt mit den Herren FREUNDLICH und VON BRUNN vom EINSTEIN-Turm in Potsdam, bei dem es darum ging, die Bahn des Merkur möglichst genau zu bestimmen. Bekanntlich ist die Periheldrehung des Merkur ein wesentlicher Test für die allgemeine Relativitätstheorie. Die Periheldrehung läßt sich aus den Beobachtungen aber nur dann ableiten, wenn die Störung der Merkurbahn durch die anderen Planeten genau bekannt ist. An diesen Untersuchungen war u. a. auch WILLY HARTNER wesentlich beteiligt [21].

Das gesamte wissenschaftliche Programm des Planeteninstituts hat auf den theoretischen Arbeiten BRENDELS aufgebaut.

4. Das Engagement in der Versicherungsmathematik

Soweit aus den vorliegenden Dokumenten ersichtlich ist, hat BRENDEL sich in erster Linie als Astronom betrachtet. Dessen ungeachtet hat er einen ganz erheblichen Teil seiner Zeit auf die Versicherungsmathematik verwendet.

Zunächst stellt sich die Frage, wie BRENDEL dazu gekommen ist, sich mit Problemen der Versicherungsmathematik zu beschäftigen. Da es hierüber keine schriftlichen Äußerungen von ihm gibt, lassen sich nur Vermutungen anstellen: In seiner Zeit an der Berliner Sternwarte hat BRENDEL sich u. a. auch an umfangreichen Beobachtungsprogrammen beteiligt. Dabei mußte er sich notwendigerweise mit der Frage der Beobachtungsfehler auseinandersetzen. Es ist nicht abwegig zu vermuten, daß der sehr theoretisch-mathematisch orientierte BRENDEL das zum Anlaß genommen hat, sich in grundsätzlicher Weise mit der Fehlertheorie zu beschäftigen. – In Göttingen hat er dann u. a. den Nachlaß von GAUSS bearbeitet. Bekanntlich hat GAUSS ganz wesentliche Beiträge zur Fehlertheorie und zur Wahrscheinlichkeitsrechnung geliefert. Darüber hinaus hat er sich auch mit Fragen der Versicherungsmathematik befaßt. Schließlich ist anzumerken, daß 1895 in Göttingen das erste Seminar für Versicherungswissenschaft in Deutschland gegründet wurde. Zu dieser Zeit war die Versicherungsmathematik noch keine etablierte, selbständige Wissenschaft. Man war daher darauf angewiesen, Wissenschaftler aus Nachbargebieten für dieses Gebiet zu interessieren. Vor diesem Hintergrund erscheint es gar nicht verwunderlich, daß der Astronom BRENDEL damit beauftragt wurde, am Seminar für Versicherungswissenschaft mathematische Vorlesungen zu halten.[2]

An die Handelsakademie in Frankfurt am Main wurde BRENDEL zur Vertretung des Faches Mathematik und speziell der Versicherungsmathematik berufen [22]. Entsprechend blieb ihm für die Astronomie nur wenig Zeit [23]. Bei der Universitätsgründung wurde er dann Professor für Astronomie und Versicherungsmathematik. Der Lehrstuhl war in der Naturwissenschaftlichen Fakultät angesiedelt. Nach dem Krieg in der Zeit der allgemeinen wirtschaftlichen Not hat BRENDEL offensichtlich unter dieser Doppelbelastung sehr gelitten. Es scheint, daß er bereit war, sein Engagement in der Astronomie, wo die Situation besonders schwierig war, zugunsten der Versicherungsmathematik aufzugeben oder doch wesentlich zu reduzieren. So hat er 1920 um die Entlassung von seiner Funktion als Direktor der Sternwarte nachgesucht [24]. Es wurde ihm aber nur eine einjährige Beurlaubung gewährt. Gleichzeitig wurde von seiten der Wirtschafts- und Sozialwissenschaftlichen Fakultät versucht, eine o. Professur für Versicherungswissenschaft einzurichten und diese BRENDEL zu übertragen. Dieser Versuch scheiterte letztlich am Widerstand der Naturwissenschaftlichen Fakultät. Diese stellte fest, daß die o. Professur, die BRENDEL innehatte, durch Zusammenlegung einer a. o. Professur für Versicherungswissenschaft und einer für Astronomie zustande gekommen

2 Daß ein Astronom sich mit Fragen der Versicherungsmathematik beschäftigt, ist nicht ganz ungewöhnlich. Schon *Edmund Halley* (1656–1742) hat versucht, anhand von Aufzeichnungen über Todesfälle eine Sterbetafel aufzustellen.

sei. Sollte BRENDEL ganz in die Wirtschaftswissenschaften überwechseln, müsse die Naturwissenschaftliche Fakultät mindestens eine a. o. Professur für Astronomie erhalten, da das Fach Astronomie Pflichtfach für die Lehramtskandidaten der Mathematik sei. Auch dem Vorschlag, die Astronomie durch einen Lehrauftrag abzudecken, konnte die Fakultät nicht zustimmen. Da die Schaffung einer neuen Stelle zu der Zeit nicht möglich war, behielt BRENDEL seine Doppelfunktion bis zu seiner Emeritierung im Jahre 1927. Danach blieb die Stelle des Direktors des Seminars für Versicherungswissenschaften unbesetzt. Die Leitung des Seminars wurde 1936 dem Betriebswirt FRITZ SCHMIDT übertragen. Nach dem Krieg, d. h. ab 1952, wurde das Seminar von KARL HAX, der eine Professur für Industriebetriebslehre innehatte, mitverwaltet. Erst 1975 gelang es, am Fachbereich Wirtschaftswissenschaften eine eigenständige Professur für Versicherungswirtschaft zu besetzen.

Bei BRENDELS versicherungsmathematischen Arbeiten ging es zum einen darum, allgemeine mathematische Methoden auf Fragen der Versicherungsmathematik anzuwenden. So hat er 1909 vorgeschlagen, die Lebensversicherungsmathematik auf analytische Methoden umzustellen [25]. Hierbei hat er, analog zur Mechanik, die Grundgesetze in Form von Differentialgleichungen formuliert. Zum anderen ging es ihm (ähnlich wie bei der Planetentheorie) darum, für die Praxis möglichst einfache Rechenverfahren zu entwickeln. So hat er 1924 ein graphisches Verfahren zur Ermittlung von Wahrscheinlichkeitswerten angegeben [26].

5. Die Jahre nach der Emeritierung

BRENDEL hatte die Frankfurter Astronomie auf einem zwar recht speziellen, aber damals sehr aktuellen Teilbereich zu internationalem Ansehen gebracht. Es muß für ihn schmerzlich gewesen sein mit anzusehen, daß nach seiner Emeritierung dann in den dreißiger Jahren die Astronomie in Frankfurt am Main immer mehr an Bedeutung verlor.

Nach seiner Emeritierung behielt BRENDEL die Leitung des Planeteninstituts, auch als dieses 1931 der Sternwarte angegliedert wurde. Als er Ende 1932 nach Freiburg übersiedelte, ließ er sich in dieser Funktion durch seinen langjährigen Assistenten KARL BODA vertreten.

Auf dem astronomischen Lehrstuhl folgte ihm 1928 der Physiker KARL WILHELM MEISSNER, dessen Interessen mehr auf astrophysikalischem und insbesondere auf spektroskopischem Gebiet lagen. Als MEISSNER 1932 Nachfolger von RICHARD WACHSMUTH wurde und die Leitung des Physikalischen Instituts übernahm (s. den Beitrag von JÖRG KUMMER in diesem Band), blieb der Lehrstuhl für Astronomie unbesetzt. Im April 1933 hat sich BRENDEL noch einmal in einem Brief an den Vorsitzenden des Kuratoriums der Johann Wolfgang Goethe-Universität nachdrücklich für eine Wiederbesetzung des Lehrstuhls mit einem theoretischen Astronomen eingesetzt. Dieses Bemühen blieb aber letztlich ohne Erfolg. 1935 wurde der Lehrstuhl gestrichen, und zum 1. April 1936 wurde das Universitätsinstitut Sternwarte aufgehoben [27]. (Damit fiel die Sternwarte wieder an den Physikalischen Verein zurück.) Das Fach Astronomie wurde nur noch durch einen Lehrauftrag weiter vertreten. Wie bereits erwähnt, blieb das Planeteninstitut zunächst noch weiter bestehen und wurde dann 1939 nach Heidelberg verlegt.

Auch nachdem BRENDEL nach Freiburg gezogen war, beteiligte er sich aktiv an den Arbeiten des Planeteninstituts. In den letzten Jahren galt sein Interesse in verstärktem Maße den großen Planeten [28]. Noch bis unmittelbar vor seinem Tod am 6. September 1939 war er mit störungstheoretischen Arbeiten beschäftigt [10].

Quellennachweis

a) Zitierte Literatur

[1] Jahresbericht des Physikalischen Vereins 1907/08, 1909.
[2] Neumann, H.-L.: in *150 Jahre Physikalischer Verein*, H. Fricke (Hrg.) Physikalischer Verein, Frankfurt am Main 1974.
[3] Vierteljahresschr. der Astron. Ges. 45, 1910, 139.
[4] Cohn, F.: Astron. Nachr. 190, 1912, 283.
[5] Brendel, M.: Astron. Nachr. 190, 1912, 145, 425.
[6] Brendel, M.: Vierteljahresschr. der Astron. Ges. 45, 1910, 305.
[7] Brendel, M.: Theorie der kleinen Planeten Teil I–IV, Abh. der Kgl. Ges. der Wiss. zu Göttingen Mathem., Phys. Klasse neue Folge 1, No. 2, 1898; 6, No. 4, 1909, No. 5, 1910; 8, No. 1, 1911.
[8] Brendel, M.: Vierteljahresschrift der Astron. Ges. 24, 1889, 268.
[9] Brendel, M.: Beob.-Ergebnisse der Kgl. Sternw. Berlin 6, 1892, 37, 57.
[10] Boda, K.: Astron. Nachr. 270, 248 (1940).
[11] Vierteljahresschrift der Astron. Ges. 24, 1889, 250.
[12] Vierteljahresschrift der Astron. Ges. 26, 1891, 266.
[13] Vierteljahresschrift der Astron. Ges. 45, 1910, 299.
[14] Vierteljahresschrift der Astron. Ges. 49, 1914, 130.
[15] Vierteljahresschrift der Astron. Ges. 48, 1913, 255.
[16] Vierteljahresschrift der Astron. Ges. 48, 1913, 184.
[17] Vierteljahresschrift der Astron. Ges. 52, 1917, 190.
[18] Vierteljahresschrift der Astron. Ges. 56, 1921, 96.
[19] Jahresbericht des Physikal. Vereins 1928/29 S. 72, 1929.
[20] Brendel, M.: Astron. Nachr. 224, 1925, 229.
[21] Vierteljahresschrift der Astron. Ges. 67, 1932, 189.
[22] Vierteljahresschrift der Astron. Ges. 43, 1908, 126.
[23] Vierteljahresschrift der Astron. Ges. 44, 1909, 201.
[24] Vierteljahresschrift der Astron. Ges. 56, 1921, 92.
[25] Brendel, M.: Z. f. d. gesamte Versicherungswiss. 9, 1909, 216.
[26] Brendel, M.: Z. f. d. gesamte Versicherungswiss. 24, 1924, 219.
[27] Vierteljahresschrift der Astron. Ges. 72, 1937, 250.
[28] Brendel, M.: Astron. Nachr. 250, 1933, 177.

b) Weitere Quellen

Kluke, P.: *Die Stiftungsuniversität Frankfurt am Main 1914–1932,* Verlag W. Kramer, Frankfurt am Main 1972.
Manes, A. (Hrsg.): *Versicherungslexikon,* Tübingen 1909.
Poggendoff, P. C.: *Biographisch-Literarisches Handwörterbuch,* Band IV 1904, Band V 1925, Band VI 1936, Verlag Chemie, Berlin, Band VIIa 1956, Akademie-Verlag, Berlin.
Neue Deutsche Biographie, Bd. 2, Duncker u. Humbold, Berlin 1955.
Reichshandbuch der Deutschen Gesellschaft, Band 1, Berlin 1930.

Herrn Professor Dr. WOLFGANG MÜLLER (FB Wirtschaftswissenschaften der Johann Wolfgang Goethe-Universität Frankfurt am Main) bin ich für wichtige Hinweise in bezug auf Abschnitt 4 zu Dank verpflichtet. Weitere wertvolle Hinweise verdanke ich dem Vorsitzenden des Physikalischen Vereins Herrn HANS-LUDWIG-NEUMANN.

Max von Laue
1879–1960

von
Friedrich Beck
Darmstadt

MAX VON LAUE wirkte in Frankfurt am Main vom Herbst 1914 bis zum Frühjahr 1919. Damit hatte die neugegründete Frankfurter Johann Wolfgang Goethe-Universität auf ihren Lehrstuhl für Theoretische Physik als ersten Inhaber einen Physiker berufen, der zu den ganz großen Wissenschaftlern der ersten Hälfte dieses Jahrhunderts zählt.

Der Werdegang bis zur Entdeckung der Kristallstruktur

MAX (THEODOR FELIX) LAUE wurde am 9. Oktober 1879 in Pfaffendorf am Koblenz gegenüberliegenden Rheinufer geboren. Der Geburtsort tut wenig zur Sache, denn LAUES Vater war ein hoher Zivilbeamter der kaiserlichen Militärverwaltung, der häufig versetzt wurde. Wichtig ist eher die dem Sohne vermittelte Familientradition der im besten Sinne preußisch-protestantischen Tugenden: Strenge gegen sich selbst, Lauterkeit und Aufrichtigkeit des Denkens sowie Bescheidenheit, die LAUE in seinem ganzen Leben begleiteten, und die ihm in schwierigen persönlichen und politischen Situationen den Weg wiesen. Für seine Verdienste wurde LAUES Vater 1913 in den erblichen Adelsstand erhoben, und von da an trug auch der Sohn dieses Prädikat.
LAUE besuchte Gymnasien in Posen, Berlin und Straßburg. Entscheidenden Einfluß auf seine Bildung und seinen Charakter hatte die Zeit als Schüler des humanistischen Protestantischen Gymnasiums in Straßburg, das er von Sekunda bis zum Abitur besuchte. Ausführlich geht er in seiner Selbstdarstellung »Mein physikalischer Werdegang« auf das hervorragende Lehrerkollegium dieser Schule ein, nicht nur auf den Lehrer für Mathematik und Physik, dem er Entscheidendes verdankte, sondern auch auf die Lehrer für Religion, Deutsch und die alten Sprachen, denn ›der Werdegang als Physiker ... läßt sich von der allgemeinen Entwicklung gar nicht trennen, am wenigsten in jenen Jahren, da der Knabe zum Jüngling wird und die Grundlagen für seine gesamte spätere Ausreifung entstehen‹. Hier liegen die Wurzeln zu LAUES hervorragender Kenntnis der antiken und deutschen Geistesgeschichte und zu seinen späteren eminenten Beiträgen zur Geschichte der Physik und zur Lebensgeschichte großer Physiker. Wie LAUE weiter erwähnt, gingen aus dieser hervorragenden Schule, neben anderen bedeutenden Hochschullehrern, auch die späteren Frankfurter Physiker ERWIN MADELUNG und MARIANUS CZERNY hervor.

Die ersten beiden Semester verbrachte LAUE an der Straßburger Universität, anfänglich parallel zum Militärdienst, der wenige Tage nach der Reifeprüfung begann. Trotz seiner preußischen Erziehung konnte sich LAUE mit den strikten Formen des militärischen Wesens niemals abfinden, und er empfand die allgemeine Dienstpflicht in Friedenszeit als ›unberechtigten Eingriff des Staates in die persönliche Freiheit und als Vergeudung wertvoller Entwicklungszeit‹. Bei aller Strenge und Selbstdisziplin besaß LAUE einen zarten und verwundbaren Charakter, und eine durch den Militärdienst hervorgerufene schwere Erkrankung, die ihm zeitlebens zu schaffen machte, führte schließlich auf seinen Antrag hin zur Entlassung des Reserveoffiziers aus dem Dienst. LAUE hatte, wie es damals üblich war, sich in den ersten Semestern nicht nur in der Physik, sondern in allen naturwissenschaftlichen Fächern und der Mathematik umgesehen aber sich noch nicht auf eine Wissenschaft festgelegt. Nach zwei Semestern wechselte er zur Universität Göttingen und dort, unter dem Einfluß von WOLDEMAR VOIGT, erkannte er seine Bestimmung: Theoretische Physik. Erstaunlich ist, daß VOIGT, den wir heute als den Begründer der Kristallphysik ansehen, davon in seinen Vorlesungen nichts brachte, so daß LAUE später, als er das Staatsexamen für das höhere Lehramt in Göttingen ablegte, in der Mineralogieprüfung praktisch durchfiel. Nur seine hervorragenden Chemiekenntnisse retteten schließlich die Prüfung. Daß LAUE dann später mit seiner Entdeckung der Röntgenstrahlinterferenzen die Existenz der kristallinen Raumgitter bewies, zeigt, daß Detailwissen keineswegs notwendig ist, um eine grundlegende Idee zu realisieren. Er selbst meint, diese ›Unbeschwertheit mit Wissen‹ sei ihm vielleicht eher hilfreich gewesen.

Nach zwei Semestern in Göttingen, einem Zwischensemester in München, das aber im wesentlichen dem Studium des winterlichen Hochgebirges gewidmet war, siedelte LAUE im Sommer 1902 nach Berlin über und besuchte dort sogleich MAX PLANCKS Vorlesung über theoretische Optik. Nebenher hörte LAUE bei LUMMER auch die experimentelle Vorlesung über Interferenzerscheinungen, und dies ist insofern von Bedeutung, als er, wie er es selbst sagt, sich dort den ›optischen Instinkt‹ holte, der ihm später so nützlich wurde. Bis zu seiner großen Entdekkung im Jahr 1912 hatte sich LAUE dann nie mehr mit der eigentlichen Optik beschäftigt! Noch am Ende des ersten Berliner Semesters bat LAUE PLANCK um das Thema für eine Dissertation. Ein Jahr später, im Sommer 1903, wurde er »magna cum laude« mit einer Arbeit über die Theorie der Interferenzerscheinungen an planparallelen Platten promoviert. Auch nach der Promotion hatte LAUE nicht das Gefühl, bereits genug Wissen aufgenommen zu haben, und so ging er nochmals für vier Semester nach Göttingen. Dabei legte er ›nur nebenbei‹, wie er vermerkt, das bereits erwähnte Staatsexamen ab. Zum Herbst 1905 bot PLANCK seine freiwerdende Assistentenstelle LAUE an, woraus drei für dessen weiteren Weg entscheidende Jahre wurden. Als erstes Resultat dieses engen wissenschaftlichen Kontakts entstanden zwei Arbeiten über die Thermodynamik von Interferenzerscheinungen und die Entropie partiell kohärenter Strahlenbündel, die ihrer Zeit weit vorauseilten und zunächst in ihrer Bedeutung kaum erkannt wurden. LAUE

Max von Laue bei seinem Vortrag anläßlich seines goldenen Doktorjubiläums

berichtet, daß er sich nach der darüber entscheidenden Besprechung mit PLANCK und dem Verlassen von PLANCKS Haus in Grunewald nach einer Stunde unversehens am Zoologischen Garten wiederfand, ohne zu wissen wie er dorthin geraten war. ›So überwältigend war dieses Erlebnis‹. Erst in der Quantenoptik unserer Tage kamen LAUES damalige Ergebnisse zum Tragen und wurden von GLAUBER auf quantentheoretische Basis gestellt, ohne freilich physikalisch wesentlich Neues hinzuzufügen. LAUE selbst hatte die Bedeutung seiner frühen Arbeiten sehr wohl erkannt, und zu seinem 50jährigen Doktorjubiläum trug er in Berlin darüber vor. Der Verfasser erinnert sich gut des tiefen Eindrucks, den LAUES Ausführungen durch ihre mathematische Eleganz und die klare Handhabung von BOLTZMANNS Entropiekonzept auf alle Zuhörer ausübten, obwohl die Quantenoptik damals noch nicht ihren Siegeszug angetreten hatte.

Das zweite große Ereignis aus dieser Zeit war LAUES Bekanntschaft mit der im gleichen Jahr publizierten speziellen Relativitätstheorie ALBERT EINSTEINS. Die erste Kenntnis davon erhielt LAUE durch ein Referat PLANCKS im physikalischen Kolloquium. Wie andere auch, begegnete LAUE den neuartigen Vorstellungen von Raum und Zeit mit Skepsis. Nicht umsonst hatte er sich in seinen philosophischen Studien mit KANT auseinandergesetzt, und dessen Auffassung von Raum und Zeit als a priori Gegebenes wirkte mächtig fort. Die Wende kam, nachdem LAUE EINSTEIN 1906 in der Schweiz zu Diskussionen aufsuchte, und als er 1907 zeigen konnte, daß der FRESNELsche Mitführungskoeffizient, ein bis dato angeblich unwiderleglicher Beweis der Äther-Hypothese, sich als natürliche Folge des EINSTEINschen Additionstheorems der Geschwindigkeiten herausstellte. Es folgten in kurzen Abständen sieben weitere Arbeiten zur speziellen Relativität. LAUE, einem guten Kenner der LORENTZschen Elektronentheorie und der HERTZschen Elektrodynamik, machte es Spaß, die zahlreichen Experimente zur Elektrodynamik bewegter Körper, die die älteren Theorien nicht oder nur mit großem Aufwand beschreiben konnten, als logisch zwingendes Ergebnis des speziellen Relativitätsprinzips zu erklären. Er verhalf damit EINSTEINS Theorie bei Fachkollegen, die gewillt waren, mathematische Deduktionen zu akzeptieren (und das waren beileibe leider nicht alle!), zum endgültigen Durchbruch.

LAUE, der sich bereits 1906 in Berlin habilitiert hatte, habilitierte sich 1909 an die Universität München um, wo SOMMERFELD seine berühmte Schule der Theoretischen Physik aufbaute. Hier erreichte ihn die Anfrage des Verlags VIEWEG & SOHN, ob er bereit sei, eine Monographie über die Relativitätstheorie zu schreiben. So entstand 1911 die erste zusammenfassende Darstellung »Das Relativitätsprinzip«, der ab 1923 ein zweiter Band über die allgemeine Relativitätstheorie folgte, und die als eines der Standardwerke des Gegenstands bis 1965 insgesamt sieben Auflagen erlebte. Dieses Buch ist in seiner Klarheit und überzeugenden physikalischen Argumentation auch heute noch lesenswert, wenn auch die vielen unabhängigen Beweise nun nicht mehr notwendig erscheinen, um von der Richtigkeit des Relativitätsprinzips zu überzeugen. LAUE schrieb die erste Auflage in einem Bootshaus am Starnberger See, und man merkt dem Werk die glückliche Ruhe des ersten Atemholens nach einer Serie von Originalarbeiten und erster wissenschaftlicher Anerkennung an. LAUE selbst vermerkt: ›So gut habe ich es nie wieder getroffen‹.

In München kam LAUE bald mit einer ganz anderen Physik in Berührung. SOMMERFELD interessierte sich damals für die Theorie der Röntgenstrahlen, die er auf dem Boden der Wellentheorie verfolgte. Dies war zu jener Zeit keineswegs unumstritten; WILLIAM HENRY BRAGG in England und andere vertraten die Korpuskularauffassung. Zudem lebte in München, fußend auf Arbeiten LEONHARD SOHNKES, die Raumgitterhypothese für den Kristallaufbau fort. LAUE war damit beschäftigt, auf die Bitte SOMMERFELDS hin den Artikel über Wellenoptik für Band 5 der Enzyklopädie der Mathematischen Wissenschaften zu schreiben. In dieser Atmosphäre kam PETER PAUL EWALD, Doktorand bei SOMMERFELD, im Februar 1912 ratsuchend zu LAUE, da er mit dem Problem des Verhaltens von Lichtwellen in einer raumperiodischen Anordnung polarisierbarer Atome nicht zurecht kam. Diese Unterredung brachte LAUE auf die Idee, daß kürzere Wellen, nämlich Röntgenstrahlen, in Kristallen Beugungsphänomene hervorrufen müßten. LAUE folgte hierbei seinem ›optischen Gefühl‹, die quantitative Ausführung dieser Idee folgte viel später. Aber dies war die gedankliche Geburtsstunde der Entdeckung der Röntgenstrahlinterferenzen! Über diese Entdeckung und ihr Zustandekommen ist viel Unterschiedliches geschrieben worden, darunter auch gelegentlich wenig Schmeichelhaftes für LAUE. Ihm wiederfuhr hier etwas, das ihn auch anderswo gelegentlich traf: Mit seiner Unbestechlichkeit und seinen hohen wissenschaftlichen Maßstäben war er oft ein unbequemer und unnachgiebiger Partner für seine Mitmenschen. Diese rächten sich dann gelegentlich durch Mißgunst. LAUE wurde von solchem Verhalten tiefer verletzt als er es sich anmerken ließ, und er geriet zeitweise in tiefe Depressionen, aus denen er sich nur mühsam befreite.

In der Schilderung des weiteren Ablaufs der Münchner Ereignisse folgen wir EWALD (»MAX VON LAUE, Biographical Memoirs of Fellows of the Royal Society«), der als unmittelbar Beteiligter wohl als der verläßlichste Zeitzeuge gelten kann. LAUE hielt seine Idee keineswegs geheim, sondern diskutierte sie sowohl mit SOMMERFELD als auch in der berühmten Runde junger Physiker, die sich täglich im Café Lutz traf. Aber weder SOMMERFELD noch die Runde waren überzeugt: Die Temperaturbewegung der Atome würde wohl die vermuteten Interferenzen hoffnungslos zerstören. Auch WIEN und MIE, mit denen sich SOMMERFELD zum Schilaufen traf, verwarfen die Idee. Nur LAUE insistierte weiter, und so erklärte sich schließlich WALTHER FRIEDRICH, der als Schüler RÖNTGENS SOMMERFELDS experimenteller Assistent wurde, zu dem Experiment bereit. Allerdings stimmte SOMMERFELD nicht zu. Erst als ein weiterer Doktorand RÖNTGENS, PAUL KNIPPING, seine Mithilfe anbot, wagte FRIEDRICH den Aufbau einer ersten, noch primitiven Apparatur. Das erste Ergebnis war negativ. Aber KNIPPING bestand auf einer anderen Aufstellung der Photoplatte, und nun zeigte die Durchstrahlungsauf-

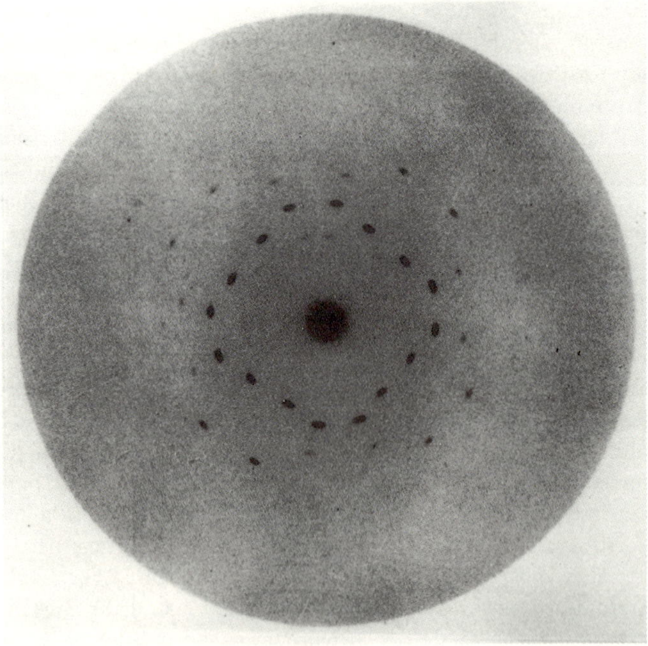

Laue-Diagramm Nr. 5

nahme des Kupfersulfats einen Kranz abgebeugter Spektren um den direkten Strahl herum. LAUE schreibt dazu: ›Tief in Gedanken ging ich durch die Leopoldstraße nach Haus, als mir FRIEDRICH die Aufnahme gezeigt hatte. Und schon nahe meiner Wohnung... kam mir der Gedanke für die mathematische Theorie der Erscheinung‹. Die dreifache Anwendung der einfachen Beugungsbedingung des eindimensionalen Gitters erklärte die neue Entdeckung.

Nach diesem ersten Erfolg war auch SOMMERFELD überzeugt und unterstützte die weiteren, verbesserten Experimente. SOMMERFELD teilte die Resultate der Bayerischen Akademie der Wissenschaften am 8. Juni 1912 mit, und LAUE referierte am 14. Juni auf der Sitzung der Physikalischen Gesellschaft in Berlin. PLANCK berichtet 25 Jahre später über jene denkwürdige Sitzung: ›Als Herr v. LAUE nach der theoretischen Einleitung die erste Aufnahme zeigte, die den Durchgang eines Strahlenbündels durch ein ziemlich willkürlich orientiertes Stück von triklinem Kupfervitriol darstellte – man sah auf der photographischen Platte neben der zentralen Durchstoßungsstelle der Primärstrahlen ein paar kleine sonderbare Flecken –, da schauten die Zuhörer gespannt und erwartungsvoll, aber doch wohl nicht ganz überzeugt auf das Lichtbild an der Tafel. Aber als nun jene Figur 5 sichtbar wurde, das erste typische LAUEdiagramm, welches die Strahlung durch einen genau zur Richtung der Primärstrahlung orientierten Kristall regulärer Zinkblende wiedergab mit ihren regelmäßig und sauber in verschiedenen Abständen vom Zentrum angeordneten Interferenzpunkten, da ging ein allgemeines »ah« durch die Versammlung. Ein jeder von uns fühlte, daß hier eine große Tat vollbracht war‹.

Die Nachricht von der fundamentalen Entdeckung verbreitete sich schnell in der wissenschaftlichen Welt. Bereits 1913 begründeten WILLIAM HENRY BRAGG und sein Sohn WILLIAM LAWRENCE in London die für die Erforschung der Festkörper so entscheidende Kristallstrukturanalyse, während MANNE SIEGBAHN und Mitarbeiter in Stockholm die Röntgenstrahlspektroskopie entwickelten. LAUE hingegen beteiligte sich an diesen weiteren Schritten kaum, er war völlig zufrieden als er sah, daß seine physikalischen Vorstellungen sich als richtig erwiesen. In seinen Worten: ›Diesen Schritt, der im wesentlichen auf die Durchforschung einzelner Kristallstrukturen hinauslief, hätte ich kaum tun können. Mich interessieren auf allen Gebieten der Physik vor allem die großen, allgemeinen Prinzipien – deshalb hatten mich auch PLANCKS Vorlesungen, welche gerade diese betonten, so sehr angesprochen –, und die prinzipiellen Fragen nach der Natur der Röntgenstrahlen einerseits, der Kristalle andererseits, waren durch die Versuche von FRIEDRICH und KNIPPING wohl entschieden‹. LAUE hatte ja die Erklärung der Interferenzen mit der Wellentheorie für die Röntgenstrahlen gegeben und damit dieses Bild bestätigt. Heute freilich wissen wir, daß auch Korpuskularstrahlen (d. h. Strahlen von Teilchen endlicher Ruhemasse) nach der Quantenmechanik die gleiche Interferenzstruktur zeigen, und LAUE selbst hat sich dieser Erkenntnis später in seiner Monographie »Materiewellen und ihre Interferenzen« ausführlich gewidmet.

Die Anerkennung für LAUES Entdeckung kam rasch: Bereits im Sommer 1912 folgte er einem Ruf auf ein Extraordinariat der Universität Zürich, zwei Jahre später erreichte ihn die Berufung nach Frankfurt am Main. Im gleichen Jahr, 1914, wurde LAUE der Nobelpreis für Physik zuerkannt, eine für damalige Verhältnisse erstaunlich prompte Würdigung, die die Bedeutung und unmittelbare Evidenz der Entdeckung nochmals unterstreicht.

Die Frankfurter Zeit: 1914–1919

Als die neugegründete Stiftungsuniversität Frankfurt am Main zum Wintersemester 1914 ihren Lehrbetrieb begann, konnte sich die erste naturwissenschaftliche Fakultät an einer deutschen Universität auf die traditionsreichen »naturforschenden Institute« stützen, deren leitende Persönlichkeiten zum überwiegenden Teil die Professoren der neuen Fakultät wurden. Nur zwei Lehrstühle mußten mit auswärtigen Wissenschaftlern besetzt werden, nämlich der für Mineralogie und der für Theoretische Physik. Das Kapital für Letzteren, damals durchaus noch keine Selbstverständlichkeit im Spektrum physikalischer Fächer, hatte der rührige Frankfurter Oberbürgermeister ADICKES, der die Gründung der Johann Wolfgang Goethe-Universität zu seiner eigenen Sache machte, angeblich von dem Diamantenhändler OPPENHEIM dadurch erhalten, daß er dessen Frau bei einem festlichen Diner zu Tisch geleitete. Auf diesen Lehrstuhl berief man aus Zürich den 34jährigen MAX VON LAUE.

Wir wissen heute nicht mehr, was die Frankfurter Fakultät zu ihrer Entscheidung bewog, denn die physikalische Forschung der Senckenbergischen Institute war nicht speziell auf die Kristallphysik ausgerichtet. Vielleicht gab ARTUR SCHOENFLIES, Inhaber des mathematischen Lehrstuhls, den Ausschlag, dem wir die Abzählung aller 230 möglichen geometrischen Raumgruppen verdanken, und der in LAUES Entdeckung eine Anwendung seiner Überlegungen sehen konnte. Vielleicht aber auch war es LAUES entschiedenes Eintreten für EINSTEINS Relativitätstheorie, in dem die Frankfurter Universitätsgründer einen fortschrittlichen, dem Neuen in der Physik aufgeschlossenen Geist erkannten. Wie dem auch sei, die Berufung bewies Selbstbewußtsein und vorausschauendes Gespür, denn noch im Jahr des Amtsantritts in Frankfurt am Main erhielt LAUE wie erwähnt den Nobelpreis für Physik. Selbst für etablierte Universitäten war es keine Selbstverständlichkeit, zwei Nobelpreisträger, nämlich wie hier MAX VON LAUE in der Naturwissenschaftlichen und PAUL EHRLICH in der Medizinischen Fakultät, zu ihrem Lehrkörper zu zählen!

MAX VON LAUE wirkte viereinhalb Jahre, vom 1. Oktober 1914 bis zum 31. März 1919, an der Frankfurter Johann Wolfgang Goethe-Universität. In keinem seiner Rückblicke auf sein Leben hat er jemals diese Zeit sonderlich erwähnt. Den einzigen Hinweis findet man bei der Erwähnung des in Mineralogie verpatzten Staatsexamens, wo LAUE sagt, daß er in seinen Frankfurter Jahren diese Lücke einigermaßen ausfüllte. Auch in den ausgedehnten Gesprächen, die der Verfasser dieser Zeilen mit seinem Lehrer führte, kam die Frankfurter Zeit nie vor. Nur einmal bemerkte Frau VON LAUE mir gegenüber, wie sehr sie sich beide über den

Ruf nach Frankfurt am Main freuten, da ihr Mann in Zürich mit dem Schweizer Dialekt nicht zurechtkam und ihr der Föhn arg zusetzte. Aber in Wahrheit war wohl der Blick LAUES auf Berlin gerichtet, nicht auf die Stadt, wie er selbst sagt, sondern auf die Universität, die er als seine eigentliche geistige Heimat ansah. Der Kontakt zu seinen physikalischen Freunden dort und die tägliche wissenschaftliche Kommunikation waren ihm wichtig. LAUE lebte wie kaum ein anderer durch sie, und er lebte mit ihr auf. In Diskussionen, die durch die frappante Schnelligkeit seines Denkens und die Freude am Kreuzen intellektueller Klingen geprägt waren, vergaß er Zeit und Tageszeit.

In Frankfurt am Main ergaben sich solche Diskussionsmöglichkeiten für den einzigen Vertreter der Relativitätstheorie und der Kristalloptik nur spärlich. Dort mußte LAUE sich anderen Aufgaben zuwenden. Es galt, den Unterricht in Theoretischer Physik zu organisieren und einen Vorlesungszyklus in diesem Fach aufzubauen, Aufgaben, denen sich zu der Zeit erst ganz wenige große Lehrmeister der Theoretischen Physik, LAUES Lehrer PLANCK in Berlin und ARNOLD SOMMERFELD in München etwa, unterzogen hatten. Aber die Vermittlung von Wissen durch Vorlesungen lag LAUE nicht, darin seinem bewunderten Freund ALBERT EINSTEIN verwandt. Sein rasches Denken lief der natürlichen Geschwindigkeit der Sprache stets davon, was seine Rede oft hastig und undeutlich werden ließ. Hinzu kamen eine ziemlich unleserliche Schrift und eine entsprechende Tafeltechnik, so daß LAUES Vorlesungen stets nur wenige Hörer anzogen. Allerdings, diejenigen die aushielten wurden mit seiner bewundernswerten Klarheit der Gedankenführung, der Begeisterung für die Sache und dem hervorragenden Aufbau der Darstellung belohnt. Dies kam natürlich in Spezialvorlesungen besser zur Geltung als im großen Theoriezyklus.

So wurde die Frankfurter Vorlesungstätigkeit für LAUE eher zu einer Qual, und er suchte sich ihr so weit wie möglich zu entziehen. Die erste Gelegenheit dazu ergab sich 1916 durch eine Anfrage der Universität Wien, ob er bereit sei, den dortigen Lehrstuhl für Physik zu übernehmen. LAUE verband dies mit der Forderung, für seinen Verbleib in Frankfurt am Main eine außerordentliche Professur für Theoretische Physik als Entlastung für die Lehre einzurichten. Hier nun zeigte sich die Stärke der Stiftungsuniversität, denn mitten im Krieg, als der Staat zu keinerlei Zuschüssen bereit war, fanden Rektor und Vorsitzender des Kuratoriums in RICHARD FLEISCHER, einem wohlhabenden Wiesbadener Kaufmann, einen Gönner, der sich erbot, 5000 Mark pro Jahr für eine zusätzliche Professur zu stiften, falls es dadurch möglich sein würde, MAX VON LAUE in Frankfurt zu halten. Aber die Sache verlief im Sande, die Wiener Verhandlungen zerschlugen sich offensichtlich vor der Erteilung eines offiziellen Rufes.

Bald ersparte jedoch eine andere Entwicklung LAUE das Abhalten von Vorlesungen. In seiner Frankfurter Zeit begann er sich für die Wirkungsweise von Verstärkerröhren zu interessieren, einem damals spannenden und von vielen Theoretikern aufgegriffenen Gebiet, in dem Elektronentheorie, Elektrodynamik und Thermodynamik ineinandergreifen. WILHELM WIEN in Würzburg hatte auf empirischem Wege Verbesserungen des Steuermechanismus entwickelt, und so begann LAUE 1916 eine Zusammenarbeit mit WIENS Würzburger Institut. Da diese Arbeiten zudem als militärisch wichtig angesehen wurden (obwohl LAUE seine Ergebnisse noch während des Krieges veröffentlichte), wurde er von den Vorlesungen entbunden und bezog zeitweise sogar eine Wohnung in Würzburg. Und 1917 schließlich kam der erste Schritt zurück nach Berlin, in die ›geistige Heimat‹: Dort war das Kaiser-Wilhelm-Institut für Physik gegründet worden, mit ALBERT EINSTEIN als Direktor und MAX VON LAUE als seinem Stellvertreter.

Die endgültige Übersiedelung nach Berlin konnte jetzt nur noch eine Frage der Zeit sein, und LAUE löste sie auf ebenso originelle wie wohl einmalige Weise in der deutschen Universitätsgeschichte: In Berlin lehrte neben MAX PLANCK als Extraordinarius für Theoretische Physik MAX BORN. Dieser, ein begeisterter akademischer Lehrer, litt darunter, daß die große Theorievorlesung die Domäne PLANCKS blieb, und er sich mit Spezialvorlesungen begnügen mußte. Von LAUE wissen wir, wie gerne er die Vorlesungsverpflichtungen los sein würde. Also schlugen beide, die sich aus gemeinsamer Göttinger Studienzeit kannten und schätzten, ihren Fakultäten und dem Ministerium für Kunst und Volksbildung in Berlin 1918 vor, ihre Lehrstühle zu tauschen, wobei freilich das Berliner Extraordinariat in ein persönliches Ordinariat umgewandelt werden mußte. Der hohe wissenschaftliche Rang beider fast gleichaltrigen Männer führte schließlich bei allen Beteiligten zur Zustimmung, und zum 1. April 1919 wurde MAX VON LAUE als ordentlicher Professor in die Philosophische Fakultät der Universität zu Berlin und MAX BORN in gleicher Eigenschaft in die Naturwissenschaftliche Fakultät der Johann Wolfgang Goethe-Universität Frankfurt versetzt.

LAUES Zeit als erster Inhaber des Theorielehrstuhls in Frankfurt am Main war damit zu Ende, und sie war, was die akademische Lehre angeht, für beide Seiten sicher nicht die glücklichste. Aber in der Wissenschaft kommt es auf den geistigen Maßstab an, der durch eine Persönlichkeit gesetzt wird. Und hier hat MAX VON LAUE durch die Klarheit seines Denkens, die Lauterkeit seines Charakters und die Wärme seiner mitmenschlichen Beziehungen der jungen Frankfurter Fakultät gewiß höchste Maßstäbe vermittelt. Noch im letzten Jahr seines Wirkens verlieh die Johann Wolfgang Goethe-Universität auf Anregung LAUES dem Schöpfer der Quantenhypothese, MAX PLANCK, aus Anlaß von dessen 60. Geburtstag am 23. April 1918 die Würde eines »Dr. philosophiae naturalis honoris causa«. MAX VON LAUE hatte Laudatio und Ehrendiplom entworfen und seinem Lehrer in Berlin überreicht.

Max von Laue in Berlin

Mit der Übersiedelung nach Berlin konnte LAUE sich verstärkt seiner Aufgabe am Kaiser-Wilhelm-Institut widmen. Er bezog mit seiner Familie ein schönes Haus in Zehlendorf, in dem es viel Geselligkeit gab, und in dem sich Frau MAGDA VON LAUE als ebenso liebenswürdige wie perfekte Gastgeberin erwies. EINSTEIN kümmerte sich nicht sehr um die Verwaltung des Instituts, dies fiel LAUE zu. Das

»Institutsgebäude« war EINSTEINS Privatwohnung, aber es gab einen Etat von 75 000 Reichsmark, mit dem physikalische Forschung an bestehenden Instituten unterstützt werden konnte. So bekamen EINSTEIN und LAUE großen Einfluß auf die Förderung der Physik in Deutschland. Zu den Geförderten gehörten unter anderen der Astronom ERWIN FREUNDLICH, der sich der empirischen Überprüfung der allgemeinen Relativitätstheorie widmete, sowie PETER DEBYE, MAX BORN und PASCUAL JORDAN. Das Kaiser-Wilhelm-Institut für Physik wurde so zum Vorbild für die 1920 auf Anregung von FRIEDRICH SCHMIDT-OTT gegründete »Notgemeinschaft der deutschen Wissenschaft«, der heutigen »Deutschen Forschungsgemeinschaft«.

LAUES Berliner Ordinariat brachte ihm nicht viele Vorlesungsverpflichtungen ein. Seine Lehraufgaben versah er vorwiegend in Spezialvorlesungen, Seminaren und mit der Anleitung zu selbständigen wissenschaftlichen Arbeiten. Aber auch in der Universität setzte er einen Akzent, dessen Bedeutung bald über die Grenzen Berlins hinausreichte. Er organisierte das physikalische Mittwochskolloquium, das bald »LAUE-Kolloquium« hieß, und in dem es nicht nur eine hohe Ehre war, vortragen zu dürfen, sondern ebenso eine harte Feuerprobe, vor LAUES scharfem Intellekt und den anderen Diskussionsrednern der ersten Reihen, darunter meist viele Nobelpreisträger, bestehen zu können.

Zu LAUES Forschungsinteressen, die sich bisher zwischen Relativitätstheorie, Röntgenoptik und Thermodynamik aufteilten, trat in Berlin ein weiteres Gebiet hinzu. LAUE wurde nicht nur in die Preußische Akademie der Wissenschaften aufgenommen, er war auch Berater der Physikalisch-Technischen Reichsanstalt in Berlin-Charlottenburg. Hier traf er WALTHER MEISSNER, der sich mit Phänomenen der Supraleitung beschäftigte. LAUE konnte 1932 die Abhängigkeit des kritischen Magnetfeldes von der Geometrie der Probe erklären und damit einen Anstoß zur Entdeckung des MEISSNER-Effekts der Feldverdrängung geben. Ein Schüler LAUES, FRITZ LONDON und dessen Bruder HEINZ entwickelten daraufhin ihre phänomenologische Theorie der Supraleitung, an deren Entstehung LAUE regen Anteil nahm. Besonder befriedigte es ihn, daß der supraleitende Zustand nach dem Ergebnis des MEISSNER-Effekts als Phase im Sinne der Thermodynamik aufgefaßt werden konnte. Zwischen 1937 und 1947 entstanden zwölf Arbeiten LAUES über Supraleitung und ein weiteres Lehrbuch, »Theorie der Supraleitung«, das die phänomenologische Theorie einschließlich einer aufgrund einer Anregung von HEISENBERG und KOPPE entwickelten nichtlinearen Erweiterung enthält.

ALBERT EINSTEIN und MAX VON LAUE waren schon in LAUES Züricher Zeit enge Freunde geworden. Beide schätzten sich ungemein, trotz ihres unterschiedlichen menschlichen und wissenschaftlichen Naturells. LAUE bewunderte in EINSTEIN den großen Schöpfer fundamentaler physikalischer Theorien, und EINSTEIN war beeindruckt von LAUES Klarheit des Denkens und seiner Virtuosität in der Handhabung mathematischer Techniken. Zum ersten Lauediagramm gratulierte EINSTEIN: ›Ihr Experiment gehört zum Schönsten, was die Physik erlebt hat‹. Später sagten beide ›Du‹ zueinander. Beide verband auch die Skepsis gegenüber der neuen Quantenmechanik, die allerdings bei EINSTEIN viel tiefer saß, während LAUE von den Materiewellen fasziniert und bereit war, dafür einen Preis zu zahlen. Bei dieser engen Bindung mußte es LAUE besonders treffen, als, beginnend um 1920, die Angriffe auf EINSTEIN mit eindeutig antisemitischer Tendenz einsetzten und an Stärke, Hand in Hand mit dem Vordringen des Nationalsozialismus, zunahmen. EINSTEIN wehrte sich kaum, ihm war das Niveau der Argumentation zu niedrig, aber er sah Schlimmes für Deutschland heraufziehen. LAUE kämpfte, um wenigstens den Einfluß von STARK und LENARD, die mit ihrem Gewicht als Nobelpreisträger in der antisemitischen Kampagne mitmachten, einzudämmen. Dies gelang auch, beide blieben in der physikalischen Gemeinschaft weitgehend isoliert, selbst dann noch, als sie nach der »Machtergreifung« mit starker offizieller Unterstützung ihre »Deutsche Physik« propagierten. EINSTEIN lockerte seit 1932 systematisch seine Bindung an Berlin. Den 30. Januar 1933 erlebte er in Kalifornien, in Gesprächen mit MILLIKAN über den Aufbau des Institute for Advanced Studies in Princeton. Im Oktober 1933 verließ EINSTEIN endgültig Europa, um nie mehr dorthin zurückzukehren.

Die so einmalige Situation der Physik im Berlin der zwanziger Jahre verschlechterte sich mit Hitlers »Machtergreifung« schlagartig: Die Wissenschaft verlor ihre Freiheit. Viele jüdische Physiker mußten Deutschland verlassen oder verloren, wie LISE MEITNER, ihre Stellung in der Universität. Zum Glück konnte die Kaiser-Wilhelm-Gesellschaft mit ihrer privatrechtlichen Organisation sich dem Zugriff der Nazis weitgehend entziehen und bot Männern wie PLANCK, LAUE und OTTO HAHN Gelegenheit, etwas für ihre verfolgten Kollegen zu tun. Bereits 1930 waren LAUE und LADENBURG nach USA gereist, um mit der Rockefeller Foundation über eine Neuausstattung des Kaiser-Wilhelm-Instituts für Physik zu verhandeln. JAMES FRANCK sollte der Direktor der experimentellen, LAUE der der theoretischen Abteilung werden. PLANCK erreichte, daß die Stiftung auch nach 1933 ihren Zuschuß nicht zurückzog. Aber FRANCK hatte Deutschland inzwischen verlassen müssen, und so wurde PETER DEBYE 1936 Direktor und LAUE sein Stellvertreter.

LAUE behielt seine Institutsstellung bei, da er sich unter der Obhut der Kaiser-Wilhelm-Gesellschaft den Angriffen der Nazis und seiner Widersacher STARK und LENARD eher gewachsen sah als in seiner Position als Universitätsprofessor. Tatsächlich wurde der mehrfach vom Reichskultusministerium Zurechtgewiesene auch zum 1. Oktober 1943 vorzeitig emeritiert. Man hat LAUE oft gefragt, warum er nicht emigriert sei. Sein Ansehen in der Welt hätte ihm leicht eine Stellung außerhalb Deutschlands verschafft. Er äußert zu dieser Frage:

›... daß ich keine der spärlichen im Ausland für die Emigranten verfügbaren Stellen einem Kollegen wegnehmen sollte, der sie nötiger brauchte. Vor allem wollte ich aber sogleich zur Stelle sein, wenn nach dem von mir vorausgesehenen und erhofften Zusammenbruch des »Dritten Reiches« sich die Möglichkeit zu einem kulturellen Wiederaufbau auf den Ruinen bot, die dieses Reich schuf‹. So blieb er in den dunklen Tagen auf seinem Posten. Dem Freund EINSTEIN schrieb er: ›Seit dem Fortgehen von hier ist mir Berlin zum großen Teil verödet, trotz PLANCK und manchem anderen.‹ Aber LAUE blieb unbeugsam. Seine hervorragende Bildung erlaubte es ihm, in historischen Gleichnissen, die von jedem Sehenden verstanden wurden, die Verfolgungspolitik der Nazis anzuprangern. Bekannt unter Physikern sind seine Rede als Vorsitzender der Deutschen Physikalischen Gesellschaft auf dem Physikertag in Würzburg im September 1933, in der er EINSTEIN verteidigte mit dem berühmten Ausruf ›Und sie bewegt sich doch‹, und der Nachruf auf FRITZ HABER 1934, den er mit Themistokles verglich. Nicht viele Physiker, die in Deutschland geblieben waren, schlossen sich den »Deutschen Physikern« STARK und LENARD an, aber die meisten gingen, insbesondere wenn es um die Anwendung der Relativitätstheorie ging, Kompromisse ein. Nicht so LAUE. In seinen Vorlesungen nannte er weiter EINSTEIN als den Schöpfer der Theorie, und noch 1943 publizierte er die Arbeit »Ein relativistischer Beweis für das Wiensche Verschiebungsgesetz«. EINSTEIN erkannte LAUES Haltung. 1934 schrieb er ihm: ›Lieber alter Kamerad! Wie hab ich mich mit jeder Nachricht von Dir auch über Dich gefreut. Ich hab nämlich immer gefühlt und gewußt, daß Du nicht nur ein Kopf, sondern auch ein Kerl bist.‹

LAUE erlebte den von ihm herbeigesehnten Zusammenbruch des »Dritten Reiches« in Hechingen, wohin das Kaiser-Wilhelm-Institut für Physik 1944 verlagert wurde. Die deutschen Kernphysiker, wozu sich LAUE nun ganz unverdient rechnen mußte, wurden sistiert, um im Landhaus »Farmhall« in England ein Dreivierteljahr in strenger Abgeschiedenheit zu verbringen. Bevor LAUE von seinem Kollegen GOUDSMIT (dem wir, mit UHLENBECK zusammen, die Entdeckung des Elektronenspins verdanken) in Gewahrsam genommen werden konnte, mußte sich dieser aber noch eine der entwaffnenden LAUEschen Lachsalven und die Bemerkung ›GOUDSMIT, was haben Sie denn mit Ihnen gemacht?‹ gefallen lassen. GOUDSMIT war nämlich mit einem viel zu großen Stahlhelm auf dem Kopf in LAUES Wohnung erschienen.

Anfang 1946 fanden sich die meisten der Farmhall-Insassen in Göttingen wieder, wo unter den schwierigen Nachkriegsverhältnissen die Reste des Kaiser-Wilhelm-Instituts für Physik in der ehemaligen Versuchsanstalt für Luft- und Raumfahrt untergebracht wurden. LAUE war wieder, neben HEISENBERG als Direktor, dessen Stellvertreter und Honorarprofessor der Universität. Er lebte damals, auch nach Gründung der Max-Planck-Gesellschaft, in einer bescheidenen Dienstwohnung mit einem mehr als bescheidenen Salär, das ihm, dem begeisterten Autofahrer, dessen berühmter »Steyr« 1940 von den Nazis beschlagnahmt worden war, nicht einmal den Kauf eines eigenen Wagens gestattete. Dies war kein besonderes Ruhmesblatt für die junge Max-Planck-Gesellschaft! Aber LAUE war zu stolz, um an solchen Gegebenheiten zu rütteln. Statt dessen arbeitete er tatkräftig am ›kulturellen Wiederaufbau auf den Ruinen‹. Die Wiedergründung der Deutschen Physikalischen Gesellschaft, zunächst in der »Britischen Zone«, dann später in der Bundesrepublik und die Wiedergründung der Physikalisch-Technischen Bundesanstalt in Braunschweig sind wesentlich sein Werk.

Zu Ende des Jahres 1950, im 72. Lebensjahr, erreichte LAUE die Berufung als Direktor des Instituts für physikalische Chemie und Elektrochemie der damaligen Forschungshochschule Dahlem, die die ehemaligen Kaiser-Wilhelm-Institute in

Max von Laue am Steuer seines »Steyr« (Aufnahme O. Hahn)

Berlin, so auch das ehemals von HABER gegründete, zusammenfaßte. Dieses Angebot erfüllte LAUE aus mehreren Gründen mit großer Genugtuung. Nun kehrte er abermals nach Berlin zurück, und er sah seine Mission, in der nun geteilten Stadt am Wiederaufbau des wissenschaftlichen Lebens mitzuwirken. Seine Einstellung charakterisiert vielleicht am besten die Antwort, die er mir gab, als er mir anbot als sein Doktorand mitzugehen, und ich anfänglich zögerte: ›Wenn Berlin ruft, sagt man nicht nein.‹

In Berlin entwickelte LAUE in den letzten neun Jahren seines Lebens eine geradezu bewundernswerte Aktivität. Nicht nur, daß er tatkräftig die Eingliederung der Berliner Institute in die Max-Planck-Gesellschaft betrieb, wobei er darauf bestand, ›seinem‹ Institut den Namen »Fritz Haber-Institut« zu geben, er benutzte auch sein hohes Ansehen dazu, erhebliche Geldmittel für das Institut zu erhalten, so daß zwei neue Abteilungen (BORRMANN, HOSEMANN) eingerichtet werden konnten. Obwohl er in den Institutsangelegenheiten von seinem zuverlässigen Verwaltungsassistenten DIETRICH SCHMIDT-OTT, dem Sohn des Gründers der »Notgemeinschaft«, nach Kräften unterstützt wurde, gab er doch keine dieser Aufgaben wirklich aus der Hand. Nur LAUES Selbstdisziplin und seinem leidenschaftlichen Interesse an physikalischen Fragestellungen ist es zu verdanken, daß er neben all diesem in den letzten Berliner Jahren nochmals einen Höhepunkt seiner wissenschaftlichen Produktivität erlebte. Mit dem Verfasser führte er schon in Göttingen begonnene Arbeiten zur Supraleitungstheorie, insbesondere zur Rolle der Oberflächenenergie an der Grenze Supra-Normalleiter fort, die nahe an die Charakterisierung der späteren Typ II-Supraleiter reichten. Mit seinem wieder ans Haber-Institut geholten Mitarbeiter aus früherer Zeit, GERHARD BORRMANN, wandte er die von ihm in den 30er Jahren vervollständigte dynamische Theorie der Röntgenstrahlinterferenzen auf die anomale Absorption (BORRMANN-Effekt) an. Schließlich besorgte er völlige Neubearbeitungen seiner beiden Hauptwerke, der zweibändigen »Relativitätstheorie« und der »Röntgenstrahlinterferenzen«.

Hinzu kamen die Reisen. LAUE reiste viel und gern und mit Vorliebe mit dem Auto. Dabei entspannte er sich, und man kam ihm im persönlichen, vertrauten Gespräch dann sehr viel näher als das im Institut oder bei wissenschaftlichen Diskussionen der Fall war. Oft übernahm er für weite Strecken selbst das Steuer, und er freute sich über ein gelungenes Überholmanöver ebenso wie über eine rasante Serpentinenfahrt. Er war auch noch im Alter ein guter Autofahrer; sein rasches Reaktionsvermögen kam ihm dabei zugute. Fuhr er nicht selbst, so hatte er die Generalkarte auf den Knien und suchte geographisch oder historisch interessante Ziele abseits der Hauptstraßen, die dann besucht wurden. LAUE liebte die Natur ungemein, und nicht selten rief er laut aus: ›Wie schön ist es hier!‹ Beim Ausblick von einer Bergspitze oder einem Aussichtsturm wetteiferte er mit seinen Begleitern, wer einen bekannten Gipfel oder einen Kirchturm zuerst entdeckte. Meist blieb er mit seinem gewaltigen Zeiss-Glas Sieger.

1959 übergab LAUE das Fritz Haber-Institut seinem Nachfolger. Das bereits erwähnte Leiden machte sich jetzt stärker bemerkbar, und bei einem Besuch sagte er mir, er sei jetzt müde geworden, und er könne der Physik nicht mehr so folgen wie er es wolle. Ein großer Schlag für ihn war der Tod seines Freundes ALBERT EINSTEIN 1955. ›Der Mann ist dahingegangen, sein Werk lebt‹ wurde das Motto der letzten von LAUE besorgten Auflage seiner »Relativitätstheorie«. Auch LAUES Lebenswerk war vollendet. Aber am 9. Oktober 1959 fand in Dahlem die Feier seines 80. Geburtstags statt. Es wurde ein großes Fest mit vielen Gratulanten, und LAUE war gerührt von so viel menschlicher Wärme und Anteilnahme. Am meisten freute ihn die Verleihung der Helmholtz-Medaille durch die Ostberliner Akademie der Wissenschaften und die Anwesenheit der Freunde OTTO HAHN und LISE MEITNER.

Am 8. April 1960 fuhr LAUE allein mit dem Institutsauto zu einer Besprechung in das von ihm mit ins Leben gerufene Hahn-Meitner-Institut nach Wannsee. Auf der Avus wurde er in einen nicht mehr rekonstruierbaren Unfall verwickelt und mit schweren Kopfverletzungen ins Krankenhaus gebracht. Dort verstarb er am 24. April 1960. Er ruht in der Nähe von PLANCK, NERNST und anderen auf dem Göttinger Friedhof.

MAX VON LAUE erfuhr viele Ehrungen, und er hat in seiner Bescheidenheit nie viel Aufhebens davon gemacht. Aber auf zwei Auszeichnungen war er besonders stolz: Im Juli 1946, kurz nach dem verlorenen Krieg, wurde er als einziger Deutscher zur Kristallographentagung nach London eingeladen. Bei dem Festbankett hielt der Vorsitzende eine Tischrede auf LAUE, in der er ganz besonders seine Haltung während der Hitlerzeit würdigte. Und 1948 verlieh die Universität von Chicago LAUE die Ehrendoktorwürde ›as physicist and resolute champion of freedom‹.

Alfred Landé

1888–1976

von

Azim O. Barut

Boulder, Colorado

ALFRED LANDÉ wurde am 13. Dezember 1888 in Elberfeld, Rheinland, geboren. Er ist also ein Jahr jünger als SCHRÖDINGER, und sechs Jahre jünger als sein Mentor MAX BORN. Seine Eltern waren sehr an Literatur, Wissenschaft und Politik interessiert; sein Vater war für kurze Zeit stellvertretender Regierungspräsident in Düsseldorf. Der französische Akzent in seinem Namen stammt aus dem 18. Jahrhundert als es Mode war, französisch zu gelten, wenigstens dem Namen nach. Seine erste intensive Liebe galt der Musik, er begann mit Klavierstunden im Alter von fünf Jahren, und setzte die systematische Ausbildung in Musiktheorie und Komposition bis zum 18. Lebensjahr fort. MAX BORN schrieb in Erinnerung an eine Tagung auf einem Wolgaschiff im Jahre 1928 an LANDÉ: »A night I remember particularly well was when you replaced the young noisy Russians at the piano and played Chopin on the old bad instrument so beautifully that I have never forgotten it.« Das Interesse an den Wissenschaften begann schon frühzeitig, zunächst an Kosmologie, dann an der Faszination der Kristalle und Mineralien, sowie an Chemie und schließlich an der Elektrizitätslehre. Im Gymnasium war er in Mathematik und Physik seinen Mitschülern weit überlegen; seine Lehrer betrachteten ihn als ein Wunderkind. Als er aber sein Universitätsstudium begann (Marburg 1908, München und Göttingen) entdeckte er, wie er selber bescheiden sagt, daß es viele andere Wunderkinder gab und er es schwer hatte, mit denen schrittzuhalten.

Nach drei Studienjahren hatte sich noch keine deutliche Richtung seiner Arbeit oder eine persönliche Beziehung zu einem Professor abgezeichnet, so versuchte er sich zunächst in Göttingen in Experimentalphysik an Kathodenstrahlen. Aber, wie viele andere von uns es auch erlebt haben, die dauernden Vakuumlecks, die Schmutzeffekte und das Warten auf den Mechaniker, haben ihn so irritiert, daß er sich entschloß zur theoretischen Physik überzuwechseln, wohin ohnehin seine hauptsächliche Neigung ging. Er wechselte von Göttingen (wo er MAX BORNS Inauguralvorlesung, gehalten vor fünf Studenten, gehört hatte) nach München. In München war er sogleich von ARNOLD SOMMERFELD fasziniert, »dem größten Lehrer der theoretischen Physik östlich des Rheins«. Er war umgeben von vielen begabten Kollegen, die später zur Prominenz gehörten, DEBYE, EPSTEIN, EWALD, VON LAUE... Das sensationellste Ereignis in dieser Zeitperiode war 1912 die Entdeckung der Beugung der Röntgenstrahlen durch MAX VON LAUE. Es gab tägliche Diskussionen nach dem Mittagessen im Hofgarten und wöchentliche Skitouren. Bezeichnend ist für die spätere Denkweise von LANDÉ, daß er in dieser Zeit schon das Quantenrätsel als eine Lücke in der klassischen statistischen Mechanik zu verstehen versuchte, während SOMMERFELD und andere »progressive« Physiker die Quantentheorie als eine absolut neue und fundamentale Theorie ansahen. So blieb LANDÉs Verhältnis zu SOMMERFELD, wie wir sehen werden, nicht immer reibungslos.

Im Jahre 1913 wurde LANDÉ Assistent von DAVID HILBERT in Göttingen. Seine Aufgabe als »HILBERT's Hauslehrer« war es, den großen Mathematiker über die Physikliteratur auf dem laufenden zu halten. Er kam dadurch auch in engen Kontakt zu MAX BORN. Es war die Zeit des BOHRschen Atom-Modells und der spezifischen Wärme bei niedrigen Temperaturen (DEBYE, BORN, VON KÁRMÀN). Das Firmament der Göttinger Wissenschaft war zu dieser Zeit voller heller Sterne: in der Mathematik lehrten DAVID HILBERT, FELIX KLEIN, EDMUND LANDAU, CARL RUNGE, OTTO TOEPLITZ, LUDWIG PRANDTL (der Begründer der Aerodynamik), HERMANN WEYL, RICHARD COURANT, PAUL BERNAYS, GEORGE POLYA, u. a. m. In der Physik, waren es neben der klassischen Schule von WOLDEMAR VOIGT und EDUARD RIECKE, die neue Generation von MAX BORN, ERWIN MADELUNG, THEODOR VON KÁRMÀN, ERWIN FREUNDLICH, PAUL HERTZ und VLADIMIR FOCK. NIELS BOHR und HENDRIK LORENTZ besuchten Göttingen häufig. Als Student übersetzte LANDÉ LORENTZ' »Theory of Electrons« zur eigenen Ausbildung ins deutsche, was für seine späten Arbeiten in der Strahlungstheorie wichtig werden sollte.

1914 promovierte er bei SOMMERFELD, mit einer »rather insignifanct Ph. D. thesis«[1], wie er sagt, »and almost flanked my orals with Röntgen because of a spectacular blunder in optics- did not know of phase shift upon reflection«.

Knapp zwei Wochen nach seiner Promotion brach der Erste Weltkrieg aus. Die Zahl der Benutzer des Mathematischen Lesezimmers in Göttingen schrumpfte von 350 im Sommersemester 1914 auf 98 im Wintersemester 1914/15. LANDÉ verbrachte zunächst einige Jahre im Rotkreuz-Dienst an der Ostfront, kam dann als Assistent zu BORN in eine der wenigen wissenschaftlichen Sektionen der Armee, zur Artillerie-Prüfungskommission, die unter der Leitung von RUDOLF LADENBURG stand, und in der auch einige andere Physiker tätig waren. Neben Aufgaben der Schallmessung begann er mit BORN die kohäsiven Kräfte und die Kompressibilität von Kristallen zu untersuchen. Diese Arbeit führte zu dem unerwarteten Ergebnis, daß die Elektronenbahnen in Atomen nicht alle, wie die Planetenbahnen, in einer Ebene verlaufen, eine Vorstellung, an der die damalige Wissenschaft als einer fundamentalen Idee festhielt. Zwischen dem 5. und 8. November 1918, also zwischen dem Aufstand der Matrosen in Kiel und der Proklamation der Republik, »haben BORN und LANDÉ ihre eigene kleine Revolution proklamiert« [1]. LANDÉ widerfuhr zum ersten Male das Gefühl einer Innovation und eines Fortschrittes, indem man die zur Zeit allgemein gültige Meinung überwindet.

1 »Zur Methode der Eigenschwingungen in der Quantentheorie« Inaugural Dissertation, Kgl. Ludwig-Maximilian Universität zu München. (Dieterichsen Univ.-Buchdruckerei, Göttingen, 1914). *Landé* ist wieder bescheiden; die Dissertation ist eine erhebliche Leistung in Mathematischer Physik.

Die räumliche Struktur des Atoms hat LANDÉ noch in den nächsten sieben Jahren intensiv beschäftigt. SOMMERFELD hatte 1916 begonnen, die neue Atomtheorie auf den ZEEMAN-Effekt anzuwenden und allgemeine Systeme mit mehr als einem Freiheitsgrad zu betrachten. Das Ergebnis dieser erfolgreichen Untersuchungen war, neben der berühmten SOMMERFELDschen Feinstrukturformel, auch eine allgemeine Quantisierungsregel, nämlich $\oint p_i dq_i = n_i h$ für mehrere Freiheitsgrade $q_1, q_2, \ldots$, während die koplanaren BOHRschen Bahnen nur eine Quantenzahl n aufweisen. Insbesondere folgt daraus, daß die räumliche Orientierung der Elektronenbahnen nur diskrete Werte annehmen kann, präziser gesagt, der Drehimpuls ist quantisiert. SOMMERFELD hat seine allgemeine Quantisierungsregel (die 1917 von EINSTEIN noch weiter verallgemeinert wurde) nicht weiter verfolgt. Statt dessen hat er versucht, die räumliche Orientierung aus der Bedingung der minimalen Energie abzuleiten. LANDÉS Arbeiten über kubische und tetraedrische Elektronenbahnen (»Würfelatome«) fand bei SOMMERFELD, DEBYE und BOHR großes Interesse. Aber Anfang 1919 wandte sich LANDÉ der Spektroskopie zu, obwohl die Weiterführung des Studiums der räumlichen Orientierung der Atome das interessanteste Problem der Zeit war. Diese Wendung ist nicht durch Logik oder Mode zu erklären, war aber bedingt durch die Umstände des deutschen akademischen Systems. Im Herbst 1918 war bereits bekannt, daß im Sommersemester 1919 MAX VON LAUE auf ein Ordinariat in Berlin und gleichzeitig MAX BORN auf von LAUES Lehrstuhl in Frankfurt am Main berufen würden. Es war auch geplant, daß BORN LANDÉS Habilitation in Frankfurt am Main unterstützen würde.

Hier beginnt die Frankfurter Periode ALFRED LANDÉS, vielleicht die wichtigste Periode seines Lebens vom wissenschaftlichen Standpunkt aus. Die Arbeiten aus dieser Zeit haben ihm dauernden Ruhm eingetragen und durch sie ist er besonders bekannt geworden.

In den letzten Tagen des Dezembers 1918 verließ LANDÉ Berlin, um an der Odenwaldschule, einer Privatschule etwa 60 Kilometer südlich von Frankfurt am Main und 30 Kilometer nördlich von Heidelberg an der Bergstraße, seinen Dienst als Lehrer aufzunehmen. Später erinnert er sich »Morgens hatte ich frei für die Theoretische Physik, nachmittags verdiente ich meinen Lebensunterhalt durch Musikunterricht in einer geistig sehr anregenden Atmosphäre unter Erziehern, Künstlern, Naturliebhabern u. a. Einmal nur wurde diese Tätigkeit durch einen kurzen Besuch in Kopenhagen unterbrochen.«

LANDÉ konzentrierte sich auf seine Habilitationsschrift, die eine selbständige Arbeit sein sollte, unabhängig vom Thema der Zusammenarbeit mit BORN. Er wandte sich dem Problem der Atome mit mehreren Elektronen zu, insbesondere zum einfachsten Fall, dem Spektrum des Heliums. Die Spektroskopie des Heliums war experimentell gründlich von FRIEDRICH PASCHEN untersucht worden, aber es existierte keine theoretische Interpretation. Das Spektrum zeigte nichtkombinierende Singulett und Dublett – (eigentlich Triplett –, wie sich später herausstellte) Terme – es sah so aus als ob Helium aus zwei verschiedenen Substanzen bestünde. Heute wissen wir, daß ein Termsystem aus Übergängen zwischen $S = 0$ – (S ist die Gesamtspinquantenzahl) Zuständen (parahelium), und das andere System aus Übergängen zwischen S = 1 Zuständen (orthohelium) besteht mit der Auswahlregel $\Delta S = 0$, was die Unabhängigkeit dieser zwei Termsysteme erklärt. Wir heutigen Physiker können uns kaum noch vorstellen, wie schwierig, mühsam und langwierig es war, die Rätsel, die die komplexen Spektren aufgaben, zu lösen. Solange keine vollständige physikalische Theorie vorliegt, sind wir gezwungen, systematisch zu beobachten und verschiedene empirische Regeln miteinander zu kombinieren zu suchen. Die Periode der frühen Quantentheorie von 1913 bis 1926 erinnert uns an die heutige Elementarteilchenphysik, in der wir auch in den komplizierten Teilchenspektren und Teilchenreaktionen Gesetzmäßigkeiten, Symmetrien und Auswahlregeln aufzuzeigen versuchen.

Obwohl die He-Arbeiten von LANDÉ noch mit Fehlern behaftet waren, enthielten sie in einer expliziten und impliziten Weise mehrere neue wichtige Ideen, die später Früchte tragen sollten; unter anderem die Regel der Vektoraddition von zwei quantenmechanischen Drehimpulsen J_1 und J_2, die durch die Quantentheorie später bestätigt wurde. LANDÉ betrachtete diese Heliumarbeiten nur als Episode, doch sie haben ihren Zweck erfüllt, denn LANDÉ erhielt, mit BORNS Unterstützung, die *venia legendi* im Sommersemester 1919.

Frankfurt am Main soll damals die teuerste Stadt Deutschlands gewesen sein, und da man vom Kolleggeld allein nicht leben konnte, blieb LANDÉ an der Odenwaldschule und kam wöchentlich nach Frankfurt, um seine Vorlesung als Privatdozent zu halten, wohl auch in Erwartung eine noch zu bewilligende Assistentenstelle zu erhalten. Erst im Dezember 1920 oder Januar 1921 übersiedelte er nach Frankfurt am Main und mietete ein Zimmer bei Frau Geheimrat FREUND, der Witwe eines Professors der Chemie an der Universität.

Im Jahre 1922 heiratete er ELISABETH GRÜNEWALD. Zwei Söhne entstammen dieser Ehe. ARNOLD LANDÉ ist heute Chirurg in Minneapolis, CARL LANDÉ Professor für Politische Wissenschaften an der University of Kansas.

Das brennendste Problem der Physik der damaligen Zeit war die Aufgabe, den anomalen ZEEMAN-Effekt zu erklären. Dem hatte SOMMERFELD gerade eine lange Untersuchung gewidmet, worauf sich viele junge Physiker diesem Problem zuwandten. Nach einem Besuch bei BOHR in Kopenhagen im Oktober 1920 begann auch LANDÉ im Dezember das Problem des anomalen ZEEMAN-Effektes ernsthaft zu studieren. Die kurze Zeitspanne von drei bis vier Monaten, also vom Dezember 1920 bis April 1921 in Frankfurt am Main, die mit der Entdeckung der bekannten LANDÉschen g-Formel und der Erklärung des anomalen magnetischen ZEEMAN-Effektes durch LANDÉ endete, ist physikalisch, historisch und menschlich dermaßen interessant, daß ihm der Historiker PAUL FORMAN eine längere Untersuchung widmete [1]. Sie enthält u. a. stürmische Briefwechsel über die Priorität der Publikation zwischen LANDÉ, SOMMERFELD, ERNST BACK und FRIEDRICH PASCHEN.

Es ist eine Duplizität der Ereignisse, daß zur gleichen Zeit und im gleichen Institut in Frankfurt am Main, OTTO STERN und WALTER GERLACH ihre epochemachenden Experimente über die magnetische Zerlegung von Atomstrahlen durchführten, also die Drehimpulsquantisierung im STERN-GERLACH Versuch. Daß dies mit den von LANDÉ entdeckten halbzahligen Drehimpulsquantenzahlen zusammenhängt, sollte sich erst viel später herausstellen.

LANDÉ fand die g-Formel, als er die ZEEMAN-Spektren analysierte, indem er sie in zwei ZEEMAN-Terme zerlegte und darauf das alte RYDBERGsche Kombinationsprinzip anwandte. LANDÉ schreibt dazu: »Once this was done, and a structural interpretation was suggested on the basis of orbits arranged in space (rather than sticking to the fixed idea of »planetary orbits« all in one plane), it was simple to see that each spectral term had its peculiar gyro-magnetic factor g (LANDÉs factor). After this it was not a difficult puzzle to combine the various clay tablets established by BACK into a coherent language in which the strange word k (k + 1), instead of k^2, and the like, occured for the first time. But picking up the key, lying there for twenty years was the decisive step« [2]. Der Ausdruck k (k + 1), von dem LANDÉ spricht, für den Betrag des Drehimpulses wurde auch später durch die Quantentheorie bestätigt.

In der Sprache der Quantentheorie erhält man die LANDÉsche g-Formel heute wie folgt: $\vec{L}$ sei der Gesamtbahndrehimpuls der Elektronen, $\vec{S}$ der gesamte Spinoperator, und $\vec{J} = \vec{L} + \vec{S}$ der totale Drehimpuls. Das magnetische Moment des Systems ist gegeben durch $\vec{\mu} = \mu_0 (\vec{L} + 2\vec{S})$, weil ein Spindrehimpuls doppelt soviel zum magnetischen Moment beiträgt wie ein Bahndrehimpuls. Hier ist μ_0 das BOHRsche Magneton. Demnach ist $\vec{\mu}$ nicht parallel zu $\vec{J}$, sondern präzessiert um $\vec{J}$ herum, übrigens genau so wie unsere Erde. In einem äußeren Magnetfeld $\vec{B}$ liefert die Komponente des magnetischen Moments $\vec{\mu}$ in Richtung von $\vec{J}$, $\vec{\mu}_J$ einen Beitrag zur Energie, der gleich $-\vec{\mu}_J \cdot \vec{B}$ ist. Der g-Faktor von LANDÉ ist nun definiert durch

$\vec{\mu} \cdot \vec{B} = g\mu_0 B m_J$,

darin ist m_J die magnetische Quantenzahl. Eine kurze quantentheoretische Rechnung ergibt dann

$$g = (\vec{L} + 2\vec{S}) \cdot \vec{J}/J^2 = 1 + \frac{J(J+1) + S(S+1) - L(L+1)}{2J(J+1)}$$

Daher erscheint heute die g-Formel als eine einfache Folge der Quantenregeln. Damals war es aber ein großer Durchbruch. Wieder erinnert sich LANDÉ: »Thus, working quite alone in Frankfurt am Main without encouragement from colleagues, I found the *key*, the g-factor, which then opened the drawer with the g-formula in it, when whole groups of older physicists, even the great atomist SOMMERFELD, remained in the dark« ... »I *cracked the magnetic code* of atomic structure by the g-factor, followed its applications in the g-formula.«

LANDÉ hat sich bezüglich der Publikation seiner Arbeiten vor BACK in Tübingen sehr korrekt benommen (im Gegensatz zur Meinung SOMMERFELDS), so daß er auf Drängen FRIEDRICH PASCHENS im Herbst 1922 als Extraordinarius nach Tübingen berufen wurde. Tübingen war damals das Zentrum der Spektroskopie und eine Fülle von Daten, gesammelt von ERNST BACK, warteten auf Analyse und

Interpretation. In Tübingen arbeitete LANDÉ die ersten drei Jahre weiter über Spektroskopie. Ab 1925–26 begann er sich mit der Quantentheorie der Strahlung, Lichtkohärenz und spontaner und induzierter Emission zu beschäftigen. Diese (vergessenen) Arbeiten sind wohl vielleicht eine der ersten über die noch zu entwickelnde neue Theorie der Quantenelektrodynamik. Er hat sogar, zusammen mit WALTER GERLACH, eine experimentelle Arbeit über die Kohärenz der Lichtquanten von räumlich weit getrennten Bündeln publiziert, ein Experiment, das von einem anderen Theoretiker, ERWIN SCHRÖDINGER, schon im Jahre 1920 versucht worden war, jedoch ohne eindeutiges Ergebnis. In dieser Zeit entstehen auch lange zusammenfassende Handbuchartikel: Axiomatische Begründung der Thermodynamik durch Carathéodory; Optik, Mechanik und Wellenmechanik; Optik und Thermodynamik; und ZEEMAN-Effekt.

Im Herbstsemester 1929 wurde LANDÉ an die Ohio State University in Columbus eingeladen, um eine Reihe von Vorlesungen zu halten. Nach einem zweiten Aufenthalt 1930/31 in Columbus, Ohio, entschloss er sich in den USA niederzulassen, zwei Jahre vor einer möglichen Vertreibung durch die Nationalsozialisten. In den ersten Jahren in USA hat er sich hauptsächlich der Lehre und der Niederschrift von Lehrbüchern gewidmet, denn aus dieser Zeit gibt es nur relativ wenige Arbeiten z. B. über die magnetischen Momente der Nukleonen und Kerne, Versuche zur Berechnung der SOMMERFELDschen Feinstrukturkonstante, eine dreiteilige Arbeit über die endliche Selbstenergie der Elektronen, und über die Wechselwirkung zwischen Elementarteilchen, also aus Gebieten neuerer Richtungen der fundamentalen theoretischen Physik. Nach 1954 aber greift er wieder mit der ihm eigenen großen Energie das Problem der Begründung und Interpretation der Quantentheorie auf, er nennt sie seine zweite produktive Phase.

Forschungsarbeiten über die Grundlagen der Quantenmechanik werden oft von den aktiven professionellen Physikern nicht sehr hochgeschätzt. Der Grund hierfür liegt vielleicht darin, daß hier viel Philosophie in die Physik gemischt wird und viele Schriften durch semantische Schwierigkeiten und Begriffe, noch zur Verwirrung beitragen. Es werden unterschiedliche Interpretationen gegeben und es ist schwer, Wichtiges von Unwichtigem zu unterscheiden. LANDÉ war Vorläufer einer Phase der neuen Begründungen der Quantentheorie, mit denen konkrete physikalische Aussagen über experimentell nachprüfbare Fakten gemacht werden können. Dies geschah, nachdem die erste Phase der Interpretation der Theorie mit wohlbekannten Diskussionen zwischen DE BROGLIE, SCHRÖDINGER, BOHR und EINSTEIN vorläufig zugunsten der BOHRschen Auffassung zu einer Lösung zu führen schien. Unbestritten ist, daß hier ein wichtiges tiefes Problem liegt, denn sonst wären nicht stets neue Anstrengungen gemacht worden, die Natur der quantenmechanischen Wahrheit zu ergründen. Wir kümmern uns z. B. kaum um die Interpretation der klassischen Mechanik. Das erneute Interesse wurde noch verstärkt durch die vielen schönen neuen Experimente mit neuen technischen Methoden, an einzelnen Quantensystemen, einzelnen Atomen, Elektronen und Photonen.

LANDÉ folgte zuerst der üblichen Kopenhagener Interpretation in seinem Buch

Alfred Landé, um 1940

Quantum Mechanics (PITMAN, London, 1950) »as a faithful follower of the dualistic views of BOHR and HEISENBERG«. Doch damit begann auch seine Frustration, daß er die Quantentheorie nicht mit genügender Klarheit verstanden und präsentiert hat. In den folgenden Jahren, eigentlich bis zu seinem Tode, hat sich LANDÉ dann sehr energisch gegen die übliche meistakzeptierte Interpretation der Quantentheorie gewandt.

Die großen Auseinandersetzungen über die Grundlagen der Quantenmechanik erfolgen mindestens auf drei verschiedenen Ebenen. Die Teilchen-Welle-Dualität beim Verhalten der Elektronen und Lichtquanten, der strenge Determinismus gegenüber Wahrscheinlichkeitsaussagen für das Verhalten von Teilchen, und schließlich die objektive Existenz der materiellen Dinge in der Außenwelt. LANDÉ hat die vorläufige »Lösung« des Teilchen-Welle-Problems durch das BOHRsche Komplementaritätsprinzip scharf kritisiert und fand sie unannehmbar: »I regard this whole duality principle as a misleading elephant made of a nonexisting mouse«. Er war aber nicht ein bloßer Kritiker. Die Kritik war konstruktiv begleitet durch seine eigenen Postulate zur Begründung und Interpretation der Theorie. In einem konkreten Vorschlag erklärt er die Beugung der Elektronen an Kristallen nicht, wie in der üblichen Welle-Teilchen Dualität, durch die Welleneigenschaften der Elektronen, sondern durch die Quanteneigenschaften des Kristalls; Elektronen sind danach nur Teilchen. Er wendet eine frühere Idee von DUANE (1923) über Röntgenstrahlen jetzt auf Elektronen an: Eine Kristallstruktur mit der Periode L kann nur solche Impulsänderungen Δp erleiden, die ein Vielfaches von 1/L sind. Das reziproke Gitter gewinnt also eine entscheidende Bedeutung. Man erhält das gleiche Resultat wie das BRAGGsche Gesetz für Wellenbeugung.

LANDÉ hatte zwar nicht die Absicht, die Quantentheorie durch eine völlig klassische Theorie zu ersetzen, ihm ging es darum, die Grenzen, die die Kopenhagener Interpretation der theoretischen Physik setzt, zu eliminieren, z. B. »es ist im Prinzip unmöglich, das Verhalten eines einzelnen Ereignisses zu beschreiben; es sind nur statistische Aussagen möglich über wiederholte ähnliche Ereignisse«. Er hat keine Erklärung für die drei fundamentalen Quantisierungsregeln von PLANCK, SOMMERFELD und DUANE für Energie, Drehimpuls und Impuls, die er als fundamentale Postulate zugrunde legt. Auch andere wahrscheinlichkeitstheoretische Postulate entstammte seiner Feder.

Durch seine sorgfältigen Arbeiten in der Entwicklung der Quantentheorie und Spektroskopie, durch seine Ideen in der Theorie der Strahlung und Elementarteilchen, und schließlich durch seinen Mut und gegen die herrschende Meinung, eine neue Begründung der Quantentheorie zu wagen, bezeugt er das Bemühen eines unabhängigen Geistes. Mit seinen frühen Arbeiten hat sich LANDÉ einen bleibenden Platz in der Physik dieses Jahrhunderts gesichert.

ALFRED LANDÉ starb am 30. Oktober 1976 in Columbus/Ohio.

Literatur

[1] Paul Forman, »Alfred Landé and the anomalous Zeeman Effect, 1919–1921«, Historical Studies in the Physical Sciences, Vol. 2, 1970, 153–261.

[2] »Selected Scientific Papers of Alfred Landé«, (edited by Barut and van der Merwe), Reidel, 1988, 557 pages.

[3] Perspekctives in Quantum Theory. Essays in Honor of Alfred Landé. (edited bei Yourgraw and van der Merwe), Dover Publ., New York, 1971.

Otto Stern

1888–1969

von
Immanuel Estermann
Haifa

OTTO STERN wurde am 18. Februar 1888 als ältester Sohn von OSKAR und EUGENIE STERN, geb. ROSENTHAL, in Sorau, Niederschlesien geboren.

Noch bevor OTTO schulpflichtig wurde, zogen die Eltern mit ihren 5 Kindern (zwei Söhne, 3 Töchter) nach Breslau.

Dort beendete OTTO 1906 das Johannes-Gymnasium mit dem Abitur. Danach studierte er in Freiburg, München und Breslau physikalische Chemie. In Breslau wurde er 1912 zum Doktor der Philosophie promoviert. Die wohlhabende jüdische Familie STERN, zu der Getreidehändler und Mühlenbesitzer gehörten, konnte es sich leisten, ihre Kinder studieren zu lassen, ohne das unmittelbare Ziel, einen Beruf zu ergreifen. Da das Gymnasium damals im wesentlichen auf das Erlernen der klassischen Sprachen ausgerichtet war, was zu Lasten der Ausbildung in Mathematik und Naturwissenschaften ging, versuchte OTTO STERN aus Büchern die Kenntnisse in seinen Interessengebieten zu vertiefen. Auch sein Universitätsstudium legte er sehr breit an, indem er Vorlesungen in vielen Gebieten der Naturwissenschaft hörte, bevor er sich auf ein spezielles, das der physikalischen Chemie konzentrierte. Ein solcher Weg entsprach akademischer Tradition, nach der ein Student von Universität zu Unversität zog, um für sich die geeignetsten Lehrer zu finden. So hat OTTO STERN auch Vorlesungen in theoretischer Physik bei ARNOLD SOMMERFELD in München gehört, einem der brillantesten Lehrer seiner Generation. Experimentelle Physik hörte er bei OTTO LUMMER und ERNST PRINGSHEIM, die für ihre Arbeiten zur Strahlung des schwarzen Körpers sehr bekannt waren. Vorlesungen beeindruckten ihn nicht so sehr, mehr lernte er aus Büchern, speziell war er von den Schriften LUDWIG BOLTZMANNS über Molekulartheorie und statistische Mechanik fasziniert. Auch die Arbeiten RUDOLF CLAUSIUS' und WALTHER NERNST' über Thermodynamik wiesen ihm den Weg in seine Karriere.

Bei der Rückkehr nach Breslau stand für ihn fest, daß er sein Studium mit einer Arbeit in physikalischer Chemie beenden würde. Dieses Fach wurde damals in Breslau von RICHARD ABEGG und OTTO SACKUR vertreten, die beide die Gebiete Thermodynamik und Molekulartheorie stärker betonten als die damaligen Professoren in der Physik. Seine Dissertation über den osmotischen Druck des Kohlendioxyds in konzentrierten Lösungen verband theoretische mit experimentellen Untersuchungen, ein Zeichen bereits für seine zukünftigen Arbeiten, in denen er stets bestrebt war, die beiden Bereiche miteinander zu verbinden.

STERNS wissenschaftliche Laufbahn kann in zwei Perioden, mit deutlich verschie-

denen Schwerpunkten geteilt werden. Eine theoretische Phase lag zwischen 1912 und 1919, woran sich eine experimentelle Phase bis 1945 anschloß. Die erste Phase ist sehr stark durch seine Kontakte zu ALBERT EINSTEIN bestimmt.
Zu ihm nach Prag ging er gleich nach seiner Promotion, im Jahre 1912 und folgte ihm ein Jahr später nach Zürich. Dort traf er auch PAUL EHRENFEST und MAX VON LAUE. Schließlich hat auch MAX BORN, mit dem er seit 1919 in Frankfurt am Main zusammenarbeitete, einen gewissen Einfluß auf seine wissenschaftliche Arbeit genommen. Es kam ihm stets zugute, daß er wirtschaftlich unabhängig war und er seine Assistentenstellen, unabhängig von einer möglichen Bezahlung, aussuchen konnte.
Im Jahre 1913 erhielt er an der Eidgenössischen Technischen Hochschule in Zürich die Venia Legendi und habilitierte sich im Jahr darauf an die Universität Frankfurt am Main um. Mit dem Titel eines Privatdozenten war damals keine bezahlte Stellung verbunden.
Die Frankfurter Jahre sind seine Lehr- und Wanderjahre. In dieser Zeit war es nicht sein primäres Ziel zu publizieren, obwohl die Arbeiten, die STERN in diesen Jahren veröffentlichte, in keiner Weise gering zu schätzen sind. Im Vordergrund seines Denkens stand die Entwicklung eines Standpunktes gegenüber wissenschaftlichen Problemen, die er einer Bearbeitung für Wert hielt. STERN hat einmal erzählt, daß ihn an EINSTEIN nicht so die spezielle Relativitätstheorie interessierte, sondern vielmehr die Molekulartheorie, und EINSTEINS Ansätze, die Konzepte der Quantenhypothese auf die Erklärung des zunächst noch unverständlichen Temperaturverhaltens der spezifischen Wärmen in kristallinen Körpern anzuwenden. Eine der ersten Veröffentlichungen STERNS zusammen mit EINSTEIN war der Frage nach der Nullpunktsenergie gewidmet, d. h. der Frage, ob sich die Atome eines Körpers am absoluten Nullpunkt in Ruhe befinden, oder eine Schwingung um eine Gleichgewichtsposition mit der Mindestenergie von ½ h ausführen. Der eigentliche Gewinn, den STERN aus der Zusammenarbeit mit EINSTEIN zog, lag in der Einsicht, unterscheiden zu können, welche bedeutenden und weniger bedeutenden physikalischen Probleme gegenwärtig die Physik beschäftigen; welche Fragen zu stellen sind und welche Experimente ausgeführt werden müssen, um zu einer Antwort zu gelangen. So entstand aus einer relativ kurzen wissenschaftlichen Verbindung mit EINSTEIN eine lebenslange Freundschaft, die die Basis für die großen Erfolge STERNS auf seinem Berufsweg legte, die schließlich ihren Höhepunkt in der Verleihung des Nobelpreises für Physik im Jahre 1943 fanden.
Gleich mit dem Ausbruch des ersten Weltkrieges meldete er sich zur Armee und diente bis zum Ende des Kaiserreiches im Jahre 1918, zunächst als Gefreiter und dann als Unteroffizier mit technischen Aufgaben. Nach seiner Entlassung aus der Armee ging er nach Frankfurt am Main zurück.
STERNS Arbeiten in den Jahren 1912 bis 1918 behandelten vorwiegend Probleme der statistischen Thermodynamik. Zwei seiner Arbeiten aus dieser Periode sollten hier erwähnt werden: Eine, weil sie wissenschaftliche Ehren erzielte, die andere, weil sie unter ungewöhnlichen Umständen entstanden ist. Die erste Arbeit be-

handelt die absolute Entropie eines einatomigen Gases. Der Ausdruck für die Entropie des Gases, der aus klassischen Theorien stammt, enthält noch immer eine willkürliche Konstante, die nicht berechnet werden kann, die jedoch die Eigenschaften, z. B. den Dampfdruck eines Festkörpers, oder das chemische Gleichgewicht von Gasreaktionen bestimmt hat. Auf die Bedeutung dieser Konstanten hat bereits NERNST bei der Formulierung des 3. Hauptsatzes der Thermodynamik, des NERNST-Theorems, hingewiesen. So war es offensichtlich, daß die Quantentheorie den Schlüssel zur Lösung dieses Problems liefern mußte. Doch waren zu dieser Zeit die Methoden noch nicht entwickelt, mit denen man die Quantenkonzepte auf ideale Gase anwenden konnte. SACKUR und TETRODE in Breslau hatten bereits einen theoretischen Ausdruck für die Entropiekonstante einatomiger Gase berechnet. Obwohl das Ergebnis richtig war, bestanden jedoch Zweifel an der Ableitung des Ergebnisses. STERN vermied es, die Quantentheorie auf Gase anzuwenden, indem er das Gleichgewicht eines festen Kristalls mit seinem Dampfdruck bei hohen Temperaturen untersuchte. In diesem Falle war es korrekt, auf das Gas die klassischen statistischen Methoden anzuwenden, jedoch mit Quantenvorstellungen den Festkörper zu beschreiben. So wendet er EINSTEINS Theorie der spezifischen Wärmen und NERNSTS Theorem an und erhält dasselbe Resultat wie SACKUR und TETRODE, hier jedoch ohne Beanstandung der Ableitung.

Die zweite Arbeit, die erwähnt werden soll, nannte als Entstehungsort Lomcza in Polen. Wahrscheinlich ist dies die einzige wissenschaftliche Veröffentlichung, die jemals in dieser kleinen polnischen Stadt entstand. STERN war 1916 als Wetterbeobachter dort stationiert, wobei er täglich einige Instrumente abzulesen hatte. Dabei hatte er viel freie Zeit, die er nutzte, das mühsame Problem zu lösen, die Energie eines Systems gekoppelter Massenpunkte zu berechnen.

Während der letzten Jahre des ersten Weltkrieges waren viele Physiker und Physikochemiker mit militärischen Aufgaben betraut, vorwiegend im Labor von NERNST an der Berliner Universität. In diesem Labor traf STERN mit JAMES FRANCK und MAX VOLLMER zusammen, die beide ausgezeichnete Experimentalphysiker waren. Es ist anzunehmen, daß sein verstärktes Interesse am Experiment auf diese Begegnung zurückgeht; mit ihnen blieb er bis zu seinem Lebensende eng befreundet.

Nach seiner Entlassung vom Militär kehrte er nach Frankfurt am Main zurück und setzte seine Arbeiten zunächst an theoretischen Problemen fort, jetzt jedoch mit MAX BORN, zu dessen Institut für theoretische Physik seine Stelle gehörte. In dieser Zeit erwachte der Wunsch, den experimentellen Beweis für die fundamentalen Konzepte der Molekulartheorie zu erbringen. Dazu entwickelte er die Molekularstrahlmethode weiter. Bereits 1911 hatte DUNOYER gezeigt, daß Atome oder Moleküle in einer Hochvakuumkammer geraden Bahnen folgen, ähnlich denen, die von der Lichtausbreitung bekannt sind. DUNOYERS Arbeit war fast vergessen, bis STERN diese sehr nützliche Methode auf die Untersuchung der Eigenschaften freier Atome anwandte. Damit begann die zweite Phase seiner wissenschaftlichen Laufbahn, die ihm große Ehre in der Physik einbringen sollte. Die erste Anwen-

Otto Stern, um 1955

dung dieser Methode galt der Messung der Molekulargeschwindigkeit eines Gases. Diese war zwar 1850 bereits theoretisch vorhergesagt, aber bis zu diesem Zeitpunkt hatte niemand den experimentellen Nachweis der Geschwindigkeitsverteilung erbracht. In einem sehr eleganten Experiment benutzte STERN 1919 Silberatome und bestätigte die theoretischen Werte der mittleren thermischen Molekulargeschwindigkeit von Silberatomen am Schmelzpunkt, die innerhalb der möglichen Fehlergrenzen lagen. Obwohl das zwar ein interessantes Ergebnis war, war es doch keins, das die physikalische Welt erschütterte. Wichtig war ihm lediglich, daß er zeigen konnte, daß die Methoden der Atomstrahlen wichtig und interessant sind und dies veranlaßte ihn, in dieser Richtung weiterzuarbeiten.

Zu dieser Zeit wurde auch die BOHRsche Theorie des Atoms fieberhaft weiterentwickelt, wobei besonders SOMMERFELDS Arbeiten zu erwähnen sind. Eines dieser

Ergebnisse war, daß wasserstoffähnliche Atome, also Alkaliatome oder auch Silberatome, ein magnetisches Moment der Größe $M = \frac{eh}{m_e 4\pi}$ besitzen sollten, wobei e die Elektronenladung, m_e die Masse des Elektrons und h die PLANCKsche Konstante ist. Das zweite Ergebnis sagte aus, daß wenn ein Atom mit einem magnetischen Moment in ein Magnetfeld gebracht wird, nur zwei verschiedene Richtungs-Einstellungen des magnetischen Moments vorkommen können:
Eine, bei der die Magnetfeldrichtung und das magnetische Moment parallel oder die zweite, in der beide antiparallel gerichtet sind. Während das erste Ergebnis auch mit einer klassischen Vorstellung der Erzeugung eines magnetischen Moments durch eine bewegte Ladung auf einer geschlossenen Bahn noch richtig ist, war es das zweite nicht, was damals von einer Reihe von Physikern auch noch nicht so ernst genommen wurde.
STERN erkannte, daß die Molekularstrahlmethode in der Lage war, eine klare Ja-Nein-Antwort auf die Frage: Ist die klassische Theorie oder die Quantentheorie korrekt? liefern sollte. Wenn ein fein gebündelter Strahl von Silberatomen durch ein inhomogenes Magnetfeld fliegt, träte eine Verbreiterung des Strahls auf, wäre die klassische Vorstellung korrekt. Der Strahl sollte sich jedoch in zwei Strahlen aufspalten, wenn die Vorstellungen der Quantentheorie gelten. Die im Jahre 1920 vorhandenen experimentellen Möglichkeiten gestalteten ein Molekularstrahlexperiment schwierig, obwohl das Konzept einfach war.
Im Herbst 1920 kam WALTER GERLACH an das Physikalische Institut in Frankfurt am Main, um dort an Atomstrahlen den Diamagnetismus von Wismut-Atomen zu untersuchen. Ihn bat STERN, am Experiment zum Nachweis der Richtungsquantelung teilzunehmen. Im August 1921 veröffentlichte STERN das Prinzip des Experiments. Im März 1922 wurde das heute berühmte STERN-GERLACH-Experiment in Frankfurt am Main durchgeführt, über das beide in vier Veröffentlichungen berichteten. Die Schwierigkeiten, mit denen damals die Molekularstrahlphysik zu kämpfen hatte, drückte GERLACH durch eine Inschrift in einem Aschenbecher aus, den er STERN zum Abschied aus Frankfurt am Main schenkte: »Lichtstrahlen sind zu brechen, Atomstrahlen sind zum K . . . . . «.
Noch bevor die Experimente beendet waren, im Oktober 1921, erhielt STERN einen Ruf für ein Extraordinariat für Experimentalphysik an der Universität Rostock. Hierhin begleitete ihn IMMANUEL ESTERMANN, der kurz zuvor seine Dissertation, unter Anleitung von MAX VOLLMER beendet hatte. Die Position in Rostock war jedoch nur eine Zwischenstation, denn kurze Zeit darauf erhielt STERN einen Ruf an die Universität Hamburg, als Ordinarius für Physikalische Chemie und Direktor des Instituts für physikalische Chemie, das gerade gegründet worden war. Bis zur Eröffnung des Instituts fanden STERN und ESTERMANN, zu denen sich noch einige Assistenten und wissenschaftliche Gäste (z. B. RABI, FRISCH, KNAUER) gesellten, Unterkunft im Institut für Experimentalphysik der Universität. In der Periode von 1923 bis 1933 lieferte STERN einen wichtigen Beitrag zur Physik. Nachdem er am 1. Januar 1923 in Hamburg die Professur übernommen hatte, richtete er Labor und Werkstatt ganz für die Molekular-

strahlphysik ein und stellte ein großes wissenschaftliches Programm auf. In der Anfangszeit bearbeitete er noch nicht erledigte Experimente und ergänzte die bisher entwickelten Methoden und Techniken. In einer zweiten größeren Arbeitsperiode widmete er sich dem Problem, die Wellennatur der Teilchen nachzuweisen, die als revolutionierende Idee von LOUIS DE BROGLIE in der Physik eingeführt wurde und die schließlich die Grundidee der modernen Quantenmechanik bildet. Dazu untersuchte er die Beugung von H_2- und He-Molekularstrahlen an NaCl- und LiF-Kristallen, um die DE BROGLIE Wellenlänge zu messen.
Die Bedeutung der Arbeiten in der zweiten Phase ist ähnlich der des STERN-GERLACH-Experiments, da sie einen unzweideutigen und direkten Beweis der Wellennatur der Teilchen darstellen. Der experimentelle Beweis lieferte auch den Durchbruch, daß diese Idee allgemein anerkannt wurde, während sie bis dahin mit beträchtlicher Skepsis betrachtet worden war.
Als dritte große Aufgabe beschäftigt er sich mit der Messung des magnetischen Moments des Protons und Deuterons. Diese Arbeiten lieferten jedoch ein vollständig anderes Ergebnis als erwartet. DIRAC hatte eine Theorie des magnetischen Moments des Protons entwickelt, die auch allgemein akzeptiert war. Theoretiker warfen STERN, FRISCH und ESTERMANN, als sie das Experiment aufbauten, vor, daß sie ihre Zeit mit Besserem verbringen könnten, als diese Messung durchzuführen. Jedoch STERNS Beharren auf seinen Ideen zahlte sich aus. Das Resultat unterschied sich von dem, was die Theoretiker zu dieser Zeit erwarteten. Bis heute steht eine befriedigende Theorie des magnetischen Moments der Nukleonen, die die genauen Werte reproduziert, noch aus.
Nach der Machtübernahme der Nationalsozialisten 1933 mußten die Arbeiten STERNS in Hamburg beendet werden. STERN und einige Mitarbeiter, die zum Teil ebenfalls jüdischer Herkunft waren, sollten vom Dienst suspendiert werden. STERN überreichte sein eigenes Rücktrittsgesuch bevor er ein vorhersehbares Entlassungsschreiben bekam. STERN und ESTERMANN sind auf Einladung des Carnegie-Institutes of Technology nach USA gegangen und begannen dort das Molekularstrahllabor neu aufzubauen. STERN wurde Forschungsprofessor für Physik, jedoch die Mittel, die ihm während der Depression zur Verfügung standen, waren relativ gering. Den Schwung seines Hamburger Laboratoriums konnte STERN nie wieder beleben, obwohl auch im Carnegie-Institut eine Reihe wichtiger Publikationen entstanden.
STERN setzte sich 1946 in Berkeley, Kalifornien zur Ruhe. Er nahm zunächst noch Anteil an dem wissenschaftlichen Leben der dortigen Physiker, zog sich dann jedoch mehr und mehr zurück. Ihn ereilte eine Herzattacke während eines Kinobesuchs an deren Folge er am 17. August 1969 im Alter von 81 Jahren starb.
STERN war gewähltes Mitglied der nationalen Akademie der Wissenschaften und der amerikanischen philosophischen Gesellschaft. 1945 hatte er in Stockholm den Nobelpreis für Physik in Empfang genommen, der ihm für das Jahr 1943 verliehen war. Er war außerdem Mitglied der dänischen Akademie der Wissenschaften und erhielt eine größere Zahl von Ehrendoktorwürden, z. B. von der Universität von California und der ETH Zürich.

Literatur

Stern: Z. f. Physik 7, 1921, 249.
Stern, Gerlach: Z. f. Physik 8, 1921, 110.
Stern, Gerlach: Z. f. Physik 9, 1922, 349.
Stern: Z. f. Physik 39, 1926, 751.
Stern, Estermann: Z. f. Physik 61, 1930, 95.
Stern, Estermann: Nature 113, 1934, 911.
Stern, Estermann, Simpson Phys. Rev. 52, 1937, 535.

Max Born

1882–1970

von
Friedrich Hund
Göttingen

In die Geschichte der Physik ist MAX BORN eingegangen durch die Mitwirkung beim Entstehen und beim Verständnis der Quantenmechanik, weiter durch seine Beiträge zur physikalischen Erklärung des Aufbaues der Materie, zum Verstehen der Stoffeigenschaften. Auf der Höhe des Erfolges aus Amt und Land vertrieben, mußte er in der Fremde sich einen neuen, jetzt etwas engeren Wirkungskreis aufbauen. Im Alter kehrte er nach Deutschland zurück, als Mahner zur politischen Vernunft in einer Welt, die verändert war durch die gewaltigen Möglichkeiten, die die Wissenschaft, der er gedient hatte, dem Menschen in die Hand gab. Begabung, Breite der Interessen, Weltoffenheit, Verantwortung und großer Fleiß haben sein Leben bestimmt. Die Bibliothek der Physikalischen Institute der Johann Wolfgang Goethe-Universität Frankfurt am Main trägt seinen Namen.

Der Weg zur Physik

Sein Leben hat MAX BORN in einem Buche erzählt. Er wurde am 11. Dezember 1882 in Breslau geboren, war also wenig jünger als OTTO HAHN, MAX VON LAUE, ALBERT EINSTEIN und PAUL EHRENFEST, gleichaltrig mit ERWIN MADELUNG und JAMES FRANCK, wenig älter als PETER DEBYE, NIELS BOHR und ERWIN SCHRÖDINGER. Sie alle haben in seinem Leben eine Rolle gespielt. Er wuchs in Breslau auf. Sein Vater war ein angesehener Anatom, die Mutter kam aus einer wohlhabenden Familie von Industriellen. Sommerhaus bei Breslau und Ferienhaus im schlesischen Gebirge, enge Verbindung mit der jüdischen, aber dem deutschen Leben eingegliederten Verwandtschaft, vor allem der mütterlichen, die auf großem Fuße lebte und mit berühmten Leuten verkehrte, begleiteten Kindheit und Jugend von MAX BORN. Er war Zeit seines Lebens von zarter Gesundheit, an Asthma leidend, auch sonst anfällig gegen Krankheiten.

Sein Studium konnte er, von Geldsorgen frei, breit anlegen; Reiten, Musizieren, Kennenlernen interessanter Personen gehörte dazu. Breslau, Heidelberg, Zürich waren zunächst die Studienorte, die Studieninhalte breit gestreut. Erst allmählich rückte die Mathematik in den Mittelpunkt. In Göttingen, wohin er, von Studienkameraden gut beraten, 1904 kam, geriet er in den Sog von DAVID HILBERT, der seine Begabung erkannte und ihn bald als privaten Assistenten annahm. Das bedeutete für BORN fast täglichen Umgang mit HILBERT und erleichterte auch enge Beziehungen zu anderen Professoren.

Mit den drei Mathematikern von Weltruf, FELIX KLEIN, DAVID HILBERT, HERMANN MINKOWSKI, zu denen jetzt auch CARL RUNGE als Vertreter der Anwendungen getreten war, war Göttingen ein Mittelpunkt mathematischen Forschens und Wirkens geworden. Wer sich etwas zutraute, studierte in Göttingen. Daß das Thema von BORNS Dissertation nicht dem Gedankenkreis HILBERTS entsprang, sondern einen Gegenstand der angewandten Mathematik und der mathematischen Physik betraf, das lag an Zufällen.
Nach der Promotion (1906) suchte BORN Weiterbildung in Breslau und im englischen Cambridge, jetzt in Physik und, nicht immer erfolgreich, im Experimentieren. Er stieß auf EINSTEINS Abhandlung zur speziellen Relativitätstheorie und sah darin auch eine eigene Aufgabe. Ein Briefwechsel mit MINKOWKSI führte 1908 zu dessen Angebot an BORN, nach Göttingen zurückzukehren und sein Mitarbeiter zu werden. Wegen MINKOWSKIS frühen Todes wurde daraus nicht viel. Aber BORN war auf die Relativitätstheorie geraten und untersuchte jetzt, was gemäß dieser Theorie an die Stelle des starren Körpers zu treten hätte, dieses für die theoretische Mechanik so wichtigen Idealfalles. BORNS Beitrag beantwortete die Frage nicht ganz erschöpfend, führte vielmehr zu einer lebhaften Diskussion und dabei zu voller Klärung. Mit der Habilitation in Göttingen, bei der die Probevorlesung die Atomphysik betraf, war BORN jetzt theoretischer Physiker geworden.

Die Kristallgitter

An der Göttinger Universität gab es um 1910 herum eine Schar begabter und für die mathematischen Wissenschaften begeisterter junger Leute. Sie hielten eng zusammen, und BORN lebte auch mit einigen von ihnen in einer Wohngemeinschaft. In dieser Atmosphäre entstand sein Interesse an dem gitterartigen Aufbau der Kristalle. Durch den damaligen Professor der theoretischen Physik, WOLDEMAR VOIGT, waren die anisotropen mechanischen, thermischen, elektrischen, magnetischen und optischen Eigenschaften der Kristalle Forschungsgegenstand in Göttingen geworden. Während es VOIGT um die Beziehungen zwischen den makroskopischen Eigenschaften ging, suchten die jungen Kollegen Erklärungen durch einen regelmäßigen gitterartigen Aufbau aus Atomen. Dies war noch vor dem 1912 von MAX VON LAUE angeregten experimentellen Nachweis solcher Strukturen. Besonders ERWIN MADELUNG (der später BORNS Nachfolger in Frankfurt am Main wurde) hatte auf Beziehungen zwischen gemessenen Stoffeigenschaften und dem noch hypothetischen Gitterbau (in jenem Falle aus Ionen) hingewiesen.
MAX BORN und THEODOR VON KÁRMÁN untersuchten 1912 theoretisch die möglichen Schwingungen der Atome in einem Gitter. Sie leiteten daraus den Verlauf der spezifischen Wärme als Funktion der Temperatur mit Benutzung der Quantentheorie ab. EINSTEIN hatte schon mit einer sehr groben Annahme über die Schwingungen den Verlauf bei tiefen Temperaturen dargestellt. BORNS und V. KÁRMÁNS Ergebnisse entsprachen den Messungen viel besser. Daß DEBYE in

Zürich zur gleichen Zeit mit einer vereinfachten Darstellung der Schwingungen des Gitters das gleiche Problem behandelte, minderte den Wert der bei tiefsten Temperaturen genaueren Untersuchung BORNS und V. KÁRMÁNS nicht.
Für BORN war es der Beginn eines anspruchsvollen Forschungsprogramms, das ihn etwa ein Jahrzehnt intensiv beschäftigte und das er später (in Edinburgh) wieder aufnahm. Die Auffindung umfassender Methoden der Berechnung von Kristalleigenschaften auf Grund des Aufbaues aus Atomen erforderte außer mathematischem Geschick auch sehr viel Fleiß. Die elastischen Eigenschaften und der Verlauf der spezifischen Wärme des Diamanten wurden in voller Strenge berechnet und das optische Verhalten von Kristallen in großer Allgemeinheit abgeleitet.
Ein Buch »Dynamik der Kristallgitter«, das 1915 erschien, machte BORN bekannt. Er erhielt eine ao. Professur in Berlin, die der Entlastung von MAX PLANCK dienen sollte. BORN trat damit in einen Kreis bedeutender Physiker ein, außer PLANCK gehörten EINSTEIN und NERNST dazu. Mit EINSTEIN entstand eine für BORN sehr wertvolle lebenslange Freundschaft. Doch nun war Krieg, und BORN war als Soldat der Artillerieprüfungskommission zur wissenschaftlichen und technischen Arbeit zugeteilt (Ortung feindlicher Geschütze durch Schallmessungen). Dieser Kommission gehörten auch RUDOLF LADENBURG und ALFRED LANDÉ an. Es blieb freie Zeit für eigene wissenschaftliche Arbeit, und das war die Weiterführung der Ableitung von Kristalleigenschaften aus dem Gitterbau. BORN und LANDÉ interessierten sich jetzt für Ionengitter; sie versuchten, die neben den elektrostatischen Kräften zwischen den Ionen bestehenden kurzreichenden Abstoßungskräfte aus sehr vorläufigen Atommodellen von BOHR herzuleiten. Der Vergleich der berechneten mit den gemessenen Werten der Kompressibilitäten der Alkalihalogenid-Kristalle zeigte aber, daß die Ionen eine höhere Symmetrie haben müßten als dem Modell entsprach. Ein volles Verständnis dieser Kräfte wurde erst später nach Kenntnis der strengen Quantenmechanik möglich. BORN rechnete dann damals einfach mit einem Abstoßungsgesetz, das zu den gemessenen Kompressibilitäten paßte. Er konnte die Energien chemischer Umsetzungen berechnen (Beispiel war die Bildung von Steinsalz, NaCl aus metallischem Natrium und gasförmigem Chlor). Er machte damit Eindruck auf die Chemiker; nur NERNST erkannte es nicht recht an.

Frankfurt am Main

Der Professor der theoretischen Physik in Frankfurt am Main, MAX VON LAUE, hatte den Wunsch, nach Berlin in die Nähe von PLANCK und EINSTEIN zurückzukehren. Ein Tausch des Lehrstuhls mit BORN, der ja in Berlin war, kam durch Abstimmung zwischen den beiden Fakultäten und dem Ministerium zustande. BORN wurde so 1919 ord. Professor der theoretischen Physik in Frankfurt am Main. Da stand ihm ein kleines Laboratorium und ein Mechaniker zur Verfügung. Der eine Privatdozent ALFRED LANDÉ war hauptamtlich an der Odenwaldschule tätig und kam nur gelegentlich nach Frankfurt am Main. Der andere Privatdozent OTTO STERN war BORNS Assistent. Er plante Versuche mit Atomstrahlen. Die noch sehr bruchstückhafte Quantentheorie des Atombaues sprach dafür, daß z. B. das Silberatom ein magnetisches Moment bestimmten Betrages hätte, das sich in einem Magnetfeld in bestimmter Weise einstellte. STERN wollte dies durch Ablenkung eines Strahles von Silberatomen in einem inhomogenen Magnetfeld nachweisen. Das große experimentelle Geschick von WALTER GERLACH, dem Assistenten des Experimentalphysikers RICHARD WACHSMUTH, ermöglichte den Erfolg. Der Versuch wurde eine der wichtigsten experimentellen Stützen der entstehenden Quantentheorie des Atombaues. Der Betrag des magnetischen Moments, den STERN und GERLACH damals maßen, konnte erst später nach Eingliederung des Elektronenspins in die Theorie verstanden werden. BORNS Rolle bestand hauptsächlich darin, Apparaturen und Geld zu beschaffen. Dazu dienten auch populäre Vorträge über die damals sehr beachtete und in der Öffentlichkeit heftig umstrittene Relativitätstheorie EINSTEINS: BORNS Fleiß machte daraus ein Buch. An anderen Experimenten, an der Messung der mittleren freien Weglänge von Silberatomen in Luft und des Einflusses des elektrischen Dipols der Wassermolekeln auf die innere Reibung war er aktiv beteiligt. Die Theorie der Kristallgitter wurde auf zweiwertige Ionen ausgedehnt (mit ELISABETH BORMANN); die Beweglichkeit von Ionen in Wasser unter dem Einfluß der Dipole der umgebenden Wassermolekeln geklärt, die innere Reibung des Wassers eindrucksvoll experimentell demonstriert. BORN war später stolz darauf, einmal erfolgreich experimentiert zu haben.

Göttingen

Nur zwei Jahre war BORN in Frankfurt am Main. Das Angebot, in Göttingen die Nachfolge DEBYES, der nach Zürich gegangen war, anzutreten, war verlockend. Mit DEBYE war Göttingen auch in der Physik ein Zentrum von Weltrang geworden; in der Mathematik war es das schon. Während der Berufungsverhandlungen bemerkte BORN, daß in Göttingen noch ein weiterer Lehrstuhl zur Verfügung stand, der neben dem POHLschen für Experimentalphysik genutzt werden konnte. Er schlug dafür FRANCK vor. Als Fakultät und Ministerium diesen Vorschlag übernommen und FRANCK zugestimmt hatte, nahm BORN die Berufung an. So war 1921 mit BORN, FRANCK und POHL für Göttingen die Voraussetzung für eine glänzende Entwicklung gegeben.
Für das wissenschaftliche Leben in Göttingen waren neben dem alle Physiker vereinenden Kolloquium, in dem viel mehr diskutiert wurde als heute, die Seminare kennzeichnend. Ein von BORN und FRANCK geleitetes galt aktuellen Neuerscheinungen in der Atomphysik; ein von HILBERT und BORN geleitetes galt der Theorie der Struktur der Materie; ein in BORNS Wohnung abgehaltenes vereinigte junge Mathematiker und theoretische Physiker im Gespräch über die Methode, die Bewegung der Elektronen im Atom zu beschreiben. In einem ganz

privaten Seminar in HERTHA SPONERS Wohnung diskutierten die jungen Physiker unter sich.

BORN und FRANCK ergänzten sich gut. FRANCK hatte ja mit GUSTAV HERTZ zusammen nachgewiesen, daß die beim Stoß eines Elektrons auf ein Atom übertragene, meßbare Energie der Frequenz einer Spektrallinie entsprach, $E = h\nu$. Dieser Elektronenstoßversuch gehörte zu den experimentellen Stützen der Quantentheorie des Atombaues. FRANCKS Interesse galt jetzt allgemein der Rolle des Elektrons bei physikalischen und chemischen Vorgängen. BORNS Bestehen auf mathematischer Strenge und Konsistenz stand neben FRANCKS qualitativem Verständnis der Quantentheorie und seiner mehr anschaulichen Art zu denken (der Grenzen des Anschaulichen bewußt bleibend). POHL stand zunächst der Quantentheorie etwas skeptisch gegenüber, aber er unteruschte ja auch die Rolle der Elektronen. HILBERT bewahrte sein Interesse an den Grundlagen der Physik. RICHARD COURANT lehrte und erforschte eine Art Mathematik, damals die Randwertaufgaben der partiellen Differentialgleichungen, die die Physiker gut gebrauchen konnten. Dazu kam RUNGES Rückwendung zur Spektroskopie und das grundsätzliche Denken der Vertreter der angewandten Physik und der der Physik benachbarten Fächer. Dazu gehörten LUDWIG PRANDTL, der Begründer der modernen Aerodynamik in Deutschland, EMIL WIECHERT, von Hause aus theoretischer Physiker, nun Begründer der Geophysik. Bald kam HANS KIENLE, der in der Astronomie die Wendung zur Astrophysik vollzog, später noch VIKTOR MORITZ GOLDSCHMIDT, der fruchtbare Gedanken über die Struktur der Kristalle mitbrachte. Auch RUNGES Nachfolger GUSTAV HERGLOTZ stand der Physik nahe und schließlich HILBERTS Nachfolger HERMANN WEYL vermittelte oft zwischen Mathematik und Physik. NIELS BOHR, der der Quantentheorie die Wendung zur Theorie des Atombaus gegeben hatte, kam von Kopenhagen oft nach Göttingen, BORNS und FRANCKS Umgehen mit der Theorie des Atoms war durch BOHR geprägt.

In Göttingen rundete BORN die Theorie der Kristallgitter ab und schrieb eine erweiterte Fassung seines Buches im Rahmen der Enzyklopädie der mathematischen Wissenschaften. Die Fertigstellung war eine mühselige Arbeit für ihn und seine Helfer; Formeln mit Summationen über 7 Indices mußten kontrolliert werden. Neubearbeitungen erschienen später im Handbuch der Physik. BORN vergab noch Dissertationsthemen zur Gittertheorie, bei denen noch wesentlich Neues herauskam. Doch sein Interesse wandte sich gleich nach dem Amtsantritt in Göttingen grundsätzlichen Fragen der Theorie des Atoms zu. So begann der Weg zur Quantenmechanik.

Die Quantenmechanik

Am Anfang der zwanziger Jahre war der fruchtbarste Ansatz zur Quantentheorie des Atombaues das BOHRsche »Korrespondenzprinzip«: Die noch nicht bekannte Physik des atomaren Bereichs, also das Verhalten der Elektronen im Atom, mußte in die bekannte »klassische« Physik einmünden, wenn das Atom größer und größer gedacht wurde; als Hinweis auf die Art des Einmündens diente die »Korrespondenz« der Frequenzen der Elektronenbewegung in einem klassischen Atommodell mit den gestrahlten oder absorbierten Frequenzen des wirklichen Atoms. Im einfachsten Fall, der periodischen Bewegung einer Partikel in einem eindimensionalen Kraftfeld sah das so aus: Die klassischen Frequenzen $\tau\nu(E)$, die Vielfachen der von der Energie abhängigen Grundfrequenz $\nu(E)$ »korrespondierten« den quantentheoretischen Frequenzen, die Differenzen von »Termen« $E(n)/h$ waren. Mit Hilfe des »Phasenintegrals« $J = \oint p dx$ aus Koordinate x und Impuls p konnte die Grundfrequenz als Differentialquotient geschrieben werden. Die Korrespondenz war also

$$\tau \frac{dE}{dJ} \qquad \frac{1}{h}\left[E(n+\tau) - E(n)\right] \rightarrow \tau \frac{dE}{hdn} \tag{1}$$

Die quantentheoretische Frequenz konnte durch das τ-fache des Differentialquotienten angenähert werden und ging für das große n in diesen τ-fachen Differentialquotienten über. Das geforderte Einmünden wurde also durch die Setzung $J = hn$ erreicht. Das Verfahren konnte auf mehrfach periodische Systeme ausgedehnt werden; die Größen J entsprachen zum großen Teil Drehimpulsen. So entstand ein Vektormodell des Atoms aus Drehimpulsvektoren, deren Beträge ganzzahlige (wenn die spektroskopische Erfahrung es forderte auch halbzahlige) Vielfache von $h/2\pi$ waren.

NIELS BOHR trug seinen Zugriff zur Theorie des Atoms 1922 im Laufe einer Vortragsreihe in Göttingen vor (noch nicht ganz in der eben gegebenen Form) und machte großen Eindruck.

BORNS Forschungsprogramm wurde allmählich sichtbar. In einem ersten Schritt (1921 zusammen mit WOLFGANG PAULI) versuchte BORN, die Methoden, die die Astronomen für das Vielkörpersystem der Planeten ausgebildet hatten, den besonderen Verhältnissen des Vielteilchensystems der Elektronen im Atom anzupassen. Im zweiten Schritte (1922/23) wiesen BORN und WERNER HEISENBERG (den BORN während der Vorträge BOHRS kennengelernt und dann nach Göttingen geholt hatte) nach, daß die bisherigen Ansätze mit der Quantisierung der Phasenintegrale beim Heliumatom, dem einfachsten Atom mit mehr als einem Elektron, zu falschen Ergebnissen führte. Der dritte Schritt war dann die Prüfung der Reichweite jener Ansätze. Es geschah in einer Vorlesung (1923/24) und dem daraus hervorgegangenen Buche. Der vierte Anlauf galt nun der Suche nach der richtigen Abänderung jener Ansätze. BORN formte dabei die Ausdrücke, die in den einzelnen Näherungsschritten auftraten, im Sinne des oben beschriebenen Korrespondenzprinzips so um, daß sie den spektroskopischen Erfahrungen besser entsprachen. Er kam damit beinahe zum Ziel.

Aber HEISENBERGS ursprünglicherem Denken gelang (1925) diese Umformung in einer direkten, fast zwangsläufigen und damit überzeugenden Weise. Die klassischen Amplituden $x_\tau(E)$, die zu den Frequenzen $\tau\nu(E)$ gehörten, wurden durch quantentheoretische Amplituden $x(n + \tau, n)$ ersetzt. Mit diesen Gesamtheiten

Max Born, um 1925

mußte in einer Weise gerechnet werden, die dem Kombinationsprinzip der Spektren entsprach, das führte zu nichtkommutativer Multiplikation. Eine durch Korrespondenz nahegelegte Umformung der alten Quantisierung des Phasenintegrals führte auf eine neue Quantisierungsvorschrift.

BORN sah sogleich, daß die HEISENBERGsche Produktbildung die Multiplikation von Matrizen war und daß HEISENBERGS Quantisierungsvorschrift als

$$i(pq - qp) = h/2\pi \qquad (2)$$

geschrieben werden kann, wo q und p die der Koordinate und dem Impuls entsprechenden Matrizen sind. BORN und PASCUAL JORDAN fanden noch weitere mathematische Vereinfachungen und einen direkten Anschluß an die klassischen Kanonischen Bewegungsgleichungen $\dot{p} = \partial H/\partial p$ und $\dot{p} = - \partial H/\partial q$. In der »Drei-Männer-Arbeit« von BORN, HEISENBERG, JORDAN, noch im Jahre 1925, wurde dann diese Quantenmechanik abgerundet und auf mehrere Freiheitsgrade verallgemeinert dargestellt. Diese Göttinger Quantenmechanik war überzeugend und in gewissem Sinne eine abgeschlossene Theorie. Sie war eine anschaulich nicht vorstellbare Abänderung der klassischen Mechanik der Massenpunkte, und die Abänderung (die Verallgemeinerung von (2) auf mehrere Freiheitsgrade) ging gerade so weit, daß das Kombinationsprinzip der Spektren Platz fand.

Das Verständnis der Quantenmechanik

Die Göttinger Quantenmechanik war für Anwendungen ganz unhandlich. Aber nach wenigen Monaten erschien zur Überraschung der Göttinger eine zweite, von der Vorstellung einer Materiewelle ausgehende Abänderung der klassischen Mechanik, die »Wellengleichung« von ERWIN SCHRÖDINGER. Sie erwies sich als mathematisch äquivalent zur Göttinger Quantenmechanik, und sie war viel leichter zu handhaben. BORN sah sofort, daß mit ihr auch unperiodische Vorgänge angegriffen werden konnten, und er berechnete die Folgen des Stoßes eines Elektrons auf ein Atom (ein Thema, das FRANCK und ihn schon immer interessierte). Dabei erkannte er, daß gewisse mathematische Größen, als Wahrscheinlichkeiten für das Auftreten physikalischer Sachverhalte gedeutet werden mußten, z. B. $\psi^*(\mathbf{x})\psi(\mathbf{x})d\mathbf{x}$ als Wahrscheinlichkeit des Auftretens eines Teilchens im Intervall $d\mathbf{x}$ an der Stelle $\mathbf{x}$.
Das war ein wichtiger Zwischenschritt zum noch ausstehenden physikalischen Verständnis der bisher sehr formalen Wellenmechanik und Quantenmechanik. Ein beide übergreifender Formalismus (DIRAC und JORDAN) knüpfte an den von BORN nahegelegten, jetzt zentralen Begriff der »Wahrscheinlichkeits-Amplitude« an; $\psi(\mathbf{x})$ war z. B. eine solche. Im Jahre 1927 wurde dann durch die gemeinsamen Bemühungen von BOHR, HEISENBERG und PAULI ein volles physikalisches Verständnis erreicht. Die Quantenmechanik (in Göttinger oder SCHRÖDINGERscher oder allgemeinerer Form) war jetzt eine anschaulich nicht vollziehbare Abänderung der klassischen Mechanik der Massenpunkte, gerade soweit abgeändert, daß Materiewellen denkbar wurden. Die gleiche Quantenmechanik war aber auch eine nicht anschauliche Abänderung einer anschaulichen Wellen- oder Feldtheorie der Materie, gerade soweit abgeändert, daß Materieteilchen denkbar wurden. 1927 waren die Materiewellen nur eine theoretische Vorstellung, erst einige Jahre später wurden sie experimentell nachgewiesen.
Die Göttinger Quantenmechanik und ein Aufenthalt BORNS in den Vereinigten Staaten führte zu einem Strom von Besuchern Göttingens. BORN erlitt eine vorübergehende Erschöpfung. Aber dann konnte er zusammen mit JORDAN, die Matrizenform der Quantenmechanik in Buchform darstellen und auch noch ein umfassendes Lehrbuch der Optik schreiben: Er konnte wieder Mitarbeiter zu wichtigen Anwendungen der Quantenmechanik anleiten und auch selbst solche beitragen. Unter den Mitarbeitern dieser späteren Göttinger Jahre waren NORDHEIM, HEITLER, OPPENHEIMER, WEISSKOPF, WIGNER, TELLER.

Edinburgh

Die glückliche und fruchtbare Göttinger Zeit fand 1933 ein plötzliches Ende. BORN war entschlossen, bei einer Übernahme der Macht durch die Nationalsozialisten Deutschland zu verlassen. Er ließ sich 1933 beurlauben, fand befristete Arbeitsmöglichkeiten im englischen Cambridge und in Indien. 1936 erhielt er schließlich die Professur für theoretische Physik in Edinburgh.

In Cambridge führte er Überlegungen über Quantenelektrodynamik und eine Theorie des Elektrons weiter, die er schon in Göttingen begonnen hatte, jetzt zusammen mit LEOPOLD INFELD. Aber für eine Lösung der Probleme war es noch zu früh.

In Edinburgh kehrte BORN zur Dynamik der Kristallgitter zurück und stellte sich die schwierige Aufgabe, die thermischen Eigenschaften aus der (in der statistischen Thermodynamik definierten) »Zustandssumme« (partition function) herzuleiten. Nun ist die allgemeine Berechnung einer solchen Zustandsstumme eine fürchterliche Aufgabe. BORN und zahlreiche Mitarbeiter haben viel Fleiß und Scharfsinn darauf verwandt, mit geeigneten groben Vereinfachungen, sehr speziellen Kraftgesetzen weiterzukommen. Sie erzielten für die einzelnen einfachen Gitterarten Teilerfolge, qualitative Übereinstimmung mit der Erfahrung, neben groben Abweichungen. BORN interessierte besonders die Grenzen der Stabilität. Eine besondere Stabilitätsgrenze wurde als Eintritt des Schmelzens angesehen. Die Untersuchungen liefen schließlich darauf hinaus, die Vereinfachungen zu suchen, die zu typischem Verhalten führten. Konkretere Ergebnisse jener Zeit betrafen die Erklärung der Pyroelektrizität und den Einfluß der Wärmebewegung der Kristalle auf die Streuung von Röntgenstrahlen.

Bisher waren von den Formen der Materie eigentlich nur der Gaszustand und das Kristallgitter einigermaßen einer theoretischen Behandlung zugänglich. Zu einer »kinetischen Theorie der Materie«, wie sie BORN als Ziel vorschwebte, gehören aber auch die Flüssigkeiten. In einem sehr anspruchsvollen Forschungsprogramm wurden die verschiedenen Verteilungsfunktionen der Molekeln einer Flüssigkeit (Verteilung auf Ort, Geschwindigkeit, Beschleunigung von einzelnen Molekeln, Molekelpaaren, Tripeln, usw.) und die Beziehungen zwischen diesen untersucht. Die im allgemeinen bleibenden Ergebnisse sind in einem Buche von BORN und GREEN (1949) dargestellt.

Neubearbeitungen früherer Bücher fallen in die Edinburgher Zeit, der dynamischen Theorie der Kristallgitter (mit KUN HUANG) und des Optikbuches (mit WOLF).

Wenn Edinburgh auch nicht ganz die anregende Atmosphäre bot wie früher Göttingen, so sind doch BORN und seine Frau dort heimisch geworden.

Der Mahner

Im Alter von 70 Jahren, also 1953, trat BORN von seinem Lehramt zurück und nahm bald Wohnsitz in Bad Pyrmont, also in der Nähe Göttingens. 1954 erhielt er den Nobelpreis für Physik. Die aktive Teilnahme an der physikalischen Forschung gab er auf. Einige Aufsätze aus überlegener Sicht schrieb er noch. Er sah jetzt eine neue wichtige Aufgabe. Die Anwendungen der physikalischen Forschung – militärische und wirtschaftliche – haben eine Größenordnung und eine Einflußmöglichkeit erreicht, die für die Menschheit eine neue, noch nicht dagewesene Situation darstellt. Ist die Menschheit ihr gewachsen? Die Möglichkeiten und Gefahren treten nur langsam in das Bewußtsein der Mächtigen und der Öffentlichkeit ein. Einfluß auf die Mächtigen hat BORN nicht gesucht. Aber er wies eindringlich hin auf die neue Verantwortung der Menschen, die neugewonnene Macht vernünftig zu nutzen. Über den Erfolg der Mahnung war er pessimistisch.
Mit den Göttinger Physikern tritt er in enge Verbindung; er kam oft nach Göttingen und ist 1970 da gestorben. Seine Asche ruht auf einem Göttinger Friedhof, Auf dem Stein steht die Gleichung

$$\mathrm{i}(pq - qp) = h/2\pi.$$

Literatur

Max Born: Ausgewählte Abhandlungen, 2 Bde., Göttingen 1963.
Albert Einstein, Hedwig und Max Born: Briefwechsel, München 1969.
Hedwig und Max Born: Der Luxus des Gewissens, München 1969.
Max Born: Mein Leben, München 1975.

Walter Gerlach

1889–1979

von

Helmut Rechenberg

München

Auf ALFRED LANDÉS Anfrage, wer für die Neubesetzung des Lehrstuhls für Experimentalphysik an der Universität Tübingen in Frage käme, antwortete ALBERT EINSTEIN am 6. November 1924:

»Nach meiner Meinung wäre Herr GERLACH der richtige Nachfolger für PASCHEN. Er ist unter den jüngeren deutschen Experimentalphysikern, die in Betracht kommen, wohl der beste. Er ist vielseitig, ideenreich und dabei sicher und zuverlässig. Menschlich macht er auch einen guten Eindruck. Dies sage ich indem ich mich auf den Instinkt verlasse; ich kenne ihn nicht genauer.«[1]

Lebenslinie und frühe Arbeiten zur Strahlungs- und Quantenphysik

Der von EINSTEIN also Gepriesene stammte aus Biebrich am Rhein, wo er am 1. August 1889 geboren wurde. Leben und Laufbahn führen ihn von einem deutschen Fluß zum anderen, vom Rhein an den Neckar, vom Neckar an die Spree, die Wupper, den Main, wieder an den Neckar, dann die Isar, die Spree, den Rhein und endlich zurück an die Isar.

WALTER GERLACH studierte ab 1908 Physik bei FRIEDRICH PASCHEN und EDGAR MEYER in Tübingen. 1912 promovierte er zum Dr. phil., vier Jahre später habilitierte er sich ebenfalls in Tübingen. Der Militärdienst (1915–1918) brachte ihn am Kriegsende nach Berlin, anschließend ging er über ein Jahr in die Industrie (Frühjahr 1919 bis Herbst 1920 im Physikalischen Laboratorium der Farbenfabriken Elberfeld), bevor er zur Universität Frankfurt am Main stieß. Anfang 1925 folgte er seinem Doktorvater PASCHEN, der als Präsident der Physikalisch-Technischen Reichsanstalt nach Berlin berufen worden war, in Tübingen nach. 1929 wurde er auf den Münchner Lehrstuhl für Experimentalphysik geholt (seine Vorgänger waren WILLY WIEN und WILHELM CONRAD RÖNTGEN), den er mit Unterbrechungen bis zu seiner Emeritierung im Jahre 1957 innehatte. Im Zweiten Weltkrieg hielt er sich eine Zeitlang in Berlin auf, als Leiter der Fachsparte Physik im Reichsforschungsrat und vor allem »Beauftragter des Reichsmarschalls für Kernphysik« (ab Anfang 1944 war GERLACH für das geheime deutsche Uranprojekt zuständig); von Mai 1945 bis Januar 1946 wurde er von den Amerikanern und Engländern interniert und nach seiner Rückkehr in die britische Besatzungs-

1 *Einstein* an *Landé*, 6. November 1924; wiedergegeben mit freundlicher Genehmigung des Deutschen Museums, München, und des Estate of *Albert Einstein*, New York, in Physikalische Blätter 35, 372, 1979.

zone übernahm er zwei Jahre lang den Bonner Lehrstuhl, bevor er Anfang 1948 nach München zurückkehren konnte. Er starb dort am 10. August 1979, wenige Tage nach seinem 90. Geburtstag. Obwohl FRIEDRICH PASCHEN sich ab 1900 vornehmlich mit der atomaren Spektroskopie beschäftigte – er baute in seinem Tübinger Institut in mehrjähriger Arbeit Apparaturen vor allem für die Beobachtung von infraroten Spektrallinien und für den Zeemaneffekt auf (letztere zusammen mit seinem Schüler ERNST BACK) –, gab er GERLACH als Dissertation ein Thema aus seinem früheren Forschungsgebiet, der Untersuchung der »schwarzen Strahlung«.[2] Auch nach seiner Promotion führte der junge Assistent weitere Strahlungsmessungen durch. Allerdings brachte ihm der 1911 als Extraordinarius von Aachen nach Tübingen gekommene EDGAR MEYER ein neues Problem nahe, den lichtelektrischen Effekt. In einer Reihe von Veröffentlichungen aus den Jahren 1913 bis 1915 berichteten die beiden über ihre kniffligen Untersuchungen des Effektes an mikroskopischen Metallteilchen sowie bei sehr niedrigen Drucken.[3] Es gab damals mehrere konkurrierende quantentheoretische Erklärungen des Grundphänomens: neben der Einsteinschen mit Hilfe der Lichtquantenhypothese hatten ARNOLD SOMMERFELD und PETER DEBYE aus dem Wirkungsintegralansatz eine Gleichung abgeleitet, nach der die Akkumulationszeit der ultravioletten Strahlung im Metall von ihrer elektrischen Amplitude abhängt (1912). GERLACH und MEYER konnten diese Beziehung jedoch eindeutig widerlegen.

Für die Habilitationsschrift von 1916 wählte GERLACH wieder Experimente, die absolute Messungen der schwarzen Strahlung zuließen.[4] Wie er später gerne nicht ohne Stolz erwähnte, erdachte er sich dazu eine geschickte Vorrichtung, die es ihm erlaubte, die Konstanten des Stefan-Boltzmannschen Gesetzes schnell einmal wesentlich genauer als bisher zu bestimmen. Die Verhältnisse der letzten Kriegsjahre und der Zeit danach ließen ein umfangreiches experimentelles Programm nicht zu, verhinderten aber keineswegs regelmäßige Publikationen GERLACHS, so etwa über den Radiometereffekt oder empirische Bestätigungen der Quantentheorie.

Frankfurt am Main und der Stern-Gerlach-Effekt

»Wir haben jetzt GERLACH hier, der sehr famos ist: energisch, kenntnisreich, geschickt, hilfsbereit,« berichtete MAX BORN vergnügt am 12. Februar 1921 seinem Freunde EINSTEIN nach Berlin. Er fügte aber auch hinzu:

2 *Gerlach*, Eine Methode zur Bestimmung der Strahlung in absolutem Maß und die Konstante des Stefan-Boltzmannschen Strahlungsgesetzes, Annalen der Physik (4) 38, 1, 1912.

3 Siehe z. B. *Gerlach* und *Meyer*, Über den photoelektrischen Effekt an ultramikroskopischen Metallteilchen, Annalen der Physik (4) 45, 177, 1914; dieselben, Über die Abhängigkeit der photoelektrischen Verzögerungszeit vom Gasdruck bei Metallteilchen ultramikroskopischer Größenordnung, ibid., 47, 227, 1915.

4 *Gerlach, Experimentelle Untersuchungen über die absolute Messung und Größe der Konstante des Stefan-Boltzmannschen Strahlungsgesetze* (Habilitationsschrift, Universität Tübingen 1916).

»Er hat jetzt ein Angebot der Regierung von Chile, dort (in Santiago) die Physik und die Elektrotechnik zu übernehmen; ob das vernünftig ist? Ich glaube, er hat auch hier gute Aussichten, aber er ist ein unternehmender Kerl und für einen solchen Außenposten gut geeignet.«[5]

Es gelang glücklicherweise, GERLACH in Frankfurt am Main zu halten, und er machte sich bald nützlich, auch über das experimentelle Institut von RICHARD WACHSMUTH hinaus, dem er als Hauptassistent zugeordnet war. So schrieb BORN in seinen Erinnerungen:

»WALTER GERLACH fand die Atmosphäre in meiner Abteilung anregender als in der seinen und wurde unser ständiger Gast und Mitarbeiter. Ich veröffentlichte gemeinsam mit ihm verschiedene Abhandlungen, eine recht gute über die Elektronenaffinität von Jod, Sauerstoff und Schwefel, die aus den Gitterenergien berechnet wurde. Seine Arbeit mit STERN war jedoch wichtiger.«[6]

OTTO STERN, seit 1914 Privatdozent an der Universität Frankfurt am Main, gehörte früher zu MAX VON LAUES und daher jetzt zu BORNS Abteilung. Er begann nach seiner Rückkehr aus dem Militärdienst Experimente mit der von LOUIS DUNOYER in Paris ausgebauten Atomstrahlmethode, zunächst zur Messung der kinetischen Eigenschaften von Atomen und Molekülen, etwa ihrer Geschwindigkeitsverteilung. BORN erinnerte sich:

»Danach wurden STERNS Pläne ehrgeiziger, er wollte die magnetischen Momente von Atomen durch Ablenkung eines Atomstrahls in ein inhomogenes Magnetfeld messen. Auf diese Weise hoffte er den Nachweis für eine der seltsamsten Schlußfolgerungen aus der Quantentheorie zu erbringen, die SOMMERFELD entwickelte und ›Quantelung der Richtung‹ genannt hatte. Angesichts der extremen [experimentellen] Schwierigkeiten, die zu erwarten waren, tat sich STERN mit GERLACH zusammen, der auf dem Gebiet der Vakuumtechnik große Erfahrung besaß. So begannen sie, ihre Apparaturen zu bauen, aber das kostete Geld, und das gab es nicht.«[7]

Nun, BORN schaffte es doch, Geld für die experimentelle Arbeit in seiner Abteilung zu besorgen, teils durch eigene populäre Vorträge über die damals sehr gefragte Relativitätstheorie, teils durch Stiftungen von privater und öffentlicher Seite.
Über den STERN-GERLACH-Effekt, der eine der wenigen ganz grundlegenden Erscheinungen der Quantentheorie darstellte, ist viel und oft geschrieben worden.[8] Die theoretische Voraussetzung des für das entdeckende Experiment lieferte SOMMERFELDS »Richtungsquantelung«, d. h. die Annahme einer quantisierten räumli-

5 *Born* an *Einstein*, 12. Februar 1921; abgedruckt in *Albert Einstein, Max und Hedwig Born: Briefwechsel 1916–1955* (*M. Born*, Hrsgb., Nymphenburger Verlagshandlung, München 1969), Seite 82.

6 *Born: Mein Leben. Die Erinnerungen des Nobelpreisträgers* (Nymphenburger Verlagshandlung, München 1975), Seite 265.

7 Zitat in Fußnote 6, Seite 270.

8 Siehe den Bericht von *Gerlach*, Zur Entdeckung des Stern-Gerlach-Effektes, Physikalische Blätter 25, 472, 1969. Eine Zusammenfassung findet man in *Mehra* und *Rechenberg: The Historical Development of Quantum Theory* (Springer-Verlag, New York, Heidelberg und Berlin 1982), *Band 1* Kapitel IV.3, besonders Seiten 434–445.

chen Ausrichtung von Elektronenbahnen im Atom, die er zur Beschreibung der Zeeman- und Starkeffekte brauchte.[9] STERN nahm die räumliche Quantisierung wörtlich und entwarf ein Experiment, sie nachzuweisen, nämlich durch die Aufspaltung eines Atomstrahls (dessen Teilchen ein magnetisches Moment besitzen) in einem stark inhomogenen Magnetfeld. Er rechnete den Effekt theoretisch aus und fragte dann GERLACH, ob sich die zur Beobachtung notwendige Inhomogenität des Magnetfeldes erreichen ließe. GERLACH bejahte die Frage, worauf STERN die Idee des Experiments veröffentlichte.[10] Die tatsächliche Ausführung aber nahm noch einige Zeit in Anspruch, vom Sommer 1921 bis zum Februar 1922. Unter anderem mußte ein feiner Atomstrahl erreicht und Vakuumpumpen teilweise selbst gebaut werden, während man einen starken Elektromagneten leihen konnte. EINSTEIN in Berlin half, Geld vom Fonds des Kaiser Wilhelm-Instituts für Physik und der Notgemeinschaft der Deutschen Wissenschaft sowie von Privatpersonen zu besorgen, die Vereinigung von Freunden und Förderern der Universität Frankfurt griff ebenfalls ein. In den schwierigen Tagen der beginnenden Inflation war die Finanzierung des Versuchs ein ganz großer Erfolg.

WILHELM SCHÜTZ, ein Doktorand GERLACHS aus dieser Zeit, berichtete über die kritische Phase ab Oktober 1921:

»Die alte Apparatur hatte gerade soviel hergegeben, daß man auf dem Auffänger eine Verbreiterung des Silberatomstrahls im inhomogenen Magnetfeld von der erwarteten Größenordnung erkennen konnte. Ein größerer Umbau mit dem Ziel einer weiteren Erhöhung des Auflösungsvermögens der Apparatur war erforderlich. Während dieses Umbaues siedelte STERN nach Rostock über, um dort die Professur für theoretische Physik zu übernehmen. Er tauchte aber von Zeit zu Zeit (Weihnachten 1921 und Ostern 1922 [das noch im März lag]) zu Besprechungen und zur Vermessung der Inhomogenität des Magnetfelds im Frankfurter Institut auf.«[11]

Auch der Institutsmechaniker ADOLF SCHMIDT half kräftig, das Experiment vorzubereiten, vor allem bei den langwierigen Bemühungen um die Herstellung des erforderlichen Vakuums von 10^{-5} Torr in einer Anordnung mit extremen Temperaturdifferenzen: die Temperatur des Öfchens zur Erzeugung des Silberstrahles war 1300°K, die Abkühlung in der anschließenden Apparatur geschah durch Kohlesäureschnee und flüssige Luft. SCHÜTZ erinnerte sich weiter:

»Es war eine Sisyphusarbeit, deren Hauptlast auf den breiten Schultern von Professor GERLACH lag. Insbesondere die Nachtwachen übernahm W. GERLACH. Er kam dann gegen 21 Uhr mit einem Packen von Sonderdrucken und Büchern. In der Nacht wurden die Korrekturen durchgelesen, Rezensionen und Aufsätze geschrieben, Vorlesungen vorbereitet, viel Kakao oder Tee getrunken und sehr viel geraucht. Wenn ich dann morgens wieder in das Institut kam, das vertraute Geräusch laufender Pumpen hörte und GERLACH noch da war, war das ein gutes Zeichen: Es war über Nacht nichts zu Bruch gegangen.

9 *Sommerfeld*, Zur Quantentheorie der Sektrallinien, Annalen der Physik (4) 51, 1, 1916; besonders Seiten 29 und 32.

10 *Stern*, Ein Weg zur experimentellen Prüfung der Richtungsquantelung im Magnetfeld, Zeitschrift für Physik 7, 249, 1921.

11 *Schütz*, Persönliche Erinnerungen an die Entdeckung des Stern-Gerlach-Effektes, Physikalische Blätter 25, 343, 1969; besonders Seite 343.

So kam ich eines Morgens im Februar ins Institut; es war ein herrlicher Morgen: Kaltlufteinbruch und Neuschnee! GERLACH war dabei, wieder einmal den Niederschlag eines Atomstrahls, der acht Stunden lang durch ein inhomogenes Magnetfeld gelaufen war, zu entwikkeln. Erwartungsvoll verfolgten wir den Entwicklungsprozeß und erlebten den Erfolg monatelangen Bemühens: die erste Aufspaltung eines Silberatomstrahls im Magnetfeld. Nachdem Meister SCHMIDT und, wenn ich mich recht erinnere, auch MADELUNG die Aufspaltung gesehen hatten, ging es ins Mineralogische Institut zu Herrn NACKEN, um den Befund mikrophotographisch festzuhalten. Dann erhielt ich den Auftrag, eine Telegramm an Herrn Professor STERN nach Rostock aufzugeben, dessen Text lautete: ›BOHR hat doch recht!‹«[12]

Bemerkenswerterweise glaubte SOMMERFELD, der doch die räumliche Quantelung eingeführt hatte, damals eher an eine Verbreiterung des Silberatomstrahles, während NIELS BOHR eine Aufspaltung vorhergesagt hatte.
Die erste entscheidende Publikation reichten GERLACH und STERN zum 1. März bei der Zeitschrift für Physik ein, eine weitere folgte nach Ostern Ende März 1922.[13] EINSTEIN schrieb bald darauf an BORN, der seit Sommer 1921 Professor in Göttingen war (worauf ihm in Frankfurt am Main ERWIN MADELUNG nachfolgte):

»Das Interessanteste aber ist gegenwärtig das Experiment von STERN und GERLACH. Die Einstellung der Atome ohne Zusammenstöße ist nach den jetzigen Überlegungsmethoden durch Strahlung nicht zu verstehen; eine Einstellung sollte von Rechts wegen mehr als 100 Jahre dauern. Ich habe mit EHRENFEST eine kleine Rechnung darüber angestellt. RUBENS hält das experimentelle Ergebnis für absolut sicher.«[14]

In der Tat konnten die damals bekannten Vorstellungen, wie vor allem EINSTEIN mit PAUL EHRENFEST zeigte, den von GERLACH und STERN erhaltenen Effekt *nicht* erklären.[15] Erst die im Jahre 1925 entdeckte Quantenmechanik von WERNER HEISENBERG, MAX BORN und PASCUAL JORDAN brachte den Umschwung, und seitdem zählt man den STERN-GERLACH-Effekt zu den sichersten experimentellen Grundlagen der Quantenmechanik.

Magnetismus, Spektralanalyse und Ramaneffekt

Die Entdeckung des STERN-GERLACH-Effektes stellt sicher einen – vom Standpunkte der Physikgeschichte natürlich *den* – Höhepunkt in der wissenschaftlichen Laufbahn WALTHER GERLACHS dar. Die sich anschließenden Folge- und Präzisionsuntersuchungen des Effektes erstreckten sich über eine Reihe von Jahren, in denen sich der Frankfurter Extraordinarius zu einem unumstrittenen Experten

12 Zitat in Fußnote 11, Seiten 343–344.
13 *Gerlach* und *Stern*, Der experimentelle Nachweis der Richtungsquantelung, Zeitschrift für Physik 9, 349, 1922; dieselben, Das magnetische Moment des Silberatoms, ibid. 9, 353, 1922.
14 *Einstein* an *Born*, ohne Datum, Zitat in Fußnote 5, Seite 102.
15 *Einstein* und *Ehrenfest*, Quantentheoretische Bemerkdngen zum Experiment von *Stern* und *Gerlach*, Zeitschrift für Physik 11, 31, 1922.

Walter Gerlach, um 1928

auf dem Gebiete der magnetischen Atommomente entwickelte.[16] Sie verstärkten gleichzeitig sein bereits früher gezeigtes Interesse an magnetischen Erscheinungen der Materie, das sich vor allen Dingen in der Tübinger und Münchner Zeit auch auf die physikalischen und technischen Eigenschaften ferromagnetischer Stoffe ausdehnte und einen wesentlichen Teil des Arbeitsprogrammes der GERLACHschen Schule ausmachte.

Bereits in Frankfurt am Main erweiterte GERLACH stetig die Themen seiner expe-

16 Siehe *Gerlach*, Experimentelle Forschungen über das Magneton, Physikalische Zeitschrift 26, 816, 1925.
Alle Literaturzitate von *Walther Gerlach* sind enthalten in der *Bibliographie Walther Gerlach. Veröffentlichungen 1912–1979*, bearbeitet von *Nida-Rümelin* (Veröffentlichungen des Forschungsinstituts des Deutschen Museums für die Geschichte der Naturwissenschaften und der Technik, München 1982). Wir verweisen auf diese Zusammenstellung vor allem für die Zitate von *Gerlachs* Schriften, die wir nicht explizit angeben.

rimentellen Untersuchungen. Zunächst erwarb er sich durch Lesen und Rezensieren von Originalarbeiten und Büchern und durch Schreiben zusammenfassender Berichte eine gründliche und umfangreiche Einsicht in die Fragestellungen der neuesten Forschung, vor allem der damals grundlegenden Atomphysik. Sodann verwendete er großes und ausdauerndes Geschick und außerordentliche Erfindungskraft, um möglichst einfache und wirksame Apparaturen zu bauen, die experimentelle Erscheinungen in reinster Form aufspüren konnten. Mit einer wachsenden Zahl von Schülern und Mitarbeitern erzielte er schöne Erfolge, bei Einzeluntersuchungen etwa mit ALICE GOLSEN (Messung des Strahlungsdruckes mit Radiometern 1923) und E. LEHRER (Messung der rotatorischen Brownschen Bewegung mit Hilfe der Drehwaage 1927). Ab 1922 nahmen Studien atomarer und molekularer Spektren einen wachsenden Anteil in GERLACHS Werk ein. Er schloß sich weniger der damals zahlreichen Gemeinde der Spektroskopiker an, die systematisch bekannte und unbekannte Spektren ausmaßen und ordneten, sondern suchte eher die Lücken zu erspähen, um selbst ergänzende Erkenntnisse zu liefern: so beschäftigte er sich mit dem »Elektronenaffinitätsspektrum des Jodatoms« (1923 mit FRITZ GROMANN) oder schlug eine »neue Methode zur direkten Messung des Intensitätsverhältnisses von Mehrfachlinien« (1924 mit O. BREZINA) vor. In den späten zwanziger Jahren schuf GERLACH zusammen mit seinem Schüler EUGEN SCHWEITZER Grundlagen und Methode der chemischen Spektralanalyse: mit ihr gelingt es durch geschickt ausgewählte praktische Schritte (Methode der »letzten Linien«), den quantitativen Nachweis chemischer Elemente zu führen. Die chemische Spektralanalyse erlangte auch in der biologischen und medizinischen Forschung Bedeutung, vor allem aber in der Materialkunde. GERLACH hat selbst den Weg dazu gewiesen durch zahlreiche und weitgestreute Veröffentlichungen, die sich weit in die dreißiger Jahre hineinziehen sowie durch ein dreiteiliges Werk, dessen einzelne Bände 1930, 1933 und 1936 herauskamen. Bei seiner großen Begeisterung für neue, ungewöhnliche experimentelle Verfahren kann es kaum verwundern, daß er auch bald nach der Entdeckung des Ramaneffektes, nämlich ab 1929, sich auch diese Methode aneignete und mehrfach zur Strukturaufklärung von Molekülen benützte.

Es erscheint bemerkenswert, daß sich der Schwerpunkt von GERLACHS Arbeiten nach 1925 zunehmend auf die *Anwendung* der im ersten Viertel dieses Jahrhunderts erreichten Erkenntnisse über die Struktur der Atome und der Materie verschob. Er nahm kaum mehr oder nur am Rande an der Erschließung der neuen Gebiete teil, wie der Kernphysik oder der kosmischen Strahlung, die ab 1930 als die vorderste Front der Physik galten. Das mag zum Teil an der notwendigen apparativen Ausstattung liegen, die widriger Umstände halber weder in seinem Tübinger noch im größeren Münchner Institut vorhanden war. Man kann aber auch vermuten, daß es an der Ausrichtung der Forschung in Deutschland lag, die zumal nach 1933 eine mehr pragmatische, auf nützliche Anwendung ausgerichtete Wendung nahm. Freilich müssen wir beachten, daß gerade GERLACH den Weg diese Richtung schon lange zuvor einschlug. Z. B. begann sein Interesse an den magnetischen Eigenschaften der Materie in den frühen zwanziger Jahren und verstärkte sich gegen ihr Ende – später richtete er besonderes Augenmerk auf die Temperaturabhängigkeit ferromagnetischer Größen sowie deren Zusammenhang mit elektrischen Eigenschaften. Auch die ersten Ansätze zur »quantitativen Spektralanalyse« gehen mindestens ins Jahr 1925 zurück. GERLACH sah einmal die Notwendigkeit, die grundlegenden Ergebnisse von Atom- und Quantenphysik in das gesamte physikalische Weltbild einzuführen, d. h. sie in allen physikalischen Erscheinungen aufzuspüren und fest zu etablieren. Andererseits reizte ihn gerade, die Auswertung fundamentaler Erkenntnisse zu untersuchen, so daß man sein Münchner Arbeitsprogramm geradezu als ein Ideal moderner Forschung in der angewandten Physik bezeichnen darf. Diese Entwicklung hat den Kollegen SOMMERFELD eigentlich ziemlich enttäuscht.

Physik, Politik und Gesellschaft

Gerade der große Theoretiker der Atome, ARNOLD SOMMERFELD, hatte den verdienstvollen experimentellen Erforscher der Atome, WALTHER GERLACH, auf den Münchner Lehrstuhl geholt. In den Anfangsjahren des Dritten Reiches schlossen sich beide eng zusammen, um den Angriffen auf die neue, als »jüdisch« verleumdete Physik zu widerstehen. Obwohl der sichtbare Erfolg keineswegs immer auf ihrer Seite stand, versuchten sie energisch die Qualität von Forschung und Lehre an ihrer Universität und darüber hinaus zu erhalten. 1943, während des Zweiten Weltkrieges, wurde GERLACH dann mit der Leitung der Fachsparte Physik im zentralen Reichsforschungsrat beauftragt, ab Januar 1944 war er in Berlin als »Bevollmächtigter für Kernphysik des Reichsmarschalls«, d. h. von HERMANN GÖRING, für das geheime deutsche Uranprojekt zuständig; es strebte den Bau eines funktionierenden und Energie erzeugenden Kernreaktors an. Obwohl er sich vorher mit der dazugehörigen Kernphysik und -technik nie beschäftigt hatte, hat er diese Aufgabe mit von allen Mitarbeitern anerkanntem Erfolg wahrgenommen, gestützt auf seine Autorität als führender Experimentalphysiker und seine ungeheure Arbeitskraft, sein kompromißloses Eintreten für den Menschen und die Sache. Vor allem bemühte er sich dabei auch zusammen mit einigen anderen Repräsentanten der Physik in Deutschland (etwa CARL RAMSAUER, dem Präsidenten der Deutschen Physikalischen Gesellschaft), möglichst viele Kollegen vor sinnlosem Sterben an der Front zu bewahren. Er hat aber auch durchaus darunter gelitten, daß es den deutschen Uranforschern nicht gelang, einen kritischen Reaktor vor Kiegsende zu bekommen.

Am Ende des Krieges wurde GERLACH zusammen mit den führenden deutschen Atomforschern – soweit sie vor allem am Uranprojekt beteiligt waren –, nämlich ERICH BAGGE, KURT DIEBNER, OTTO HAHN, PAUL HARTECK, WERNER HEISENBERG, HORST KORSCHING, MAX VON LAUE, CARL FRIEDRICH VON WEIZSÄCKER und KARL WIRTZ, gefangengesetzt. In englischer Internierung (Farmhall bei Cambridge) wurden sie vom Abwurf der amerikanischen Atombomben auf Hiroshima und Nagasaki überrascht und schworen, sich nie selbst am Bau von Kernkraftwerken zu beteiligen. Zwölf Jahre später, im April 1957, haben sie diese Haltung in der »Erklärung der Göttinger 18« öffentlich bekräftigt und sich immer daran gehalten. Ebenso wie er Atomwaffen ablehnte, so hat GERLACH mit voller Überzeugung für die friedliche Nutzung der Kernenergie gesprochen. Dabei übersah er keineswegs die Gefahren einer Verseuchung der Natur und Umwelt durch vom Menschen erzeugte Radioaktivität, hatte er doch schon 1956 als sein letztes physikalisches Forschungsprogramm mit der fortlaufenden Messung und Analyse radioaktiver Niederschläge (erzeugt vor allen Dingen durch den Fallout von Kernwaffenversuchen) begonnen.

Große Anstrengungen und viel Zeit verwendete GERLACH nach dem Zweiten Weltkrieg auf den Wiederaufbau seiner Institute. Besonders seit seiner Rückkehr an die Universität München kämpfte er unnachgiebig und kraftvoll gegen alle Widerstände in Behörden und Ministerien. Drei entscheidende Jahre, von 1948 bis 1951, wurde er zum Rektor seiner Universität gewählt. Er hat damals wie auch später keine persönliche Konfrontation gescheut und nicht nur das eigene Physikalische Institut von Grund auf neugestaltet. Wissenschaft war für GERLACH eine absolute Macht, die ebenso der tiefsten Erkenntnis des Menschen wie dem Nutzen der Gesellschaft diente. Wer an ihr schäbig zu handeln wagte, den konnte neben Verachtung gelegentlich der sprühende Zorn des auch durch die große Gestalt Achtung einflößenden Altmeisters treffen.

Nach seiner Emeritierung hörte dieser Einsatz kaum auf. So stellte WERNER HEISENBERG, der mit ihm seit Jahrzehnten bekannt und befreundet war, anläßlich seines 75. Geburtstages fest:

»Ein Hauptteil seiner Arbeitskraft galt in den letzten Jahren den Problemen der Forschungsförderung und der Wissenschaftsorganisation, Fragen, mit denen er sich als Mitglied des Präsidiums der Deutschen Forschungsgemeinschaft zu beschäftigen hatte. Die Erfolge dieser Art von Arbeit sind nach außen nicht so leicht zu sehen, aber sie spielen in der Entwicklung der Wissenschaft im Deutschland der Nachkriegszeit eine bedeutende Rolle, und die deutsche Wissenschaft hat Grund, ihm dafür dankbar zu sein. Mit temperamentvollen Reden hat GERLACH in die Debatte über die Bildungspolitik, über das Verhältnis von Forschung und Lehre an den Hochschulen, über Beziehungen zwischen Geisteswissenschaft und Naturwissenschaft eingegriffen. Die Auswirkungen der naturwissenschaftlichen Forschung im Getriebe der modernen Welt beschäftigten und beunruhigten ihn, die Verantwortung des Forschers hinsichtlich der späteren Anwendungen seiner Ergebnisse war für ihn ein Problem von größtem Gewicht.«[17]

Man darf nur noch hinzufügen, daß GERLACH nie einen engen, nur der Naturwissenschaft oder gar der Physik allein dienenden Standpunkt einnahm.

Persönlichkeit und Wirkung

WALTHER GERLACH war ein universeller Experimentalphysiker, wie es ihn in einer zunehmend spezialisierten Wissenschaft nicht mehr geben kann und darf. Die

17 *Heisenberg, Walther Gerlach* zum 75. Geburtstag, Süddeutsche Zeitung, 31. Juli 1964, Seite 16.

Erscheinungen der Natur waren ihm heilig; um die richtigen Begriffe und die Einordnung hat er sich zeitlebens bemüht, während ihm detaillierte mathematische Spitzfindigkeiten fernerlagen. Seine Wirkung als Lehrer beruhte nicht allein auf den Fragestellungen, die seine Schüler und Mitarbeiter ebenso wie er selbst untersuchten, er war auch der gegebene Gestalter der großen Physikvorlesung. Wie er vielen Hunderten von Studenten der Naturwissenschaft und Medizin, die in jeder Vorlesung saßen, die Naturerscheinungen in sorgfältig ausgewählten und vorbereiteten Demonstrationsversuchen anschaulich näherbrachte, mag nur noch von seinem Göttinger Kollegen ROBERT POHL erreicht, aber nicht übertroffen worden sein. GERLACH trug begeisternd in einer klaren, schönen und an GOETHE geschulten Sprache vor. Und wenn er gar über ihm besonders am Herzen liegende Erscheinungen und Ergebnisse und deren Finder – etwa die Keplerschen Planetengesetze oder die Newtonsche Optik – sprach, dann glaubte man, selbst am Eindringen in die tiefsten Geheimnisse der Natur beteiligt zu sein.
Seinen Studenten galt GERLACH zugleich als gütiger und persönlich wohlwollender, sachlich aber unnachsichtiger Lehrer. Sein mitunter explosives Grollen konnte eine unklare Darstellung im Seminar ebenso treffen wie die schlampige Handhabung von Apparaturen im Praktikum. Wen aber, wie den Unterzeichneten, als er am Ostermontag im Institut notwendige Routineuntersuchungen ausführte, der dankbar anerkennende Blick des gestrengen Institutchefs traf, der fühlte sich geadelt und zu unermüdlichem Dienst an der Aufklärung der Naturerscheinungen verpflichtet, so wie er es uns selbst in seiner ganzen, langen Laufbahn vorgelebt hatte.
WALTHER GERLACH wurde für seine Leistungen und Dienste vielfach geehrt, von akademischen wie von staatlichen Stellen. Er war Mitglied der Akademien der Wissenschaften in Göttingen, Halle und München sowie der Friedensklasse des Ordens Pour le Mérite. Er nahm diese Ehrungen als Anerkennung für seine Wissenschaft und den sich um die Reinheit und Größe der Naturerkenntnisse bemühenden Forscher. Er kannte die Geschichte seines Faches und trug selbst zur Weitergabe ihrer Kenntnis bei; vor allem aber ist er in sie selbst als eine herausragende Persönlichkeit eingegangen.

Erwin Madelung
1881–1972

von
Ulrich E. Schröder
Frankfurt am Main

Als Nachfolger von MAX BORN wurde ERWIN MADELUNG im Jahr 1921 auf den Lehrstuhl für Theoretische Physik an die Frankfurter Universität berufen. Er leitete das Institut für Theoretische Physik bis zu seiner Emeritierung im Jahre 1949, also während der Entwicklung und des Ausbaues der Quantenmechanik.
ERWIN RUDOLF MADELUNG wurde am 18. Mai 1881 als zweitältester Sohn von OTTO und HEDWIG MADELUNG, geb. KOENIG, in Bonn geboren. Sein Vater, damals Privatdozent in Bonn, wirkte später als Professor der Chirurgie in Rostock und Straßburg im Elsaß. Er gehörte zu jener Gruppe berühmter Mediziner, die damals die einmalig fruchtbare Epoche ihres Faches wesentlich mitgestalteten. Der Großvater mütterlicherseits, FRITZ KOENIG, war als Unternehmer in den USA erfolgreich gewesen und hatte ein ansehnliches Vermögen hinterlassen. Zu den Vorfahren väterlicherseits gehört der Dichter MATTHIAS CLAUDIUS (1740–1815).
Die Kindheit und Jugendzeit verbrachte ERWIN MADELUNG in Bonn, Rostock und Straßburg. Er wuchs mit mehreren Geschwistern auf und besuchte Vorschule und Gymnasium bis 1894 in Rostock. Die wesentlichen Bildungsjahre fallen in die Straßburger Zeit. Dort bestand er 1900 das Abitur an dem altberühmten »Protestantischen Gymnasium«. Zwei Jahre vorher hatte an dieser Schule MAX VON LAUE (1879–1960) das Abitur abgelegt und vierzehn Jahre nach MADELUNG tat es MARIANUS CZERNY (1896–1985), der Jahre später MADELUNGS Kollege in Frankfurt am Main werden sollte.
MADELUNG wollte ursprünglich Ingenieur werden, wandte sich aber sehr bald der Physik zu. Doch galt sein Interesse zunächst nicht der Theorie, in der er später weithin bekannt wurde, sondern der Experimentalphysik. Er begann das Studium 1901 in Kiel, blieb dort aber nur kurze Zeit. Weitere Studienaufenthalte führten ihn nach Zürich (1901–1902) und Straßburg (1902–1903), WO FERDINAND BRAUN (1850–1918) lehrte, der durch seine Kathodenstrahlröhren (»Braunsche Röhre«, 1897) und wesentliche Beiträge zur Entwicklung der drahtlosen Telegraphie berühmt wurde (Nobelpreis 1909 mit Marconi). Die Doktorandenzeit verbrachte MADELUNG von 1903 an in Göttingen. Hier wurde er 1905 von der Philosophischen Fakultät der Georg-August-Universität zum Dr. phil. promoviert.
Die Physik in Göttingen war damals, in der Nachfolge des berühmten WILHELM WEBER (1850–1891), durch EDUARD RIECKE (1845–1915) und WOLDEMAR VOIGT (1850–1919) vertreten. RIECKE hatte seit 1881 den Lehrstuhl für Experimentalphysik inne, VOIGT seit 1883 den für theoretische Physik; aber VOIGT hat auch experimentiert und RIECKE war stark der Theorie zugeneigt. VOIGTS Hauptinter-

Erwin Madelung, 1908

esse waren die Eigenschaften der Kristalle im Zusammenhang mit ihren Symmetrieeigenschaften. Er veröffentlichte 1910 ein umfangreiches Lehrbuch der Kristallphysik, das einen großen Überblick über das damals erreichte Wissen gibt. Ein Nachdruck dieses Werkes erschien noch 1966. RIECKE hatte sich nach Arbeiten über die ältere (WEBERsche) Elektrodynamik, Hydrodynamik, Thermodynamik und Osmose Problemen des Ladungstransportes zugewandt. Er hat wesentlich zur Entwicklung der Elektronentheorie der elektrischen Leitfähigkeit in Metallen beigetragen. Sein zweibändiges »Lehrbuch der Experimentalphysik« war sehr erfolgreich. Obwohl VOIGT und RIECKE selbst keine führende Rolle bei den grundlegenden Veränderungen der Physik nach 1900 einnahmen, verstanden sie doch einer Reihe von jüngeren Forschern wie MAX ABRAHAM, PAUL DRUDE, WALTER RITZ, JOHANNES STARK, HERMANN THEODOR SIMON und EMIL WIECHERT Möglichkeiten der Entfaltung zu bieten. Außerdem erhielten Ausbildung und Forschung in der

Physik wesentliche Impulse seitens der hervorragenden Göttinger Mathematiker wie FELIX KLEIN, DAVID HILBERT, HERMANN MINKOWSKI und CARL RUNGE, die ein außerordentliches reges Interesse an der Physik zeigten.

Das Interesse des jungen MADELUNG galt damals dem Grenzgebiet zwischen Elektrotechnik und experimenteller Physik und äußerte sich in ersten Publikationen über die magnetische Hysterese (Hysteresisschleife), Meßmethoden auf dem Gebiet des Magnetismus und die Verwendung des damals neuen Hilfsmittels der Braunschen Röhre, die er bei FERDINAND BRAUN in Straßburg kennengelernt hatte. Hier ist insbesondere die Dissertation über »Magnetisierung durch schnellverlaufende Ströme und die Wirkungsweise des Rutherford-Marconischen Magnetdetektors« [1] zu erwähnen, mit der MADELUNG promovierte (1905). Diese Arbeit entstand in der von SIMON (1870–1918) geleiteten Abteilung für angewandte Elektrizitätslehre des Physikalischen Instituts. SIMON hatte 1894 bei AUGUST KUNDT (1839–1894) promoviert, war seit 1898 Assistent bei RIECKE und hatte 1901 als Extraordinarius die Leitung der genannten Abteilung im Rieckeschen Institut übernommen. Es ist vielleicht interessant zu erwähnen, daß SIMON zuvor von 1900 bis 1901 als Physikdozent und Leiter des physikalischen Laboratoriums in Frankfurt am Main gewirkt hat. Gemeinsam mit RIECKE gründete er 1899 die Physikalische Zeitschrift und war als deren Herausgeber tätig.

Diese ersten Erfahrungen seiner wissenschaftlichen Laufbahn hat MADELUNG auch später als theoretischer Physiker nie verleugnet: Immer hat er sich eine Neigung zum experimentellen Arbeiten bewahrt und selbst in viel späteren Jahren gelegentlich noch Apparate entworfen und aufgestellt. Nach der Promotion blieb MADELUNG zunächst in Göttingen mit der Aussicht auf eine Assistentenstelle. Doch 1907 läßt er sich auf ein in der damaligen Zeit durchaus bedeutsames Unternehmen ein. Während von anderen jungen Wissenschaftlern an den Universitäten die Zeit nach der Promotion zu intensiver spezialisierter Forschungsarbeit genutzt wird, beschließt MADELUNG sich auf Reisen zu begeben, um seinen Überblick über die Welt im Großen und Allgemeinen zu erweitern. Hier zeigte sich ein sehr charakteristischer Zug seiner Persönlichkeit: eine auf alles Unbekannte gerichtete umfassende Neugier. MADELUNG hat sich auch in seinem späteren Leben aus Neugier in viele Gebiete außerhalb seines Faches hineingewagt, sei es, daß ihn die intellektuelle Herausforderung reizte oder er auch nur seine manuelle Geschicklichkeit erproben wollte. Dabei hat er sich selten länger mit dem Gegenstand seines Interesses befaßt. Seine Neugier war relativ rasch befriedigt. Es genügte ihm, das Grundprinzip z. B. einer Sprache erkannt zu haben oder bei der Herstellung einer Tonfigur seine handwerklichen Fähigkeiten bestätigt zu finden. MADELUNG war vielseitig begabt, er konnte gut zeichnen und spielte sehr gerne Violine.

Die etwa neun Monate dauernde Bildungsreise um die Welt war dank des vom Großvater FRITZ KOENIG hinterlassenen Vermögens möglich. Auch konnte MADELUNG an verschiedenen Orten Verwandte bzw. befreundete Familien besuchen. Mit einem Freund reiste er Anfang März 1907 zunächst nach England. Im April wurden New York sowie die bedeutenden Städte der Ostküste aufgesucht. Anschließend ging die Reise auf Umwegen über besonders interessante Plätze quer durch den Kontinent nach Westen. Das Land war damals noch nicht motorisiert und das Reisen entsprechend beschwerlich. Unter den besuchten Orten an der Westküste durfte die Stadt San Franzisko nicht fehlen, deren Zerstörung durch Erdbeben und Großfeuer gerade ein Jahr zurücklag. Anschließend hielt sich MADELUNG sechs Wochen in Japan auf. Die Reise verlief dann, nach einem kurzen Aufenthalt in China, über eine Reihe von Orten an der Küste Ostasiens, darunter Singapur, weiter nach Indien. Auf dem Seeweg durch den Suezkanal kehrte MADELUNG schließlich Ende November 1907 nach Europa zurück. Außer einer Reise nach Rußland (1912/13) hat er im späteren Leben keine größere Reise mehr unternommen.

Nach Göttingen zurückgekehrt, wurde MADELUNG 1908 Assistent am Physikalischen Institut bei RIECKE. Er konnte nun auch an die Gründung einer Familie denken und heiratete im gleichen Jahr LEONIE SCHNEIDER. In der folgenden Zeit beschäftigte sich MADELUNG mit der Erforschung des atomaren Aufbaus von Kristallen, wobei auch die Hinwendung zur theoretischen Physik einsetzte. Mehr als zwei Jahre vor dem Nachweis der Gitterstruktur durch V. LAUE, FRIEDRICH und KNIPPING (1912) beschrieb MADELUNG den Kristall als regelmäßiges Gitter von Ionen, die in dem von ihm benutzten Modell durch elastische Stäbe miteinander verbunden sind. Er hat als erster einen Zusammenhang der elastischen Eigenschaft der Kristalle mit der Wellenlänge der Infrarotabsorption (Rubenssche »Reststrahlen«) erkannt [2]. Die Gitterstruktur von Kristallen wurde zu jener Zeit zwar viel diskutiert, war aber immer noch hypothetisch. Bereits 1910, also vor der Ausbildung einer Atomtheorie der Kristalle, schloß MADELUNG aus der Natur der Reststrahlen, daß nicht die Molekühle, sondern die elektrisch geladenen Atome, d. h. die Ionen als die eigentlichen Bausteine der Kristalle aufzufassen seien und gab schon damals für Steinsalz den Gitterbau an, wie er dann durch die Röntgenmessungen bestätigt wurde. Aus der Hypothese, daß die Reststrahlen den Schwingungen des Gitters der positiven Ionen gegen das der negativen entsprechen, konnte er eine Beziehung der Reststrahlfrequenzen zur Kompressibilität des Kristalls ableiten, die der Größenordnung nach durch die Beobachtung bestätigt wird. Für die weitere Entwicklung der Theorie der Gitterschwingungen waren die dann folgenden Arbeiten von MAX BORN (1882–1970) und THEODOR VON KÁRMÁN (1881–1963) wichtig. Auf dem ersten großen Kongreß über Gitterdynamik, der 1963 in Kopenhagen stattfand, charakterisierte BORN [3] rückschauend die Bedeutung der frühen Arbeiten MADELUNGS für dieses wichtige Gebiet der Festkörperphysik mit folgenden Worten: »Die erste Arbeit von KÁRMÁN und mir wurde vor der Laueschen Entdeckung publiziert. Wir sahen die Existenz von Gittern als evident an, nicht nur weil wir die Gruppentheorie der Gitter von SCHOENFLIESS und FEDOROV kannten, welche die geometrischen Grundeigenschaften der Kristalle erklärten, sondern auch weil kurze Zeit vorher ERWIN MADELUNG in Göttingen die erste dynamische Folgerung aus der Gittertheorie abgeleitet hatte, einen Zusammenhang zwischen der infraroten Schwingungsfrequenz eines Kristalls und seinen elastischen Eigenschaften. Nach meiner Ansicht sollte diese Arbeit von MADELUNG als der Beginn der Gitterdynamik angesehen werden.«

Die Vorstellungen MADELUNGS über den atomaren Aufbau der Kristallgitter fanden damals jedoch nicht überall sogleich Verständnis. Erst später, nachdem die skeptischen Stimmen verstummt waren, konnte sein Doktorvater, SIMON, schließlich die überlieferte Bemerkung äußern: » Da hat unser Herr MADELUNG doch recht gehabt!« Diese Periode führte 1912 zur Habilitation in Göttingen.

Doch bald wurde durch den Ausbruch des Ersten Weltkrieges MADELUNGS Tätigkeit als Assistent und Privatdozent unterbrochen. MADELUNG wurde einberufen und diente bis zum Ende des Krieges in der Armee, zunächst bei der Feldartillerie, dann in dem Pionierregiment 36, das eigens für den Umgang mit Gaskampfstoffen gebildet worden war. Hier traf er mit Kollegen wie JAMES FRANCK, OTTO HAHN, GUSTAV HERTZ und WILHELM WESTPHAL zusammen. Von den damals 30-35jährigen Wissenschaftlern hat nur OTTO HAHN später über die Erlebnisse und Eindrücke während dieser schweren Kriegsjahre in seinen Erinnerungen berichtet [4].

Die letzte Zeit des Krieges verbrachte MADELUNG schließlich in der von RUDOLF LADENBURG (1882–1952) gebildeten Schallmeßabteilung bei der Artillerie-Prüfungskommission in Berlin. Zu dem wissenschaftlichen Stab der Abteilung gehörte auch MAX BORN, damals Extraordinarius in Berlin, sowie BORNS früherer Schüler ALFRED LANDÉ (1888–1976). Die Aufgabe dieser Abteilung bestand darin, die möglichen Anwendungen verschiedener Methoden »wissenschaftlicher Messung« – optische, akustische, seismometrische, elektromagnetische usw. – zu prüfen. Um die Position eines feuernden Geschützes zu ermitteln, wurde insbesondere ein Schallmeßverfahren ausgearbeitet und dann an der Front eingeführt.

Die so bei technischen Problemen der Kriegsführung eingesetzten Physiker nutzten aber auch einen nicht unbeträchtlichen Teil ihrer Zeit zur Beschäftigung mit Problemen der Kristallphysik, an denen sie damals interessiert waren. Angeregt durch die dabei geführten Diskussionen fand MADELUNG ein Verfahren, die elektrostatische Energie des aus Ionen zusammengesetzten Kristalls (heteropolare Bindung) zu berechnen und führte die Rechnung für einfache Kristallgitter durch [5]. In dem von MADELUNG gefundenen Ausdruck tritt eine Konstante auf, die für jeden Gittertyp einen charakteristischen Wert hat und die anziehenden und abstoßenden Coulomb-Wechselwirkungen mit allen Ionen des Gitters – sowohl den unmittelbar benachbarten als auch den entfernteren Ionen – berücksichtigt. Diese Konstante wird nach ihrem Entdecker »MADELUNG-Konstante« genannt. Aus der Größe der Madelungschen Konstanten folgt, daß die Gitterenergie infolge der allseitigen Wechselwirkung der Ionen dem Betrage nach größer ist als die elektrostatische Bindungsenergie isolierter Ionenpaare, bei denen sich je ein Kation und ein Anion zu einem heteropolaren Molekül verbinden. Moleküle mit heteropolarer Bindung können daher höchstens in der Dampfphase vorliegen, während es im festen Zustand stets zur Ausbildung des energetisch günstigeren Ionenkristalls kommt. Damit hatte MADELUNG einen weiteren wichtigen Beitrag zur Theorie der Kristallgitter geleistet. Einige Jahre später (1921) wurde von PAUL EWALD

(1888–1985) eine wirkungsvolle allgemeine Methode zur Berechnung von Gittersummen entwickelt, deren Anwendung die Madelungschen Ergebnisse bestätigte.

Wieder ist es MAX BORN, der als unmittelbarer Beteiligter sich später an diese Episode des Militärdienstes im Ersten Weltkrieg erinnert [3, p.4]: »In unserer Gruppe waren mein Freund ERWIN MADELUNG und ein früherer Schüler, ALFRED LANDÉ. LANDÉ und ich beschlossen, mit wissenschaftlicher Arbeit zu beginnen. Wir hatten zwei Schubfächer in unseren Schreibtischen: eines für die Schallmessung, das andere für Gitterdynamik. Wir verließen uns auf die Annahme, daß der unsere Einheit befehlende Offizier die zwei Arten von Hieroglyphen nicht unterscheiden konnte. Wir wollten die Gitterenergie ionischer Kristalle berechnen. Bei der Summation der Coulomb-Potentiale hatten LANDÉ und ich Schwierigkeiten wegen schlechter Konvergenz der Reihe. Eines Tages überraschte uns MADELUNG, der unseren Diskussionen zugehört hatte, mit einer rasch konvergierenden Methode zur Berechnung dieser Summe, der Konstanten in der resultierenden Formel, die nun zu Recht als MADELUNG-Konstante bekannt ist.« Für den mathematisch so versierten Theoretiker BORN kam dieser entscheidende Beitrag zur Gittertheorie offenbar von ganz unerwarteter Seite. In seinen Erinnerungen äußerte er sich später voller Anerkennung über die Fähigkeiten seines Kollegen MADELUNG [6]: »Da kam MADELUNG dazu. Er folgte unserer Arbeit mit großem Interesse und verstand sofort die Schwierigkeit. Es ist seltsam, daß eine elegante Lösung dieses rein mathematischen Problems von jemandem gefunden wurde, der von seiner Ausbildung her ein Experimentalphysiker und in keinster Weise für solch ein analytisches Problem ausgerüstet war. Aber er war ein Naturtalent, besaß eine große Liebe zur Mathematik und arbeitete hart, um seine Kenntnisse zu vertiefen.«

Für MADELUNG wurde diese Entdeckung zum bleibenden Erfolg, der ihn weithin bekannt machte. Wie er es später selbst in der ihm eigenen knappen und treffenden Form ausdrückte, hatte er damit erreicht, daß in der wissenschaftlichen Literatur sein Name aus den Autorenregistern in die Sachverzeichnisse übergegangen war. Im Sommer 1918 wurde ihm der Professortitel verliehen.

Nach Beendigung des Krieges erfolgte dann 1919 die Berufung nach Kiel, aber nicht als Ordinarius für Experimentalphysik, sondern für theoretische Physik. Ein so rascher Wechsel in der Physik von der einen auf die andere Seite des Faches war selbst in damaliger Zeit nur bei herausragender Begabung möglich. Er selbst bekannte später, während seines Studiums nie ein Kolleg über theoretische Physik gehört zu haben. In Kiel blieb er nur ein Jahr. MADELUNG und seine Familie, in der drei Kinder aufwuchsen, traf hier ein schmerzlicher Verlust, seine Frau starb an einer unheilbaren Krankheit. So folgte er bald einer Berufung nach Münster. Dies bedeutete jedoch nur eine Zwischenstation, denn kurze Zeit darauf erhielt MADELUNG den Ruf an die Universität in Frankfurt am Main, wo er Nachfolger von MAX BORN werden sollte. In den Diskussionen über seinen möglichen Nachfolger hatte BORN nachdrücklich OTTO STERN (1888–1969) empfohlen, konnte sich aber gegenüber der Frankfurter Fakultät nicht durchsetzen, die sich für MADE-

LUNG entschied. Dies zeigt, daß MADELUNG damals zur vordersten Spitzengruppe seines Faches gezählt wurde.
Das Physikalische Institut in Frankfurt am Main stand zu der Zeit unter der Leitung von RICHARD WACHSMUTH (1868–1941). Ende 1920 war WALTHER GERLACH (1889–1979), der sich 1916 in Tübingen habilitiert hatte, nach Frankfurt am Main gekommen und begann gemeinsam mit OTTO STERN (damals Privatdozent) an den Versuchen zu arbeiten, die 1921 den Nachweis der Richtungsquantelung von Silber-Atomen beim Durchgang durch ein inhomogenes Magnetfeld erbrachten. Noch bevor die Experimente abgeschlossen waren, folgte OTTO STERN einem Ruf nach Rostock.
Am 1. April 1921 trat MADELUNG sein Amt in Frankfurt am Main an. Im Juli heiratete er in zweiter Ehe GERTRUD SCHNEIDER, die jüngere Schwester seiner verstorbenen Frau, die sich der verwaisten Kinder angenommen hatte. Die Familie MADELUNG fand in der Bockenheimer Landstraße 95, in der Nähe des Instituts, eine geeignete Wohnung. Hier wohnte auch GERLACH und bald entstand zwischen beiden Familien eine bleibende Freundschaft.
Die für kontinuierliche wissenschaftliche Arbeit unfruchtbaren Kriegsjahre hatten in MADELUNG die Idee zu jenem Buch reifen lassen, dessen Ausarbeitung die ersten Jahre nach dem Kriege galten und das 1922 als 4. Band der »Grundlehren der mathematischen Wissenschaft«, der berühmten »gelben Reihe«, beim Verlag SPRINGER erschien. Dieses Buch, »Die mathematischen Hilfsmittel des Physikers« [7], war als ein »Kohlrausch« der theoretischen Physik gedacht, sollte es doch alles enthalten, was der rechnende Physiker an Grundlagen und Methoden braucht. Nach oben war eine bestimmte Grenze nicht gezogen, vielmehr war möglichst alles an Mathematik berücksichtigt, was nach Urteil des Autors für die Behandlung physikalischer Probleme bisher verwandt worden ist oder Aussicht auf Verwendung bietet. Beratung und Hilfe während der Ausarbeitung des Manuskripts fand er bei den Mathematikern COURANT, BAULE, EPSTEIN, BESSEL-HAGEN sowie den Physikern LANDÉ, BRODY und GÖTZE. Für MADELUNG bedeutete das Buch ein Programm. Er verwandte viel Sorgfalt auf die Überarbeitungen der nachfolgenden zahlreichen Auflagen und nahm dabei mancherlei Einzelheiten auf, die er selbst gefunden hatte. Sie besonders zu bezeichnen, schien ihm überflüssig. Bewährte Mitarbeiter, die ihm bei den verschiedenen Auflagen zur Seite standen, waren BOEHLE (Assistent am mathematischen Seminar) und seine Assistenten FLÜGGE, KOFINK, LANCZOS und später auch MROWKA. So wuchs der Band, insbesondere nach Berücksichtigung der sich entwickelnden Quantentheorie bald auf den doppelten Umfang der ersten Auflage an. Sehr inhaltsreich zeigt das Buch in der schließlich erreichten Form dem Leser die mathematischen Strukturen der physikalischen Theorien, oft in überraschendem Zusammenhang. Dieses vielbenutzte Werk hat den Autor in weiten Kreisen rühmlich bekannt gemacht.
In Frankfurt am Main galt MADELUNGS wissenschaftliches Interesse, neben der Ausarbeitung zweckmäßiger mathematischer Methoden, hauptsächlich Themen der Atomphysik und Quantentheorie. Zum Institut gehörte damals ein Mechanikermeister; so konnten auch experimentelle Arbeiten durchgeführt werden. Wie

die Publikationen aus diesen Jahren zeigen, hat MADELUNG sich eingehend mit den Grundlagen der sich rasch entwickelnden Quantenmechanik befaßt. Diese oft nur knappen Beiträge reichen jedoch an die frühen Entdeckererfolge, die er bei der Entwicklung der Gitterdynamik erzielt hatte, nicht heran. Als besonders originell fallen zwei Veröffentlichungen auf, in denen MADELUNG die Schrödingersche Deutung der Quantentheorie des Einelektronenproblems weiterführt und zeigt, daß weitgehende Analogien zur Hydrodynamik bestehen [8]. Kurz zuvor hatte SCHRÖDINGER in der ersten seiner berühmten Arbeiten zur »Quantisierung als Eigenwertproblem« die nach ihm benannte Grundgleichung der Quantentheorie publiziert (1926). Nach MADELUNG kann die zeitabhängige Schrödinger-Gleichung für ein Elektron durch Trennung von Betrag und Phase der Wellenfunktion in die Form der hydrodynamischen Gleichungen eines Kontinuums transformiert werden. Die Eigenlösungen der Wellengleichung liefern dann das Bild einer stationären Strömung. Quantenzustände sind bei dieser Deutung als stationäre Strömungszustände zu betrachten. Da die hydrodynamischen Gleichungen der Schrödinger-Gleichung entsprechen, besteht nach MADELUNG die Aussicht, auf dieser Basis die Quantentheorie der Atome zu behandeln. Doch er weist auch auf problematische Punkte dieser Interpretation hin, wie z. B. das Mehrelektronenproblem oder die Tatsache der Quantenabsorption, die nicht geklärt werden. Diese Deutung blieb im Rahmen der von SCHRÖDINGER vertretenen deterministischen Interpretation der Wellenmechanik, die sich jedoch als nicht haltbar erweisen sollte, insbesondere nachdem MAX BORN im gleichen Jahr die sich dann durchsetzende statistische Auffassung vorgeschlagen hatte. Die auf MADELUNG zurückgehende Transformation der Schrödinger-Gleichung auf eine hydrodynamische Form ist nach vielen Jahren mehrmals wiederentdeckt und erweitert worden, wobei die jeweils im Vordergrund stehenden Fragen von methodischen bis zu grundsätzlichen Aspekten der Quantenphysik reichen (siehe z. B. [9], [10]). Seitdem wird die Madelungsche Form der Schrödinger-Gleichung als effektive Bewegungsgleichung eines quasiklassischen hydrodynamischen Modells (gelegentlich »Madelung-Flüssigkeit« genannt) bei Problemen der Kernphysik und, wenn auch in geringerem Maße, in der Atom- und Molekühlphysik, immer wieder herangezogen [11], [12]. So wird dieser Beitrag MADELUNGS aus dem Jahr 1926 noch heute oft zitiert.

An der jungen und in ihrer Größe noch überschaubaren Frankfurter Universität genoß MADELUNG sowohl bei den Kollegen als auch bei den Studenten bald besondere Wertschätzung und Achtung. Als Dekan setzte er sich für die Entwicklung der zur Naturwissenschaftlichen Fakultät gehörenden Institute ein. Sein Ansehen als Hochschullehrer und wohl auch seine konsequent unpolitische Haltung führten dazu, daß er im Goethejahr 1931/32 zum Rektor gewählt wurde, um bei den beginnenden politischen Unruhen ausgleichend wirken zu können. Dieser schwierigen Aufgabe zeigte er sich, dank seiner unbestrittenen Autorität, durchaus gewachsen. Bei den besonders heftigen Auseinandersetzungen zwischen Anhängern der nationalsozialistischen Studentengruppe und linksgerichteten Studenten im Juni 1932 konnte durch sein persönliches Eingreifen die Ruhe wiederhergestellt werden. Allerdings kam es am Tag darauf zu weiteren Prügeleien, so daß die Universität für kurze Zeit geschlossen werden mußte. Während seiner Amtszeit als Rektor wurde der Universität, auf Beschluß des Preußischen Staatsministeriums, anläßlich der Goethe-Gedenkfeier am 25. Juni 1932 der heute geführte Name »Johann Wolfgang Goethe-Universität« verliehen.

Die dann folgende nationalsozialistische Gewaltherrschaft stürzte die Universität in ihre schwerste Krise. Ab 1933 wurde von den Nationalsozialisten ein ständiger Rektor eingesetzt. Als Folge der Entlassung jüdischer und »politisch unzuverlässiger« Gelehrter mußte rund ein Drittel des Lehrkörpers der Frankfurter Universität ausscheiden. Während dieser Zeit blieb MADELUNG seinen bisherigen Grundsätzen treu, hielt sich von jeder politischen Betätigung fern und zog sich auf den Dienst an der Wissenschaft zurück. Aber auch dieser Bereich blieb von politischer Indoktrination nicht verschont. Die Relativitätstheorie ALBERT EINSTEINS wurde von den Anhängern der nationalsozialistischen Ideologie heftig angefeindet und als jüdische Erfindung in übelster Weise diffamiert. Dessen ungeachtet hielt MADELUNG Vorlesungen über dieses brisante Thema und hat darin deutlich die Auffassung vertreten, daß EINSTEINS Theorie richtig sei. Zum Wiederaufbau der Universität leistete er als erster Dekan der Naturwissenschaftlichen Fakultät nach Kriegsende seinen Beitrag.

Der akademische Unterricht war von MADELUNG, bald nachdem er die Leitung des Instituts 1921 übernommen hatte, durch einen regelmäßig wiederholten viersemestrigen Kurs über theoretische Physik systematisch geordnet worden. Dieser Kurs umfaßte Vorlesungen über allgemeine Mechanik, Mechanik der Kontinua, Elektrodynamik und Optik. Bei den dazugehörigen Übungen unterstützte ihn der jeweilige Assistent. Als Assistenten waren am Institut tätig: BRENTANO, BARTELS, GÖTZE, LANCZOS, BETHE, ELSASSER, FLÜGGE, KOFINK, RENNER, MROWKA. In weiteren Vorlesungen behandelte er Quantentheorie, Statistik, Thermodynamik, Relativitätstheorie und andere Themen. Diese Vorlesungen wurden zum Teil auch von Privatdozenten gehalten. Folgende Privatdozenten haben im Rahmen des Instituts ihre später bekannt gewordenen Laufbahnen begonnen: STERN, LANDÉ, LANCZOS, FLÜGGE, KOFINK, MROWKA.

MADELUNG trug in den Vorlesungen weitgehend frei vor und benutzte gelegentlich, wenn er weniger gut vorbereitet war, ein kleines Heft mit Aufzeichnungen als Gedächtnisstütze. Er ließ die Ansätze zur Lösung physikalischer Probleme im freien Vortrag entstehen und entwickelte dann die mathematische Lösungsmethode. Seine sachlichen und klaren Ausführungen regten zum Mitdenken an. Diesem Entstehungsprozeß folgend, konnten seine Hörer, soweit dies möglich ist, das Lösen physikalischer Probleme lernen. Bei akademischen Prüfungen zeigte sich MADELUNG eher nachsichtig als streng, hat aber tönende Worte rasch durchschaut.

In seiner äußeren Erscheinung war MADELUNG groß, schlank, von hagerer Natur. Das unmittelbar beeindruckende seiner Persönlichkeit beruhte auf einer ganz besonderen Schärfe und Beweglichkeit seines Geistes. Der Umfang seines Wis-

Erwin Madelung, 1950

sens und seiner allgemeinen Bildung waren überragend. Er war in seiner Haltung ein Grandseigneur und konnte meisterhaft kurze, treffende Aperçus formulieren, die seinen Humor durchscheinen ließen. Er erfreute sich im großen Ganzen einer guten Gesundheit. Im besonderen blieb ihm seine geistige Frische bis in seine letzten Lebenstage erhalten.

Nach der Emeritierung im Jahre 1949 hat MADELUNG sein Amt noch zwei Jahre selbst vertreten, bis der Nachfolger, FRIEDRICH HUND, zum Wintersemester 1951/52 den Lehrstuhl übernahm. Wie HUND feststellen konnte, hatte MADELUNG unmittelbar nach dem Krieg besonders fähige Schüler und Mitarbeiter. Hier seien die folgenden Physiker genannt, deren spätere erfolgreiche Laufbahnen bekannt wurden: Sein Sohn OTFRIED MADELUNG (Ordinarius für Theoretische Physik in Marburg), REIMAR LÜST (Generaldirektor der Europäischen Raumfahrtbehörde in Paris), REINHARD OEHME (Professor für Theoretische Physik in Chicago) sowie BERNHARD MROWKA, der sich 1948 in Frankfurt am Main habilitierte (s. Lebensbild in diesem Band).

Im Alter von über siebzig Jahren hielt MADELUNG im Sommersemester 1953 seine letzte Vorlesung. Am Physikalischen Kolloquium und anderen akademischen Veranstaltungen nahm er weiterhin teil. Beim Kolloquiumsbesuch pflegte er Zigaretten mitzubringen, die ihrer ungewöhnlichen Kürze wegen auffielen und die er zur besseren Handhabung in einer kleinen Pfeife rauchte. Seine Erklärung dieser eigenwilligen Gewohnheit war: Der erste Zug sei eigentlich das Beste beim Rauchen, die folgenden Züge nur Wiederholung. Erste Züge lassen sich aber bei einer Zigarette verdreifachen, wenn man die Zigarette zerteilt und jeweils nur ein Drittel raucht.

Seit 1928 wohnte MADELUNG in Frankfurt-Eschersheim, Landgraf-Wilhelm-Str. 2. Hier lebte er auch nach der Emeritierung und führte ein bewußt ruhiges und gleichmäßiges Leben. Während vieler Jahre führte die jüngste Tochter Marianne dem verwitweten Vater das Haus und versorgte ihn in aufopferungsvoller Weise. ERWIN MADELUNG starb am 1. August 1972 im Alter von 91 Jahren.

MADELUNG gehörte mehr als 40 Jahre der Wissenschaftlichen Gesellschaft an der Johann Wolfgang Goethe-Universität Frankfurt am Main an. Während vieler Jahre hat er als stellvertretender Vorsitzender der Gesellschaft entscheidenden Einfluß auf deren Entwicklung ausgeübt und vor 1945 zu ihrer Erhaltung, danach zu ihrer Wiederbelebung beigetragen. Er war (korrespondierendes) Mitglied der Akademien der Wissenschaften in Göttingen und Heidelberg, sowie Ehrenmitglied der Deutschen Physikalischen Gesellschaft.

Zitate Literatur

[1] E. Madelung, Ann. d. Physik 17, 1905, 861.

[2] E. Madelung, Nachr. Ges. Wiss. Göttingen (1909) 100, ibid. (1910) 43. Phys. Zs. 11, 1910, 898.

[3] M. Born, in Lattice Dynamics (Wallis), Proceed. Int. Conf. Copenhagen, August 1963 Pergamon Press, Oxford 1965, 2.

[4] O. Hahn, Mein Leben, Verlag Bruckmann, München 1968.

[5] E. Madelung, Phys. Zs. 19, (1918), 542.

[6] M. Born, Mein Leben, Nymphenburger Verlagshandlung, München, 1975, 253.

[7] E. Madelung, Die mathematischen Hilfsmittel des Physikers, Springer Verlag, Berlin 1922. Weitere Auflagen: 1925, 1935, 1950, 1953, 1957, 1964.

[8] E. Madelung, Naturwiss. 14, (1926), 1004. Z. Phys. 40, (1926), 322.

[9] T. Takabayasi, Prog. Theor. Phys. 8, (1952), 143.

[10] D. Bohm, Phys. Rev. 85, (1952), 166, 180.

[11] K.-K. Kan and J. J. Griffin, Phys. Rev. C15, (1977), 1126.

[12] S. K. Ghosh and B. M. Deb, Phys. Rep. 92, (1982), 1.

Friedrich Dessauer
1881–1963

von
Wolfgang Pohlit
Frankfurt am Main

Jugendzeit in Aschaffenburg (1881–1899)

FRIEDRICH DESSAUER, am 19. Juli 1881 als Sohn einer alten und angesehenen Aschaffenburger Industriellenfamilie geboren, hat schon von Jugend an Einblick in die technische Welt einer großen Fabrik. Er schreibt selbst: »...war ich in jeder freien Stunde (ja, ich gestehe, auch mancher, die mir nicht freigegeben war) zu den Maschinen und Menschen, die solche stählernen Riesen regierten, entschlüpft. Da, ja da geschah Wirkliches! Wie formgewordene Mathematik erschien mir der eherne Rhythmus der kraftvollen Bewegungen stählerner Glieder, unter denen nützliche Gegenstände zuverlässig entstanden. Das war Schaffen, Gestalten, Leben – da war ordnender Geist, und das erschien mir so viel größer, ernsthafter, wichtiger als Ciceros langweilige Briefe und des Demosthenes beschwörende, doch nutzlose Reden vor den harthörigen Athenern.«
Vierzehnjährig liest er mit Spannung die unzähligen und vielfach entstellenden Zeitungsartikel über die sensationelle Entdeckung einer neuen Strahlung durch CONRAD RÖNTGEN im nahen Würzburg. Technische Beschreibungen der zur Erzeugung von Röntgenstrahlen nötigen Apparaturen sind in den Zeitungen ebenfalls angegeben und regen DESSAUER – wie er selbst berichtet – an, auch mit diesen Strahlen zu experimentieren. Etwa sechzehnjährig schreibt er seine Erfahrungen mit einer von ihm entwickelten, neuen und gegenüber den Angaben von RÖNTGEN wesentlich verbesserten Apparatur handschriftlich nieder und gibt alle technischen Details ausführlich an. Dieses, sein wissenschaftliches Erstlingswerk, schickt er über seinen Physiklehrer an den großen RÖNTGEN zur kritischen Stellungnahme. Der sonst als wortkarg, menschenscheu und sehr eigenwillig bekannte RÖNTGEN antwortete ihm und ermuntert ihn zu weiteren Untersuchungen. Welche Bedeutung diese Ermunterung für den Schüler DESSAUER hatte, ist unbekannt. DESSAUER widmet jedenfalls einen wesentlichen Teil seines Lebens der Erforschung dieser neuen Strahlung, er sucht neue Möglichkeiten, Röntgenstrahlen immer höherer Energie und immer höherer Leistung herzustellen, um die biologischen Wirkungen dieser Strahlung zu verstehen und eine Anwendung dieser Strahlen in der Tumortherapie zu ermöglichen.

Studium und Firma VEIFA (1899–1920)

DESSAUER studiert ab 1899 Elektrotechnik und Physik an der Universität München und der Technischen Hochschule in Darmstadt, muß aber das Studium schon nach zwei Jahren abbrechen, da sein Vater plötzlich gestorben ist. Um sich eine Existenzgrundlage und Mittel für die Fortsetzung seines Studiums zu schaffen, gründet er, zwanzigjährig, in Aschaffenburg ein »Elektrotechnisches Laboratorium«, in dem nach seinen Ideen Röntgenapparate für medizinische Anwendungen gebaut werden. Diese Apparate arbeiteten damals allgemein sehr unsicher, und die Grundlagen für ihre zweckmäßige Anwendung waren den meisten Medizinern völlig unbekannt. Es erforderte damals deshalb weniger medizinische Kenntnisse als vor allem technisches Verständnis, um diese Apparate überhaupt zu sinnvollem Funktionieren zu bringen und die ständig auftretenden Fehler selbst beheben zu können. Die Ärzte selbst mußten gute Techniker sein, sind somit aber auch aufgeschlossene Gesprächspartner für den herumreisenden Ingenieur DESSAUER, der nicht nur seine Apparate verkaufen will, sondern darauf bedacht ist, daß diese Apparate richtig benutzt werden.

So haben Vorträge, die DESSAUER Anfang dieses Jahrhunderts vor Ärzten hält, einen ausgesprochen technisch-praktischen Charakter. Die Ärzte sollen seine speziellen Transformatorschaltungen verstehen, um bei der Erzeugung von Röntgenstrahlung keine Fehler zu machen und Vertrauen zu den benutzten Apparaten zu gewinnen. Sie sollen aber auch verstehen, wie man mit diesen Strahlen tief in den Körper eindringen kann, um Tumoren dort zu zerstören. DESSAUER leistet auf diesem Gebiet eine sehr erfolgreiche Pionierarbeit, die auch international anerkannt wird.

Seine Werkstatt wächst schnell, und 1907 richtet er in Frankfurt am Main einen weiteren Betrieb ein, der gemeinsam mit dem Aschaffenburger Laboratorium nun Vereinigte Elektroinstitute Frankfurt-Aschaffenburg, VEIFA, genannt wird. DESSAUER ist mit fünfundzwanzig Jahren Fabrikdirektor; bei Kriegsbeginn, 1914, hat sein Unternehmen bereits etwa 500 Mitarbeiter.

Nun rüstet er Röntgen-Automobile aus, um die Vorteile der Röntgendiagnostik auch in den Feldlazaretten nutzen zu können. Er selbst stellt sich für den Militärdienst in einer solchen mobilen Diagnostikstation zur Verfügung, wird aber aus Gesundheitsgründen abgelehnt. Er hatte schon damals, 1914, durch seinen Umgang mit Röntgenstrahlen eine erhebliche Strahlenbelastung der Haut erhalten. Über die biologischen Wirkungen dieser Strahlung war um die Jahrhundertwende praktisch nichts bekannt, und Schutzmaßnahmen wurden nicht ergriffen. So sind es erst diese tumorähnlichen Hautveränderungen, die auf Strahlenschäden bei ihm aufmerksam werden lassen. Trotz völligem Aufgeben eigener experimenteller Tätigkeit mit Röntgenstrahlen muß er während seines ganzen Lebens unzählige Operationen infolge dieser Hauttumoren ertragen.

Am 20. April 1909 vermählt er sich mit ELISABETH ELSHORST. Drei Söhne und eine Tochter bereichern das Glück dieser Ehe, die ihm immer wieder zum Ruhepunkt seines Lebens wird. Sein Sohn OTTMAR wird nach dem zweiten Weltkrieg von

1950 bis 1968 katholischer Studentenpfarrer an der Johann Wolfgang Goethe-Universität.

DESSAUER setzt sein Studium 1914 bis 1917 an der Frankfurter Universität fort und beendet es mit einer Dissertation bei Prof. DEGUISNE als 14. Kandidat der Naturwissenschaftlichen Fakultät über die Konstruktion und Eigenschaften eines speziellen Hochspannungstransformators, der auch für die von seiner Fabrik gebauten Röntgengeräte von großer Bedeutung wird.

DESSAUERS Leben ist in dieser Zeit sowohl ausgefüllt und mit der Leitung seines Unternehmens, mit Vortragstätigkeit auf dem Röntgengebiet – er hat bis 1914 bereits mehr als zwanzig wissenschaftliche Publikationen geschrieben –, ausgefüllt mit dem noch abzuschließenden Studium. Dennoch sind es nicht die physikalischen Probleme der Röntgentechnik und die Anwendung dieser neuen Strahlen in der Medizin, es ist der Kontakt zu seinen Arbeitern, ihre sozialen Probleme, seine und ihre andersartige Einstellung zur Technik und Arbeit, die ihn mehr und mehr beschäftigen.

Der Weg zur Zentrumspartei (1918–1924)

So trifft ihn das Kriegsende 1918 zwar als eine überraschende »Wende« nicht aber unvorbereitet auf die nun einsetzende revolutionäre Tätigkeit der Arbeiterräte, die überall – so auch in Frankfurt am Main – die Macht an sich reißen. Er stimmt den neuen Ideen einer besseren Gestaltung der gesamten technischen Arbeitswelt zu, möchte aber andererseits die Arbeiterschaft im Kampf gegen einen Linksradikalismus unterstützen. Bei einer Veranstaltung 1918 im Haus der Frankfurter Volksbildungsfreunde beschwört der Redner »Direktor Dr. DESSAUER« die nötige Zusammenarbeit von Arbeitern und Bürgern, von Arbeiterräten und Bürgerräten. Wenig später wird er selbst Vorsitzender des Bürgerrats der Stadt Frankfurt am Main und betreibt, oft als einziger von den Arbeitern akzeptierter »bürgerlicher« Gesprächspartner, eine Politik der Versöhnung dieser in blutigem Streit liegenden Klassen.

Im Dezember 1918 wird er Mitglied der Zentrumspartei, weil er diese »für die am wenigsten schlechte Partei« hält. Auch glaubt er, in dieser Partei am besten seinen christlichen Idealen der Nächstenliebe und Opferbereitschaft leben zu können. Doch äußert er, danach gefragt: »Es ist nicht erlaubt, aus der Stimmung ohne Kontrolle des Verstandes Politik zu machen!« DESSAUER ist also keineswegs ein einfacher, einer politischen Doktrin folgender Parteimann, er verbindet seine Politik immer mit einem wissenschaftlich geschulten Nachdenken über die Gründe der gerade vorliegenden Situation und über erfolgsversprechende Lösungswege. Noch im gleichen Jahr wird er in den Vorstand der Frankfurter Zentrumspartei gewählt, nach den Kommunalwahlen im März 1919 zieht er in die Stadtverordnetenversammlung in Frankfurt ein. Hier konzentriert er sich naturgemäß in erster Linie auf die Wirtschafts- und Sozialpolitik. Seine damals kühne Forderung nach Beteiligung der Arbeiter am Gewinn und nach ihrer Einbeziehung in die Entscheidungen des Produktionsprozesses leitet sich aus seiner Vorstellung ab, der Arbeiter dürfte nicht nur notwendiges Objekt, sondern müsse Partner des Unternehmers sein. Er tritt dafür ein, den Direktor eines Werkes nicht nur von der Besitzerseite einzusetzen, sondern ihn auch durch das Vertrauen seiner Mitarbeiter dafür zu autorisieren. Es ist deshalb auch nur folgerichtig, wenn er die Verabschiedung des Betriebsrätegesetzes im Jahre 1920 als »eine glückliche Tat« und als »einen Gutes verheißenden Anfang« begrüßt.

Institut für Physikalische Grundlagen der Medizin (1920–1934)

1920, in einer Zeit seiner besonders aktiven politischen Tätigkeit wird FRIEDRICH DESSAUER als Honorarprofessor an die Universität Frankfurt für das Fach »Physikalische Grundlagen der Medizin« berufen. Er ist sich klar darüber, daß er dieses über seinen bisherigen wissenschaftlichen Tätigkeitsbereich weit hinausreichende Gebiet nur dann in Forschung und Lehre erfolgreich vertreten kann, wenn ihm auch ausreichende Einrichtungen und laufende Mittel dafür zur Verfügung stünden. Die junge Frankfurter Universität ist zu einer Institutsgründung dieser Größenordnung nicht in der Lage, doch schon 1921 wird ein ausreichend hohes Stiftungsvermögen von Rechtsanalt OSWALT im Rahmen der heute noch bestehenden »OSWALT-Stiftung« zur Verfügung gestellt, in dem der Hauptanteil aus dem Verkauf der VEIFA-Werke stammt. Aus dem Zinserlös dieser Stiftung kann das Institut mit mehreren wissenschaftlichen Abteilungen zur Erforschung der physikalischen Grundlagen der Medizin finanziert werden.
DESSAUER gewinnt bald eine Reihe hervorragender Wissenschaftler für die Mitarbeit in diesem ersten Institut einer neuen biophysikalischen Fachrichtung. Insbesondere hofft er, sich jetzt mehr den Grundlagenforschungen auf dem Gebiet der Erzeugung und Wirkung von Röntgenstrahlen widmen zu können. Das Institut zieht in das »THEODOR-STERN-Haus« der Frankfurter Universitätsklinik ein und beginnt ein breitangelegtes Grundlagenforschungsprogramm. Doch kaum sind die Anfangsschwierigkeiten überwunden und die Arbeiten in vollem Gange, wird der Bestand des jungen Instituts in Frage gestellt, da das Stiftungsvermögen durch die Inflation fast vollkommen verlorengeht.
DESSAUER und seine erst seit kurzer Zeit mit ihm verbundenen Mitarbeiter stehen vor einem zunächst unlösbar scheinenden Problem, dieses Institut trotz der fehlenden Mittel dennoch zu erhalten. Durch freiwilligen Verzicht auf große Teile der Gehälter bzw. einer zeitweiligen völligen Einstellung von Gehaltszahlungen an alle Mitarbeiter und durch den Verkauf eines Teils des Institutsinventars und selbst gerade neu gebauter Apparaturen gelingt eine erste Überbrückung der schwierigsten Zeit. Dann kann die Institutswerkstatt, die sich zu einem Teil auf die Herstellung von Hochspannungsanlagen verlegt hat, durch den Verkauf dieser Anlagen das übrige Institut und dessen Forschungsarbeit finanzieren. Bei dieser Entwicklung haben die Erfahrungen, die DESSAUER beim Aufbau seiner eigenen Fabrik sammeln konnte, sicher eine große Rolle gespielt; aber noch wichtiger war

das in diesem kleinen Institut vorhandene Gefühl der Zusammengehörigkeit vom Lehrling in der Werkstatt bis zum wissenschaftlichen Mitarbeiter.

Dieses Beispiel einer menschlich verstandenen und deshalb gut funktionierenden Kooperation bewährt sich in dieser schweren Krise, und nicht ohne Stolz berichtet DESSAUER 1930 in einem Forschungsbericht »10 Jahre Forschung auf dem Grenzgebiet zwischen Medizin und Physik«: »Keine einzige unserer Stellen wird von der Universität, dem Staat oder der Stadt erhalten oder subventioniert. Alle Gehälter müssen von der Arbeit selbst aufgebracht werden« und »Unsere eigene Gewissenserforschung im Rückblick auf die zehn zurückliegenden Jahre gibt uns die Genugtuung, daß diese Jahre erfüllt sind von schweren Sorgen und heißer Arbeit in Tagen und Nächten. Alles in allem genommen, haben wir einen Anfang gemacht. Nicht mehr als dies, aber immerhin einen mühsamen Anfang.«

Nur einige Beispiele aus der Arbeit dieses Instituts sollen ausgewählt werden, um zu zeigen, in welcher Weise hier Pionierleistungen vollbracht wurden, deren Erfolge sich bis in die Gegenwart hinein abzeichnen.

Erzeugung energiereicher Strahlen

Bei der Therapie von Tumoren besteht das Hauptproblem darin, eine möglichst hohe Strahlendosis im Tumorbereich zu erreichen und das im Strahlenkegel liegende gesunde Normalgewebe möglichst wenig zu schädigen. Röntgenstrahlung wird aber beim Eindringen in den Körper geschwächt, so daß immer auf der Haut die höchste Dosis vorhanden ist. Durch die Anwendung mehrerer Strahlenbündel, die sich im Tumorbereich überkreuzen, kann dort die Dosis entsprechend angehoben werden. Je höher die Energie der Röntgenphotonen, also je höher die Spannung an der Röntgenröhre ist, um so geringer ist die Schwächung der Strahlung, und die Dosis in der Tiefe ist entsprechend höher. Aus diesem Grund wird nun im Dessauerschen Institut – eigentlich in konsequenter Fortführung der Arbeiten der VEIFA-Werke – an den physikalischen Problemen der Erzeugung hoher elektrischer Spannungen gearbeitet. Schon 1922 ist eine Transformator-Anlage fertig, mit der Spannungen bis zu einer Million Volt erzeugt werden können. Bevor aber für diese Anlage eine entsprechende Röntgenröhre gebaut werden kann, wird die ganze Anlage – angeblich für eine Goldmark pro Volt – nach Japan verkauft, um das Institut nach der Inflation finanziell zu erhalten.

Als DESSAUER 1934 zur Emigration gezwungen die Leitung des Instituts an seinen damaligen »ersten Assistenten und Vertreter in der Institutsleitung«, BORIS RAJEWSKY, übergibt, verfolgt dieser konsequent diese Fragen und baut in den Jahren 1940-1944 eine Hochspannungsanlage nach dem Kaskadenprinzip für eine Maximalspannung von 3 Millionen Volt auf. Aber auch diese Anlage geht dem Institut (damals Kaiser-Wilhelm-Institut für Biophysik, jetzt Max-Planck-Institut für Biophysik) durch die Ereignisse des Zweiten Weltkrieges verloren.

Erst der dritten großen Anstrengung in dieser Richtung ist Erfolg beschieden. In den Jahren um 1950 baut das Max-Planck-Institut für Biophysik gemeinsam mit den Siemens-Reiniger-Werken, die über eine Werksfusion aus den VEIFA-Werken entstanden waren, ein Betatron für eine Maximalenergie bis zu 35 Millionen

Elektronenvolt. Die sorgfältige Ausarbeitung der physikalischen und technischen Grundlagen für eine Anwendung der mit dem Betatron erzeugten Strahlung zur Tumortherapie im MPI für Biophysik wie auch die ebenso sorgfältige Bestrahlungsplanung und klinische Durchführung der therapeutischen Bestrahlung durch das Universitätsklinikum Frankfurt am Main führen in den folgenden Jahren zu einer raschen Einführung dieser neuen Therapie in allen radiologischen Zentren der Welt. Heute sind in jeder größeren Stadt meist mehrere Teilchenbeschleuniger für die Tumortherapie mit energiereicher Strahlung in Betrieb; ein Erfolg, dessen Wurzel in den grundlegenden Plänen des Dessauerschen Instituts zu finden sind.

Biologische Wirkung ionisierender Strahlen

Ein weiteres wissenschaftliches Problem, das in DESSAUERS neuem Institut für physikalische Grundlagen der Medizin in Angriff genommen wird, ist die Klärung der biologischen Wirksamkeit dieser ionisierenden Strahlen. DESSAUER ist damals schon seit vielen Jahren immer wieder bei Vorträgen und Diskussionen mit Ärzten auf diese noch unverstandenen Vorgänge bei der Wechselwirkung physikalischer Strahlenenergie mit den biologischen Komponenten einer lebenden Zelle angesprochen worden. Er hat darüber nachgedacht, Hypothesen aufgestellt und diese mit den klinischen Erfahrungen der Ärzte verglichen. Nun hat er endlich auch die Möglichkeit, zusammen mit einigen hervorragenden Wissenschaftlern experimentelle Untersuchungen dazu durchzuführen. Es ist erstaunlich, wie viele wichtige, heute immer noch gültige grundlegende Aussagen zu diesem Problem damals experimentell erarbeitet wurden. Insbesondere gehört dazu die Erkenntnis, daß die Strahlenwirkung infolge der diskontinuierlichen Energieübertragung ein von den Gesetzen des Zufalls bestimmter, also stochastischer Vorgang ist, der deshalb mit den Mitteln der mathematischen Statistik zu beschreiben ist. DESSAUER ist sich dieser Schwierigkeit bewußt, in der er sich als Physiker bei der Zusammenarbeit mit Medizinern befindet, und er schreibt in seinem schon genannten Institutsbericht in der Einleitung zu dem Kapitel »Untersuchungen über das Grundproblem der biologischen Strahlenwirkung«: »Der Physiker hat es schwerer als der Chemiker, sich auf dem Gebiet der Lebensforschung mit dem Physiologen, dem Anatomen, dem Zellforscher oder dem Kliniker zu verständigen. Die chemischen Gedankengänge sind dem Biologen seit langem Gewohnheit, die physikalischen dagegen relativ neu. Der Physiker kann sich schwerer verständlich machen, und er begegnet mit seiner strengen Sprache, insbesondere dann, wenn er quantitativ untersucht oder aufzeigt, leicht Ungeduld. Aber über diese Schwierigkeiten wird man hinwegkommen müssen, um die Methoden und Erkenntnisse der Physik der Lebensforschung dienstbar zu machen. Ich werde den Versuch machen, so verständlich wie möglich zu sein, da richtiges Verstehen der Grundvorstellungen vor zeitraubenden Mißverständnissen bewahrt. Was im Nachfolgenden dargestellt wird, soll ein Beispiel dafür bilden, wie ein biologisches Problem sozusagen in die physikalische Sprache zu übersetzen ist und hier auf Fragestellungen zurückgeführt wird, die mit experimentellen Mitteln lösbar sind.«

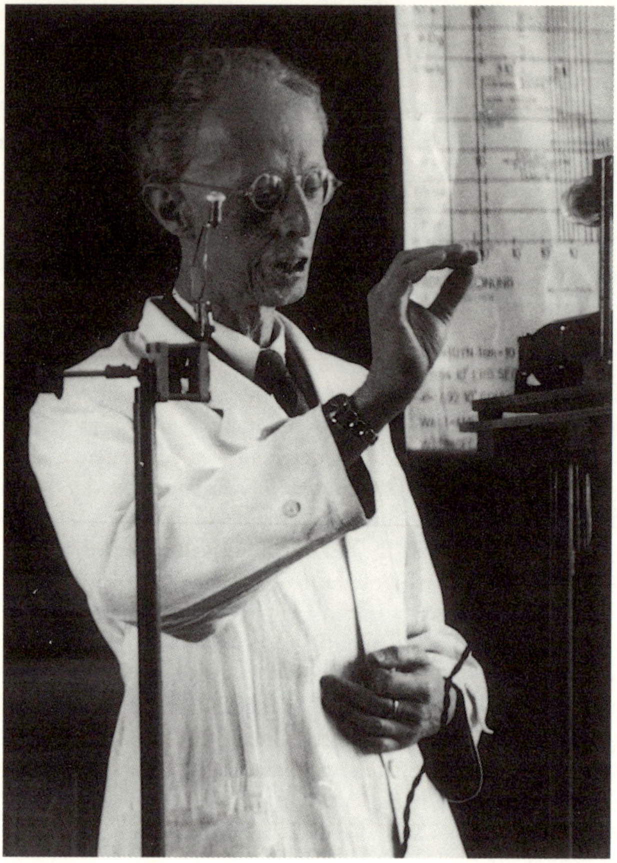

Friedrich Dessauer, 1937

DESSAUER gibt dann eine Analyse der Grundvorgänge bei der Strahlenwirkung in der »strengen Sprache« der Physik und Mathematik, aber seine bildhaften Erklärungen machen deutlich, daß es ihm vor allem auch auf ein »anschauliches Verständnis« ankommt. Und dieses ist sicher eines der wichtigsten Fundamente, auf denen er die dann so erfolgreiche Zusammenarbeit mit den benachbarten klinischen Instituten aufbaut.

Messung und Wirkung von Aerosolen

Der schon mehrfach erwähnte 10-Jahres-Rechenschaftsbericht des Instituts für physikalische Grundlagen der Medizin beginnt aber keineswegs mit den aus der früheren Tätigkeit DESSAUERS stammenden Arbeitsgebieten der Röntgenstrahlentechnik und Wirkung ionisierender Strahlung. DESSAUER stellt in diesem Institut ganz neu aufgenommene Untersuchungen über Ionen in der Luft und deren medizinische Bedeutung an den Anfang, sicher in der Absicht, damit die Breite und Vielseitigkeit des in Angriff genommenen neuen Arbeitsgebietes zu demonstrieren. Aus diesen ersten Untersuchungen ist die heute für die gesamte Umweltforschung so wichtige Aerosol-Biophysik hervorgegangen, ein Forschungsschwerpunkt des jetzigen Instituts für Biophysik im Fachbereich Physik der Frankfurter Johann Wolfgang Goethe-Universität.

Die »Rhein-Mainische Volkszeitung« (1922–1934)

Schon 1918 hatte DESSAUER der Carolus-Druckerei, die die »Frankfurter Volkszeitung« herausgibt, mit einem Darlehen aus einer finanziellen Notlage geholfen. Nun, 1922, war die wirtschaftliche Lage dieser Zeitung; die im wesentlichen die Meinung der politischen Mitte vertritt, hoffnungslos. Tiefgreifende Veränderungen wären notwendig, wenn diese Zeitung erhalten bleiben sollte. Auf der Gesellschaftsversammlung am 6. Oktober 1922 stößt die vorgeschlagene Änderung, die Carolus-Druckerei in eine Kommanditgesellschaft umzuwandeln, auf große Bedenken. Man vertagt sich auf den 13. Oktober, beschließt dann nur die Beibehaltung einer GmbH und vertagt sich weiter auf den 8. November. Es ist ganz bezeichnend für DESSAUER, wie er sich als einer der betroffenen Gesellschafter verhält: Er hat den Wert und Sinn dieser Zeitung erkannt und setzt sich konsequent voll für ihre Erhaltung ein. Dazu entwickelt er als Wirtschaftswissenschaftler und Politiker eine Modellvorstellung über die nötige Arbeitsweise und stellt für die Zukunft ein Programm auf, das folgende Schwerpunkte enthält:

> Die Frankfurter Volkszeitung soll zu einem überregionalen Zeitungsunternehmen ausgebaut werden, das ohne kapitalistische Abhängigkeit nach dem höchsten publizistischen Niveau strebt. Es soll der Verwirklichung des christlichen Ideals im öffentlichen Leben dienen, der Wahrheit und Gerechtigkeit zum Siege verhelfen und die Liebe zum Menschen fördern. Alle überschüssigen Gewinne sollen für karitative Zwecke unabhängig von der Konfessionszugehörigkeit verwendet werden.

DESSAUER erläutert dieses Programm auf der Gesellschafterversammlung am 8. November 1922 ausführlich. Man mag meinen, daß dieses wie eine Phantasterei klingen muß in einer Versammlung, die vor dem totalen Ruin ihres Unternehmens steht. Doch DESSAUER hat als erfahrener Unternehmer auch ein Programm für die Herbeiführung der Rentabilität und der Sanierung der Carolus-Druckerei sorgfältig ausgearbeitet. Seine Pläne und Erläuterungen dazu finden deshalb eine vertrauensvolle Zustimmung. Mit der Zeichnung für einen großen Teil der nötigen Kapitalerhöhung durch DESSAUER selbst wird nicht nur der Konkurs der Gesellschaft verhindert, sondern der Anfang für ein politisch sehr wichtiges und fruchtbares Wirken dieser Zeitung gemacht. Schon ein Vierteljahr später wird DESSAUER von der Generalversammlung in den Aufsichtsrat der Gesellschaft gewählt, dessen Vorsitz er gleichzeitig übernimmt.

Als 1923 die Offenbacher Volkszeitung ihr Erscheinen einstellt, werden die Verlagsrechte von der Frankfurter Volkszeitung übernommen. Diese Vereinigung der beiden Zeitungen ist der Anlaß, den Namen in »Rhein-Mainische Volkszeitung«, kurz »RMV« zu ändern, um damit auch zum Ausdruck zu bringen, daß sich die Zeitung als eine Stimme der politischen Mitte versteht, die über die Stadtgrenzen von Frankfurt am Main hinaus zu wirken gedenkt.

DESSAUER nimmt die Umorganisation der RMV energisch in Angriff. Er schließt mit Dr. HOHN, dem Generalsekretär des Volksvereins und Geschäftsführer des Volksvereins-Verlages in Mönchengladbach ein Abkommen, in dem der Volksverein einen wesentlichen Teil der von DESSAUER erworbenen Anteile der Carolus-Druckerei übernehmen wird.

Noch im August 1923 wird nämlich von der Gesellschafterversammlung der Carolus-Druckerei eine weitere Kapitalerhöhung beschlossen; die Gesellschafter machen jedoch von einer bevorzugten Zeichnung neuer Anteile nur wenig Gebrauch. DESSAUER hatte sich verpflichtet, den Betrag zu zeichnen, der von den anderen Gesellschaftern nicht aufgebracht würde. Deshalb kommt er damit wider Erwarten in den Besitz von etwa Dreiviertel des gesamten Gesellschaftskapitals. Das wird hier so ausführlich berichtet, weil gerade diese vorübergehende finanzielle Situation später 1934 den neuen Machthabern in Deutschland als Anlaß zu einem politischen Prozeß gegen DESSAUER dient. Er wird zwar in diesem Prozeß freigesprochen, jedoch zur Emigration aus Deutschland gezwungen.

Neben der finanziellen Absicherung der Carolus-Druckerei und damit der Sicherung des Erscheinens der RMV widmet sich DESSAUER besonders intensiv der Umstrukturierung der Leitung und Redaktion der Zeitung. Schon 1924 übernimmt der damals erst 26jährige Dr. JOSEPH KNECHT die Verlagsleitung. KNECHT hatte Rechtswissenschaften sowie Finanz- und Wirtschaftswissenschaften studiert und ist seit 1920 Privatsekretär bei DESSAUER. Zu seinen Aufgaben gehört u. a. die Verwaltung des Universitätsinstituts. Jetzt verpflichtet er sich, seine ganze Arbeitskraft dem Verlag zu widmen. DESSAUER hat damit hier einen Mann an der Spitze, dem er voll vertrauen kann und der ihm im Laufe seines Lebens zu einem seiner wichtigsten Berater und zu einem wertvollen Freund wird.

DESSAUER beruft drei junge neue Redakteure zur RMV, um seine Vorstellungen und Pläne von dieser überregionalen Zeitung zu verwirklichen: HEINRICH SCHARP, WERNER THORMANN und WALTER DIRKS. Sie sind es, die in kurzer Zeit die RMV durch ihre klare Haltung und ihren verantwortungsvollen Journalismus zu einer in ganz Deutschland beachteten Stimme der politischen Mitte machen.

Da die RMV einen konsequenten Kampf gegen die Methoden und Pläne der NSDAP führt, wird von der NSDAP-Zeitung »Frankfurter Beobachter« auch gegen DESSAUER selbst unter der Überschrift »Wie der Jude DESSAUER Eigentümer der Rhein-Mainischen Volkszeitung wurde« eine Hetzkampagne begonnen, in der ihm seine jüdische Abstammung vorgeworfen wird, in der er beschuldigt wird, sich mit unlauteren Methoden in den Besitz der RMV gebracht zu haben und schließlich, daß er sich sein Reichstagsmandat von Juden habe bezahlen lassen.

Die in dieser überregional entfachten Hetzkampagne aufgestellten Beschuldigungen werden von der RMV in sachlicher Weise klargestellt. Sie sind dennoch später der Anlaß für den politischen Prozeß gegen DESSAUER und seine engsten

Mitarbeiter. Die Carolus-Druckerei kommt 1934 in nationalsozialistische Hände nach Entlassung von KNECHT, SCHARP und DIRKS. Für DESSAUER beginnt die harte Zeit der Emigration.

Was ist, rückschauend, von dieser Tätigkeit DESSAUERS als Publizist geblieben? Der gelungene Versuch, aus einem ruinierten Zeitungsunternehmen ein Publikationsorgan mit hohem Niveau und überregionalem Ansehen zu gestalten, verdient allein schon große Bewunderung. Daß DESSAUER gemeinsam mit seinen jungen Redakteuren einen erfolgreichen Kampf für die kulturellen und sozialen Verbesserungen in Deutschland führt und für die Verbesserungen dieser Ideen sorgt, hat sicher viele Menschen damals aufmerksamer für solche Fragen werden lassen. Daß im nationalsozialistischen Regime dieses Unternehmen untergehen muß, ist nur konsequent und darf nicht entmutigen.

Im Reichstag, Berlin (1924–1933)

»Es hat noch vieles zu geschehen, und es wird noch manchen Rückschlag geben. Aber, das ist der Unterschied, Gewalt, Brutalität, Haß, Selbstgerechtigkeit, Nationalismus sind nicht mehr allein sichtbar. Auf dem Kampfplatz sind neben ihnen Vernunft, Gerechtigkeit, Anständigkeit, Verständnis und Nächstenliebe aufgetreten.« So konnte DESSAUER in der von ihm herausgegebenen Rhein-Mainischen Volkszeitung im Herbst 1924 zufrieden auf die von ihm maßgeblich beeinflußte Politik der Zentrumspartei zurückblicken. In der Tat hat das Zentrum durch beharrliches Verfolgen ihrer bekannten und anerkannten Ziele immer mehr Rückhalt in der Frankfurter Bevölkerung erhalten. Ihr hervorragender Repräsentant, DESSAUER, ist zum zweiten Mal als Spitzenkandidat aufgestellt und nun schon mit großer politischer Erfahrung in der Stadtverordnetenversammlung der Stadt Frankfurt am Main tätig. Durch seine publizistische Tätigkeit und durch Vorträge in vielen Städten Deutschlands ist er für seine klaren politischen Analysen und Programme zur Lösung innen- und außenpolitischer Fragen bekannt. Jeder weiß, daß er fest zur Weimarer Verfassung steht, sie zwar nicht als etwas Vollkommenes hinstellt, doch aber als ein gangbarer Weg zur Überwindung innenpolitischer Spannungen erkennt und Verbesserungen für möglich erachtet. Nicht ihre Revision oder gar Zerstörung, sondern ihr Ausbau, das müsse die Aufgabe der Zukunft sein. So jedenfalls äußert er sich in der offiziellen Verfassungsfeier der Stadt, August 1924, im großen Saal des Volksbildungsheimes.

In dieser Zeit sehr aktiver Kommunalpolitik – und man bedenke, daß DESSAUER in dieser Zeit auch noch sein junges Institut für physikalische Grundlagen der Medizin aufbaut und er auch gerade die Leitung und Redaktion der Rhein-Mainischen Volkszeitung völlig neu organisiert und mit neuen Mitarbeitern besetzt – in diese Zeit fällt die Aufforderung, sich als Spitzenkandidat der Zentrumspartei im Wahlkreis Hessen-Nassau für den Deutschen Reichstag in Berlin aufstellen zu lassen. Man kann verstehen, daß DESSAUER zunächst ablehnt, dann aber doch dem erneuten Drängen seiner Parteifreunde im Herbst 1924 nachgibt, allerdings unter

der Bedingung, daß er sein Mandat jederzeit zurückgeben könne, wenn gesundheitliche oder berufliche Gründe dies erforderten, daß er nur an wichtigen Sitzungen der Partei teilzunehmen brauche und daß außer ihm auch der bisherige Wahlkreisabgeordnete Schwarz gewählt würde.
Im nun folgenden Wahlkampf bis zu den Wahlen im Dezember erläutert DESSAUER einem immer breiteren Publikum seine Grundvorstellungen sinnvoller Außenpolitik, die auf Verständigung mit den Nachbarländern in politischen Fragen aufbaut, ganz besonders aber auch schon auf eine engere wirtschaftliche Zusammenarbeit mit diesen hinzielt. Ganz besonderes Interesse findet er aber mit seinen Analysen und Programmen der in der Innenpolitik nötigen Wirtschaftsreformen.
Nach seiner Wahl in den Reichtstag tut er dort sein Bestes, diese hochgesteckten Ziele auch unter den gegebenen, wirklich mißlichen Umständen zu erreichen. Daß dies eine überaus harte Arbeit ist, erkennt man schon daraus, daß DESSAUER seine Vorlesungsverpflichtungen und Arbeiten im Universitätsinstitut an Samstagen und montags erledigt und von Dienstag bis Freitag in Berlin ist. Dieses ständige Pendeln zwischen Berlin und Frankfurt am Main, meist mit schwerem Gepäck, gefüllt mit Akten, die er unterwegs studiert und bearbeitet, belastet ihn bis an die Grenze seiner sowieso schon durch seine Strahlenschäden stark angegriffenen Gesundheit: »Ich kann es nicht mehr leisten. Ich habe in diesem schweren Jahr (1926) nur einen freien Tag gehabt, indem ich völlig auf jede Erholung verzichte, kann ich neben meinem Dienst die »Philosophie der Technik« fertigschreiben.« DESSAUER betrachtet seine politische Tätigkeit als eine »Pflicht« und einen »Opfergang« die er dem Volk schuldig ist, andererseits ist dieses tägliche Opfern und Dienen einer der wesentlichen Faktoren dafür, daß er sein Leben als glücklich empfinden kann.
Er ist Vorsitzender des wirtschaftspolitischen Ausschusses des Zentrums und stellt für deren Arbeit »Leitsätze« auf, die bei den tagespolitischen Entscheidungen in der »Firma deutsches Reich« zu berücksichtigen sind. Diese Leitsätze bleiben nicht ohne Widerspruch und Kritik. So schreibt BRENTANO an DESSAUER: »Es hat mich sehr interessiert, aus Ihrem Buch zu entnehmen, wie Sie sich dies denken. Aber Sie werden es mir nicht verübeln, wenn ich als ein in den Vorurteilen des Wissenschaftlers befangener Mensch dem Erfolg Ihres von den edelsten Motiven getragenen Vorgehens mit Skepsis gegenüberstehe.«
Wichtiger als solche Skepsis und offene Kritik waren die Folgen der Wirtschaftskrise 1929/30, die die Regierung BRÜNING vor völlig neue und unvorhergesehene wirtschaftspolitische Probleme stellt. Aber auch hier erweist sich DESSAUER als ein fachkundiger Berater, und so wird er besonders wegen seiner auf einer Amerikareise gesammelten persönlichen Erfahrung ein wichtiger Mitarbeiter dieser Regierung und persönlicher Freund BRÜNINGS.
Beide, BRÜNING und DESSAUER sind recht ähnliche Charaktere. Wenn BRÜNING in schwerer Zeit sagt: »Mit der Sucht und dem Kampf um die Erhaltung der *Popularität* kann man nicht ein Volk retten. Man kann es nur retten, wenn man den Mut hat, auch in der übelsten und schwersten Stunde die *Verantwortung* auf sich

zu nehmen, den Kopf hinzuhalten, komme, was da kommen möge!«, so könnte das in gleicher Weise auch aus DESSAUERS Mund stammen. Wie herzlich das Verhältnis zu BRÜNING war, kann man einem Brief an DESSAUER entnehmen: »Seien Sie versichert, daß ich die vielen Tage, die ich in Ihrem Hause und mit Ihnen auf Autofahrten verlebt habe und die mir soviel Ruhe und Erholung brachten, nie vergessen werde.«

Umsturz und Emigration (1933–1945)

Der Ausgang der Wahlen im Sommer 1932 mit dem überwältigenden Sieg der NSDAP stellt nicht nur für DESSAUER das Ende der Weimarer Republik dar. Wenn sich DESSAUER dennoch bereit erklärt, mit einer Kommission der Zentrumspartei in ein Koalitionsgespräch mit der NSDAP über eine gemeinsame Regierung einzutreten, so hat das für ihn hauptsächlich folgende Gründe: Die NSDAP würde als stärkste Partei in einer Oppositionsrolle nur weitere Vorteile gewinnen und eine vernünftige Reichspolitik unmöglich machen. Eine Koalition zwischen NSDAP und KPD würde nach seiner Ansicht zu einer Alleinherrschaft durch die NSDAP führen. In diesem Falle wäre es besser, wenn die NSDAP durch starke Zentrumsanhänger kontrolliert würde. Nach DESSAUERS Berichten verliefen die ersten Verhandlungen überaus anständig und hinterließen bei ihm den Eindruck des ernsten Entschlusses zur Übernahme der Regierungsgewalt. Das Verhandlungsklima mag dadurch positiv beeinflußt worden sein, daß Herrn GÖRING als Verhandlungsleiter auf der Seite der NSDAP die Familie DESSAUER persönlich bekannt war. Er hatte nach dem Ende des Ersten Weltkrieges einen Teil seines Geschwaders in der Fabrik von FRIEDRICH DESSAUERS Bruder in Aschaffenburg untergebracht. Die durch diese persönlichen Kontakte beeinflußte entsprechend persönliche Atmosphäre der Verhandlungen mögen DESSAUER über die wahren Absichten der Nationalsozialisten in dieser Delegation getäuscht haben. Die Verhandlungen werden aber auch wegen der Auflösung des Reichstages im Juli 1932 und der Machtübernahme durch die Ernennung von Hitler zum Reichskanzler im Januar 1933 gegenstandslos.

DESSAUER gehört in der Reichstagsfraktion des Zentrums zu den wenigen, die bis zuletzt auch die Zustimmung zu Hitlers Ermächtigungsgesetz verweigern. So schreibt sein Zeitgenosse MUCKERMANN in seinen Lebenserinnerungen unter dem Titel »Im Kampf zwischen zwei Epochen« über das Verhalten bzw. Umfallen vieler Zentrumsangehöriger: »Wer bis dahin noch einigen Respekt vor der moralischen Haltung deutscher Wissenschaftler gehabt hatte, der mußte grausamste Enttäuschung erleben. Es gab natürlich hier Ausnahmen, Männer wie z. B. den Professor DESSAUER.« DESSAUER wird am 21. Juni 1933 nach einem Vortrag vorübergehend festgenommen und schließlich gemeinsam mit seinen Mitarbeitern der RMV im Juli dieses Jahres in Untersuchungshaft genommen. Obwohl der ihm und Dr. KNECHT gemachte Prozeß mit einem Freispruch endet, zeigen ihm diese Vorgänge deutlich, daß eine aufrichtige politische Tätigkeit in Deutschland nicht mehr möglich ist. Mit fünfzig Reichsmark in der Tasche, wie das wohl den Devisenvorschriften der damaligen Zeit entspricht, tritt er 1934 die Reise ins Exil an, die ihn über die Schweiz für einige Jahre an die Universität nach Istanbul führt.

Institut für physikalische Therapie in Istanbul (1934–1937)

Der Ruf, eine Professur an der Universität Istanbul anzunehmen, wird DESSAUER schon während seiner Haft geschickt übermittelt. Die türkische Regierung setzt sich auch mit Nachdruck für seine Freilassung und später für seine Ausreiseerlaubnis ein.

In Istanbul sind bereits einige jüdische Kollegen DESSAUERS von der Frankfurter Johann Wolfgang Goethe-Universität tätig, die Deutschland verlassen mußten, und in den nächsten Jahren kommen noch weitere hinzu. Beim Lesen der Jahrbücher der Universität Istanbul aus diesen Jahren hat man mehr den Eindruck, es handele sich hier um eine deutsche, nicht um eine türkische Universität. DESSAUER selbst kann auf seinem eigenen, engeren wissenschaftlichen Gebiet der medizinischen Radiologie tätig werden. So richtet er ein neues Radiologisches Institut ein, in dem die modernen Methoden der Röntgendiagnostik und der Strahlentherapie von Tumoren eingesetzt werden. Seine Tätigkeit verlagert sich aber nun wieder sehr auf das Praktische. Er erinnert sich in seinen Beiträgen zu »Auszug des Geistes« von Radio Bremen 1962: »Kranke kamen, als das Institut bekannt wurde, aus allen Teilen des Landes.« DESSAUER betreibt in Istanbul »eine Poliklinik von einem Umfang, wie sie in Europa sonst nicht existierte. Ich hatte manchmal bis zu achtzig Kranke an der Schwelle sitzen, die um Behandlung flehten. Alle hatten Krebs.« Durch die starke Beanspruchung von der Praxis her kommt die theoretische und experimentelle Forschungsarbeit zu kurz. DESSAUER vermerkt deshalb selbst: »In der Türkei war der Forscher hinter dem Pionier und Lehrer zurückgeblieben.« Seine hervorragenden biophysikalischen Fachkenntnisse bleiben deshalb dort ungenützt, und es ist für ihn sicher eine Erleichterung, als er von Fribourg in der Schweiz den Ruf auf den Lehrstuhl für Experimentalphysik erhält.

Physikalisches Institut Fribourg/Schweiz (1937–1948)

Nicht zuletzt aus gesundheitlichen Gründen nimmt DESSAUER den Ruf an die Universität Fribourg an. In dieser Schweizer Zeit kann sich DESSAUER ganz der Vorlesungstätigkeit auf dem Gebiet der Experimentalphysik widmen. Er findet nun auch die Zeit, ein Buch, »Die Teufelsschule«, im Romanstil zu schreiben, das eine Reihe selbstbiographischer Züge aufweist und menschliche Charaktere schildert, denen er wohl in seinem Leben in dieser Art begegnet ist, bzw. die er auch seine eigenen Gedanken über Leben und Tod aussprechen läßt.

Friedrich Dessauer, 1946

Rückkehr an die Johann Wolfgang Goethe-Universität Frankfurt am Main (1946–1963)

Es ist das Verdienst von DESSAUERS Nachfolger als Institutsleiter, Professor RAJEWSKY, daß DESSAUER schon 1946 durch den Hessischen Minister für Kultus und Unterricht einen Emeritenstatus erhielt, so daß er sich wieder seiner alten Fakultät zugehörig fühlen konnte und auch mit einer entsprechenden Altersversorgung rechnen durfte. Als ihm schließlich der Kurator der Universität, Ministerialrat Klingelhöfer, berichtet, daß der Magistrat der Stadt ihm wieder die Leitung seines früheren Institutes antragen wolle, schreibt er zurück: »Es ist ... ein großer Trost für mich, und eine Beruhigung, zu wissen, daß wohlwollende und einsichtige Menschen in der alten Heimat inzwischen über dem Institut wachen und es vor dem Untergang schützen. Die Erforschung der Beziehung zwischen Physik und Lebensvorgängen oder, mit anderen Worten, zwischen unbelebter und belebter Natur ist in ein neues Stadium getreten, bietet ganz große Zukunftsaussichten und ist eine wirklich rein humane, von keinem Streit der Zeit befleckte Mission. Es wird vielleicht einmal zur Anerkennung, ja zum Ruhme Frankfurts am Main beitragen, daß hier das erste derartige Institut begründet und durch die schlimmsten Stürme der Zeit hindurch gerettet wurde, die jemals tobten.«

Bis zur Rückkehr DESSAUERS nach Frankfurt am Main vergehen aber noch einige Jahre. Die Freiburger Universität bittet ihn, noch weitere zehn Jahre dort zu bleiben und stellt ihm auch umfangreiche Forschungsmittel zur Verfügung.

Am 9. Juni 1950 hält DESSAUER seinen ersten Vortrag nach dem Krieg in Frankfurt am Main und es ist wieder RAJEWSKY, der – nun als Rektor – die Einladung ausspricht, wieder an dieser Universität zu lesen. Im Januar des folgenden Jahres nimmt DESSAUER seine Lehrtätigkeit an der Johann Wolfgang Goethe-Universität Frankfurt am Main mit Vorlesungen über Biophysik und Naturphilosophie wieder auf. Er findet nun auch Ruhe, seine Studien über die Philosophie der Technik zu vertiefen und die religiösen Fragen und Kontroversen zu den Naturwissenschaften aufzuwerfen, zu durchdenken und klar zu formulieren. Es entstehen seine Bücher: »Naturwissenschaftliches Erkennen«, »Prometheus und die Weltübel«, »Auf den Spuren der Unendlichkeit«, »Streit um die Technik«, »Was ist der Mensch?«. Diese philosophischen Fragen beschäftigen ihn so sehr, daß er der Aufforderung, sein Buch »Kooperative Wirtschaft« neu zu bearbeiten, nicht nachkommen kann und diese Arbeit nach seinen Vorschlägen und Notizen seinem frühren Sekretär und Freund Dr. KNECHT überläßt, der dieses auch heute noch aktuelle Buch in seinem Verlag erscheinen läßt.

Es ist erstaunlich, obwohl Patient und schon schwer leidend, DESSAUER findet in diesen Jahren die Kraft und Zeit, sich auf Vorlesungszyklen vorzubereiten und seine Vorträge regelmäßig zu halten. Ist es die warme Resonanz, die er in der großen Zahl seiner Zuhörer spürt, oder ist es das nicht enden wollenden Pflichtgefühl, Erkenntnisse und Wahrheiten verbreiten zu müssen? Es ist ein eindrucksvolles Erlebnis, an diesen Vorlesungen DESSAUERS teilzunehmen.

Der Hörsaal H, einer der größten in der gerade wieder entstehenden Universität, ist bis zum letzten Platz besetzt, einige der Hörer sitzen auf den Fensterbrettern, einige in den Gängen auf dem Boden, viele fanden nur einen Stehplatz und lehnen sich an die Wand. Es ist fast unheimlich, daß eine so große Menschenmenge in einer derartigen Ruhe verharren kann! Leise, aber doch klar vernehmlich spricht FRIEDRICH DESSAUER, der aus der Emigration an die Johann Wolfgang Goethe-Universität Frankfurt am Main zurückgekehrte Gelehrte. Nicht nur die jungen Studenten sind gekommen, man sieht auch »ältere Semester« im Auditorium, Damen und Herren, Freunde einer früheren gemeinsamen Zeit in Frankfurt am Main.

DESSAUER hat uns in seinem Vorlesungszyklus bereits die wesentlichen Methoden naturwissenschaftlichen Erkennens erläutert. Er ist dabei ausgegangen von dem kühnen Aufbruch der griechischen Antike, die im Vertrauen auf die Kraft des

Denkens mit dem Werkzeug der Logik »Wahrheiten« über das Wesen der Welt, der Natur und des Menschen zu finden glaubte. Er hat uns diesen Aufbruch des menschlichen Geistes in einer Begeisterung geschildert, daß das Jahrhunderte währende Festhalten an derartigen geistigen Errungenschaften im Weltbild des Aristoteles uns verständlich, ja selbstverständlich erscheint.

Wie ein Dramatiker hat DESSAUER dann Galilei auftreten lassen, der viele der aristotelischen Lehren in Frage stellte oder als irrig auswies: »Das absolut Neue, das eine Wende der gesamten Naturwissenschaften bedeutete, bestand darin, daß man die Erkenntnisse nicht deduktiv spekulierend mit Hilfe der Logik erarbeitete, sondern erkannte, daß es möglich ist, daß die Natur selbst befragt werden kann und, richtig gefragt, selbst antwortet. Ihre Antworten sind zuverlässig, widerspruchsfrei; die so erlauschten Gesetze sind untrüglich, verläßlich. Man hat sich ihnen zu unterwerfen. Ja, man hat beim Fragen alle Vorurteile, Wünsche, Meinungen, Schwächen, das ganze Ich mit seinen Belastungen wegzulassen und sich ganz dem Objekt hinzugeben: lauschend, schweigend! Die große, seitdem unablässig entfaltete Methodik der Naturwissenschaft ist wesentlich die Kunst, *richtig* zu fragen. Diese Befragung der Natur geschieht in sinnvoll durchgeführten Experimenten«.

Er beschreibt uns dann diese Methode der experimentellen Naturwissenschaft an mehreren sehr anschaulichen Beispielen. Dann zeigt er, welche Wege die Naturwissenschaften seit Descartes, Newton und Leibniz gegangen sind, die Ergebnisse in abstrakter, mathematischer Weise zu formulieren. Er gibt auch hier einfache Beispiele anhand eines fiktiven Schachspiels mit seinen symbolischen Figuren und der verschiedenen zeitlichen und räumlichen Struktur einer sich entwickelnden Schachpartie.

»Das Wesen, das Eigentliche, Wichtige und damit das Selbständige des Schachspiels besteht nur in materielosen, strukturellen Ordnungen. Die sinnenhaften Objekte sind zwar für uns Menschen passend und nützlich, haben aber mit dem Wesen der Sache so wenig zu tun, daß man sie durch Symbole ersetzen kann.

Mit einer solchen, das Wesentliche durch Symbole ersetzenden Sprache und Denkweise können wir Vorgänge, bei denen wir das Wirken von nicht – noch nicht – mit naturwissenschaftlichen Mitteln erklärbaren Kräften ahnen, in unsere Gedankengänge spekulativ aufnehmen und zunächst analogisch zu verstehen versuchen – das ist eine andere Kategorie als die eigentliche erklärende Kausalkenntnis. Der Versuch des Verstehens gibt dem Forscher den Leitfaden zum eigentlichen Forschen, darin zum Experiment. Die Antworten der Natur selbst (oder des Schöpfers) sind oft sehr überraschend. Sie geben manchmal ganz neues Licht.«

Hier unterbricht DESSAUER seinen Gedankengang und möchte die ebenfalls manchmal spekulativ-analoge Denkweise NEWTONS noch als Beispiel anführen, aber auch ihre Grenzen deutlich machen. So fährt er fort: »Bei NEWTON finden sich Aussagen über das Licht, über den Raum und andere Grundfragen, die heute in erstaunlicher Weise bestätigt werden. Frühes spekulativ-analogisches Denken führt nicht immer irre. Und darum ist dieses Denken legitim, ja wichtig – solange der Forscher nicht seine Meinung als naturwissenschaftlich gesicherte Lehre autorität verkündet. Das eine aber spüren wir alle: daß unser Forschungsweg zu den tiefen Gründen der Welt noch in gewaltige Weite führt, wo Größeres auf uns harrt, als wir je gesehen. Mit dieser Bescheidung, die den Forschenden abhält, weiter zu spekulieren, bevor tragfähiges Tatsachenmaterial neue Hinweise gibt, darf auch er getrost von dem Zweck in der belebten Welt sprechen.«

So spricht DESSAUER in einer seiner letzten Vorlesungen. Er sieht sich selbst wie eine dieser Schachfiguren, mit seinen eigenen, für sein Leben und Wirken geltenden Regeln und Wesenszügen: Sich mit einem »Trotzdem« an komplizierte Aufgaben zu wagen, ihre Lösung als eine Art Verpflichtung betrachtend. Wenn die Schwierigkeiten zunächst unüberwindbar erscheinen, sich Freunde und Mitkämpfer zu suchen und auch ihre Eigenarten zu respektieren, mit ihrer Hilfe zu versuchen, diese kompliziertesten wirtschaftlichen, wirtschaftspolitischen, naturwissenschaftlichen, philosophischen und ethischen Probleme mit Sorgfalt zu analysieren und mit großer Geduld in aller Einfachheit anderen dafür aufgeschlossenen Menschen zu erläutern, um deren Meinung zu bitten, um diese wieder in sein eigenes Weltbild mit aufzunehmen. Er erkennt sich als eine solche Schachfigur in dem aufregenden Spiel »Leben« und glaubt fest an einen Spieler, der ihn – seinen Eigenschaften entsprechend – einsetzte und zu gegebener Zeit aus dem Spiel nehmen würde.

Am 16. Februar 1963 stirbt FRIEDRICH DESSAUER.

Die Erfolge seiner Arbeit in Forschung und Lehre sind durch zahlreiche Medaillen, Ehrenplaketten und Ehrenmitgliedschaften, zuletzt durch das Große Bundesverdienstkreuz mit Stern und Schulterband, ausgezeichnet worden, die er in Stille und Bescheidenheit entgegennahm. Zur gleichen Zeit verlieh ihm die Naturwissenschaftliche Fakultät unserer Universität die Fakultätsmedaille, in Würdigung des Lebenswerkes eines Gelehrten, »der durch hervorragende wissenschaftliche Leistungen das Ansehen nicht nur seiner Fakultät sondern der gesamten Universität mehrte und zugleich durch wahrhaft menschliche Haltung Jüngeren zum Vorbild wurde.« Die Medizinische Fakultät unserer Universität verlieh ihm die Ehrlich-Weigert-Plakette. Von Papst Pius XII. wurde ihm der Sylvester-Orden verliehen. Am 21. April 1969 wurde in Darmstadt das katholische Bildungszentrum und in Verbindung damit ein Studentenwohnheim eröffnet, das den Namen FRIEDRICH DESSAUERS trägt und die umfangreiche Bibliothek DESSAUERS zum Geschenk erhielt. Auch in Frankfurt am Main trägt ein Studentenwohnheim seinen Namen. Die Oberschulen in Aschaffenburg und Frankfurt-Höchst heißen FRIEDRICH DESSAUER-Gymnasium.

DESSAUER war Ehrenbürger der Städte Aschaffenburg und Frankfurt am Main.

Literatur

Aus dem Gebiet der Biophysik:

Über die Zerstreuung von Röntgenstrahlen in Wasser. Zeitschr. Physik 4, 1921, 131–145, (mit Vierheller).
Die Tiefenwirkung der Röntgenstrahlen. Strahlentherapie 12, 1921, 1–36, (mit Vierheller).
Steigerung der sekundären Energie beim Funkeninduktor. Phys. Zeitschr. 22, 1921, 1–5.
Über einige Wirkungen von Strahlen I. Zeitschr. f. Physik 12, 1922, 38–47.
The question of fundamental biological reaction of radiation. Radiology 14, 1930, 3–16.
Über primäre Vorgänge der Strahlenwirkung. Archiv f. exper. Zellforschung 11, 1931, 65–86.
10 Jahre Forschung auf dem physikalisch-medizinischen Grenzgebiet. Institut für physikalische Grundlagen der Medizin, 1931.
Strahlung und Lebensvorgänge. Zeitschr. Krebsforschung 35, 1932, 287–300.
Neue Aufgaben der Biophysik. Strahlentherapie 47, 1933, 17–24.
Quantenphysik der biologischen Strahlenwirkungen. Zeitschr. Physik 84, 1933, 218–221.

Politische und philosophische Schriften:

Leben, Natur, Religion. Das Problem der transzendenten Wirklichkeit. Cohen-Verlag, Bonn, 1924.
Philosophie der Technik. Cohen-Verlag, Bonn, 1928.
Kooperative Wirtschaft. Cohen-Verlag, Bonn, 1929.
Versuchung des Priesters Anton Berg. Carolus-Druckerei, Frankfurt am Main, 1930.
Im Kampf mit der Wirtschaftskrise. Carolus-Druckerei, Frankfurt am Main, 1932.
Der Fall Galilei und wir. Abendländische Tragödie. Knecht-Verlag, Frankfurt am Main, verschiedene Auflagen 1943–1957.
Wissen und Erkenntnis. Walter-Verlag, Olten, 1944.
Weltfahrt der Erkenntnis. Leben und Werk Isaac Newtons. Rascher-Verlag, Zürich, 1945.
Mensch und Kosmos. Ein Versuch. Knecht-Verlag, Frankfurt am Main, 1949.
Die Teufelsschule. Aus dem Vermächtnis eines Arztes. Knecht-Verlag, Frankfurt am Main, versch. Auflg. 1951–1960.
Weltmann – Christ? Knecht-Verlag, Frankfurt am Main, verschiedene Auflagen 1955–1959.
Naturwissenschaftliches Erkennen. Beiträge zur Naturphilosophie. Knecht-Verlag, Frankfurt am Main, 1958.
Prometheus und die Weltübel. Knecht-Verlag, Frankfurt am Main, 1959.
Kooperative Wirtschaft. Knecht-Verlag, Frankfurt am Main, 1970.

Cornelius Lanczos
1893–1974

von
Helmut Rechenberg
München

Am 14. Januar 1926 schrieb WERNER HEISENBERG an WOLFGANG PAULI: »Hiermit schicke ich Ihnen die BORN-WIENERsche Arbeit und eine ähnliche Arbeit von LANCZOS zur Diskussion am Mittwoch.«[1] Er plante, am 20. des Monats nach Hamburg zu kommen, um mit seinem Kollegen und Freund über die Theorie von Vielelektronen-Atomen zu sprechen. Dazu schien eine Erweiterung der in Göttingen von MAX BORN, HEISENBERG und PASCUAL JORDAN erhaltenen Matrizenmechanik notwendig, zu der einerseits BORN und NORBERT WIENER in Cambridge, Massachusetts, andererseits CORNELIUS LANCZOS in Frankfurt am Main gerade wichtige Schritte unternommen hatten. Einige Wochen später brachte ein Märzheft der Annalen der Physik der ersten Artikel ERWIN SCHRÖDINGERS zur Wellenmechanik. Er lieferte eine vollständige Antwort auf die von HEISENBERG und PAULI diskutierten Fragen. Allerdings blieb der Zusammenhang mit der Göttinger Matrizenmechanik noch offen, aber SCHRÖDINGER selbst und PAULI konnten ihn in Kürze aufklären, letzterer in einem Brief an JORDAN vom 12. April 1926. PAULI merkte darin an:

»Was übrigens LANCZOS betrifft, so haben meine Überlegungen nur ganz wenige Berührungspunkte mit den seinen. Er betrachtet ein Problem, dessen Eigenwerte die reziproken Energiewerte sind, während hier die Energiewerte selbst die Eigenwerte sind. Ferner spielen bei ihm Funktionen, die wie die Greensche Funktion von zwei Stellen abhängen, eine wesentliche Rolle; derartige Funktionen werden hier nicht herangezogen. Ich glaube überhaupt, daß der Ansatz von LANCZOS nicht viel taugt.«[2]

Der hier angesprochene Kollege, CORNELIUS – oder KORNEL, wie er sich in seinen deutschen Publikationen nannte – LANCZOS wurde am 2. Februar 1893 im ungarischen Stuhlweißenburg (Székesfehérvár) als Sohn von CAROLUS LOEWY geboren.[3] Von 1911 bis 1916 studierte er an der Budapester Universität unter anderem bei den bekannten Lehrern ROLAND (LORAND) EÖTVÖS und LEOPOLD (LIPOT) FEJÉR, wurde dann Assistent am Budapester Polytechnikum und Doktorand beim Sommerfeldschüler RUDOLPH ORTVAY an der Universität Szegedin (Szeged). 1921 promovierte er und kam anschließend – wie viele ungarische Kollegen zumal jüdi-

1 *Wolfgang Pauli*: Wissenschaftlicher Briefwechsel, Band I: 1919–1929 (*Hermann, v. Meyenn* und *Weisskopf*, Hrsgb., Springer-Verlag, New York, Heidelberg, Berlin 1979); besonders Seite 280.

2 Fußnote 1, Seite 319.

3 *Lanczos* ist also eine Magyarisierung des jüdischen Namens *Loewy* oder *Levi*. Wörtlich übersetzt bedeutet es »Kettenträger«.

scher Abstammung – nach Deutschland. LANCZOS hielt sich zuerst in Berlin auf – er trat bereits im Frühjahr 1920 der Deutschen Physikalischen Gesellschaft bei – und ging dann als Assistent des Physikers FRANZ HIMSTEDT an die Freiburger Universität. Die politischen und wirtschaftlichen Verhältnisse in seiner Heimat nach dem Ersten Weltkrieg zwangen ihn, sein Fortkommen im größeren, befreundeten Deutschland zu suchen.

Der enthusiastische Relativist in Freiburg und Frankfurt am Main (1921–1925)

Hatte LANCZOS sich zunächst im wesentlichen experimentell bestätigt, so führte ihn das Thema seiner Dissertation (»Die funktionentheoretischen Beziehungen der Maxwellschen Äthergleichungen«) zum Hauptgebiet vor allem der frühen Arbeiten, der Theorie elektrodynamischer Erscheinungen, die er bald mit der damals neuen Allgemeinen Relativitätstheorie verband. Frühzeitig lernte er EINSTEIN kennen, wie er sich später erinnerte:

»I had my first discussion with EINSTEIN when I was in Germany in 1921. I had a chance to talk to him for a few minutes between two lectures. Of course, I had already had a tremendous admiration for him in my student days, and so I was in a great palpitation of heart when the opportunity came.«[4]

Der Gravitationstheorie EINSTEIN und verschiedenen Folgerungen aus ihr widmete LANCZOS dann auch seine ersten Veröffentlichungen in deutschen Zeitschriften:

Ein vereinfachtes Kooridnatensystem für die Einsteinschen Gravitationsgleichungen (Physikalische Zeitschrift 23, 537, 1922);
Bemerkung zur de Sitterschen Welt (Physikalische Zeitschrift 23, 539, 1922); Zur Theorie der Einsteinschen Gravitationsgleichungen (Zeitschrift für Physik *13*, 7, 1923);
Zum Rotationsproblem der allgemeinen Relativitätstheorie (Zeitschrift für Physik *14*, 204, 1923);
Über die Rotverschiebung in der de Sitterschen Welt (Zeitschrift für Physik *17*, 168, 1923);
Über eine stationäre Kosmologie im Sinne der Einsteinschen Gravitationstheorie (Zeitschrift für Physik *21*, 73, 1924).

In diesen Jahren, d. h. von 1922 bis 1924, diente er auch als Schriftführer der Deutschen Physikalischen Gesellschaft und zeichnete wohl für die detaillierte Ausarbeitung der Diskussionen anläßlich des Bonner Physikertages (16.–22. September 1923) verantwortlich. Dort referierte z. B. der Bonner Astronom JOSEF HOPMANN über die Deutung der Ergebnisse der amerikanischen EINSTEIN-Expedition von 1922. Sie hatte neue Werte für die Lichtablenkung im Gravitationsfeld vorgelegt, die eventuell eine andere Auslegung als die nach der Allgemeinen Relativitätstheorie zuließen. LANCZOS bemerkte nach dem Vortrag:

4 *Lanczos* in *Whitrow*: *Einstein – The Man and His Achievement* (Dover Publications, New York 1972), Seite 48.

»Über den funktionalen Verlauf der Ablenkung kann naturgemäß bei der Schwierigkeit der Beobachtung nichts ausgesagt werden. Es fragt sich nur, ob aus der absoluten Größe der Ablenkung [in der mit EINSTEIN konkurrierenden Theorie] dieselbe Konstante herauskommt, die sich nach der Relativitätstheorie allein aus der Masse der Sonne und universellen Konstanten berechnen läßt. Ist dies der Fall, so müßte eine andersartige Verursachung als ein kolossaler Zufall betrachtet werden.«[5]

Natürlich glaubte LANCZOS keinesfalls an einen solchen kolossalen Zufall, sondern arbeitete ruhig weiter an EINSTEINS Gravitationstheorie, auch nachdem er im Herbst 1924 eine Assistentenstelle bei ERWIN MADELUNG in Frankfurt am Main annahm.[6]

In Frankfurt konnte sich LANCZOS sogleich nützlich machen, da MADLUNG gerade die zweite Auflage seines Buches *Die mathematischen Hilfsmittel des Physikers* (SPRINGER, Berlin 1925; erste Auflage 1922) vorbereitete. Gegenüber der ersten fügte der Autor unter anderem Zusätze ein über die Verwendung Greenscher Funktionen, Randwertaufgaben, die Allgemeine Relativitätstheorie und die Quantentheorie. In einigen dieser Themen hatte der neue Mitarbeiter schon Erfahrungen gesammelt, jetzt konnte er sie gut einbringen. MADELUNG sah sich veranlaßt, im Vorwort »im Besonderen den Herren Kollegen COURANT-Göttingen und LANCZOS-Frankfurt am Main für ihre Unterstützung beim Lesen der Korrekturen« zu danken. Daß LANCZOS neben dem berühmten Mathematiker erwähnt wurde, bedeutet wohl, daß er mehr beitrug als nur Korrekturen zu lesen.

Die Arbeit am Buch des Chefs brachte LANCZOS durchaus eigenen Gewinn, lernte er doch dadurch das jüngst erschienene Buch von RICHARD COURANT und DAVID HILBERT, die *Methoden der mathematischen Physik* (SPRINGER, Berlin 1924), ausführlich kennen. Es berichtete insbesondere über mathematische Hilfsmittel, die er gerade jetzt in seiner physikalischen Forschung ausgezeichnet gebrauchen konnte, ja zum Teil bereits selbst zu entwickeln begonnen hatte. So hielt er in einer nachträglichen Anmerkung zu einer im Oktober 1924 eingereichten Arbeit fest:

»Bei der Abfassung dieser Arbeit habe ich leider die bereits vorhandene mathematische Literatur nicht genügend berücksichtigt. Ich möchte darum an dieser Stelle darauf hinweisen, daß bereits HILBERT in seinen grundlegenden Arbeiten über Integralgleichungen den ›Greenschen Tensor‹ zur Lösung von simultanen Differentialgleichungen angewandt hat (vgl. auch das zum Überblick über die Theorie der Integralgleichungen vorzüglich geeignete Buch von COURANT-HILBERT, Methoden der mathematischen Physik I, S. 316, SPRINGER, 1924). Es handelt sich bei ihm naturgemäß nur um euklidische Bereiche. Der in obigem gegebene Aufbau dürfte dem Gedankengang des theoretisch interessierten Physikers näher stehen.«[7]

5 *Lanczos* in *Hopmann*, Die Deutung der Ergebnisse der amerikanischen Einsteinexpedition, Physikalische Zeitschrift 24, 476, 1923; besonders Seite 484.

6 *Himstedt* wurde um diese Zeit emeritiert und *Gustav Mie* zu seinem Nachfolger berufen. *Mie* hatte sich früher mit ähnlichen Problemen beschäftigt wie *Lanczos*, es kam aber zu keinem Austausch zwischen beiden.

7 *Lanczos*, Zum Problem der unendlich schwachen Felder in der Einsteinschen Gravitationstheorie, Zeitschrift für Physik 31, 112, 1925; besonders Seite 124, Fußnote 1.

Ein grundlegender Beitrag zur Quantenmechanik (1925–1926)

LANCZOS packte nun mit den Methoden der von ihm neuentdeckten und erweiterten Hilbertschen Integralgleichungstheorie eine ganz andere Aufgabe an, das Problem, die Struktur der Strahlung zu erklären. Im Jahre 1924 hatte der indische Physiker SATYENDRA NATH BOSE der Einsteinschen Lichtquantenhypothese durch seine neue statistische Abzählungsmethode wieder Auftrieb gegeben, während NIELS BOHR und seine Mitarbeiter in Kopenhagen die Wellennatur des Lichtes betonten. LANCZOS versuchte nun zu zeigen, daß die rätselhafte Quantenstruktur des Lichtes und das damit verbundene elektrodynamische Verhalten der Atome (nach der Bohr-Sommerfeldschen Atomtheorie) durchaus aus einer reinen Kontinuumsfeldtheorie folgen könnte, falls man ein geschlossenes EINSTEIN-de Sittersches Universum zugrunde legt. Er fand, daß die Integralgleichungskerne, mit deren Hilfe er die Situation beschrieb, in der Tat Eigenschwingungen zuließen, die den von BOHR, HENDRIK KRAMERS und JOHN SLATER geforderten »virtuellen Oszillatorfeldern« entsprachen. Und er schloß im Mai 1925:

»Auf Grund dieser Auffassung scheint also die Lösung des Quantenproblems auf die Kenntnis eines allgemeinen, vorerst noch weitaus im Dunkeln liegenden Hamiltonschen Prinzips und dessen Verknüpfung mit den Eigenfunktionen zurückzugehen. Andererseits ist es nicht als ausgeschlossen zu erachten, durch näheres Verfolgen der weitgreifenden ›Methode der Eigenfunktionen‹ selbst ohne explizite Benutzung eines Hamiltonschen Prinzips auf noch weitere Einzelheiten neues Licht zu werfen.«[8]

Während er noch über den Ausbau seines Programmes nachsann, nämlich aus der Allgemeinen Relativitätstheorie heraus unter besonderen Annahmen über die Struktur des Raumes im großen ein Wirkungsprinzip zu bekommen, das alle Quanteneffekte erklären kann, wurde er durch eine ganz anders geartete Entwicklung des Quantenproblems überrascht. Sie ging von einem der Zentren der Atomtheorie in Deutschland aus: In Göttingen hatte WERNER HEISENBERG im Mai und Juni 1925 den entscheidenden Schritt zur endgültigen Quantenmechanik getan, und MAX BORN und PASCUAL JORDAN hatten seine Ideen in die mathematische Form der Matrizenmechanik gegossen.[9] In dieser Göttinger Quantenmechanik wurden die physikalischen Größen durch Matrizen beschrieben: manche Größen, wie Ort und Impuls eines Teilchens, vertauschen nicht wie in der klassischen Theorie, sondern die Differenz ihrer kommutierten Produkte ist von der Größenordnung der Planckschen Konstante. Die Göttinger konnten zeigen, daß die vorher bekannten Widersprüche in der Quantentheorie nun verschwinden.
Es gehört zu den großen Verdiensten von LANCZOS, der keinen direkten Kontakt mit den damaligen Größen der Atomtheorie hatte, daß er sofort die Bedeutung der Göttinger Arbeiten begriff und sie völlig eigenständig fortsetzte. So leitete er

8 *Lanczos*, Stationäre Elektronenbahnen und die Methode der Eigenfunktionen, Zeitschrift für Physik 33, 128, 1925, besonders Seite 141.

9 Siehe *Heisenberg*, Über die quantentheoretische Umdeutung kinematischer und mechanischer Beziehungen, Zeitschrift für Physik 33, 879, 1925; *Born* und *Jordan*, Zur Quantenmechanik, Zeitschrift für Physik 34, 858, 1925.

seinen am 22. Dezember 1925 bei der Redaktion der Zeitschrift für Physik eingegangenen Artikel »Über eine feldmäßige Darstellung der neuen Quantenmechanik« mit den Worten ein:

»Die weitausholenden Gedankengänge HEISENBERGS dürften für die Quantenforschung von bahnbrechender Bedeutung sein. In konsequenter Weiterführung der neuen Ideen ist es BORN und JORDAN gelungen, den Heisenbergschen Konzeptionen in groß angelegter Verallgemeinerung den adäquaten mathematischen Ausdruck zu geben und die allgemeinen formalen Grundlagen der neuen Theorie aufzudecken. Man gelangt zu einer folgerichtig aufgebauten Diskontinuumstheorie, für die die klassischen Begriffe nur noch korrespondenzmäßig und als heuristischer Wegweiser von Bedeutung sind, die aber von Anfang an ihre eigenen Wege geht und mit den alten Symbolen einen vollständig neuen Sinn verknüpft. Die prinzipiellen Grundlagen der Quantentheorie haben damit eine ungeahnte Vertiefung erfahren.«[10]

Den entscheidenden Schlüssel zum eigenen Beitrag des Frankfurter Assistenten lieferte seine Einsicht, daß die Quantenmechanik von HEISENBERG, BORN und JORDAN mathematische Verwandtschaft zeigte mit seiner früheren Behandlung der Allgemeinen Relativitätstheorie und der Strahlungstheorie auf der Grundlage der Hilbertschen Mathematik. LANCZOS erkannte nämlich »einen außerordentlich schönen Zusammenhang, der zwischen der HEISENBERG-BORN-JORDANschen Theorie und der Theorie der Integralgleichungen herzustellen ist«:

»Wir werden sehen, daß alle Ergebnisse der Theorie auch in Form von Integralgleichungen ausgedrückt werden können, und somit eine Formulierung erfahren, die für den mit analytischen Mitteln zu arbeiten gewohnten Physiker näherliegend erscheinen mag, als die matrizenmäßige Darstellung. Gleichzeitig stellt sich damit auch eine Kontinuumsauffassung ein, die, was die *Beschreibung* der Tatsachen anbelangt, der Diskontinuumsauffassung gleichberechtigt zur Seite stehen kann, da zwischen beiden Auffassungen eine eindeutige Korrespondenz besteht. Was aber die *Deutung* der Tatsachen, also das eigentliche Wesen der Quanten anbelangt, ist es nicht ausgeschlossen, daß die integrale Formulierung sogar der matrizenmäßigen überlegen ist, insofern sie den Vorzug hat, mit der Feldvorstellung unmittelbar vereinbar, ja geradezu auf sie aufgebaut zu sein, während der Diskontinuumsauffassung der Begriff des Feldes offenbar fernliegt.«[11]

LANCZOS führte, Monate vor ERWIN SCHRÖDINGER, einen unendlich-dimensionalen mathematischen Funktionenraum ein, der durch orthogonale Eigenfunktionen $\phi^{i}(s)$ aufgespannt wird, die ihrerseits Lösungen einer grundlegenden Integralgleichung sind.[12] Nun entspicht jede Matrix aus der Göttinger Quantenmechanik einer Kernfunktion $f(s, \sigma)$ nach der Integralgleichung

$$a_{ik} = \int f(s,\sigma)\phi^{i}(s)\phi^{k}(\sigma)\, ds\, d\sigma,\ i = 1,2,3,\ldots \qquad (1)$$

10 *Lanczos*, Über eine feldmäßige Darstellung der neuen Quantenmechanik, Zeitschrift für Physik 35, 812, 1926; besonders Seite 812.

11 Fußnote 10, Seiten 812–813.

12 Jede Eigenfunktion $\Phi^{i}(s)$ löst die Integralgleichung
$\Phi(s) = \lambda \int K(s, \sigma)\, \Phi(\sigma)\, d\sigma.$
mit dem »grundlegenden« Integralkern $K(s, \sigma)$ und dem Eigenwert $\lambda_i = 1,2,3\ldots$

Diese Beziehung läßt sich auch umkehren, so daß der Autor jede Matrizengleichung in eine Integralgleichung umschreiben konnte und umgekehrt. Als Beispiel sei hier die der Bewegungsgleichung entsprechende Lanczossche Integralgleichung angegeben, nämlich:

$$\dot{f}(s,\sigma) = \int [K(s,\tau)\, f(\tau,\sigma) - f(s,\tau)\, K(\tau,\sigma)]\, d\tau = [K f - f K]\, (s,\sigma). \qquad (2)$$

wobei K(s, σ) die fundamentale »Kernfunktion« darstellt, die bis auf Faktoren mit dem aus der Hamiltonschen Matrix erhaltenen Integralkern übereinstimmt. Auch für die berühmten Vertauschungsrelationen fand der Autor eine feldmäßige Darstellung als (symbolisch geschrieben)

$$[p\, q - q\, p]\, (s,\sigma) = \frac{h}{2\pi i} E(s,\sigma), \qquad (3)$$

mit den universellen »Einheitskern« E(s, σ).
LANCZOS schloß aus der feldmäßigen Darstellung der neuen Quantenmechanik vor allem:

»Für die formale Behandlung der [Quanten-]Probleme ist es durchaus gleichgültig, ob man die Grundgleichungen in Form von Integralgleichungen hinschreibt ... oder ob man unmittelbar die aufbauenden Koeffizienten zum Ausgangspunkt wählt und die entsprechenden Matrizengleichungen in Anwendung bringt. Je nach Art des mathematischen Problems dürfte die eine oder die andere Darstellung vorzuziehen sein ... Sind alle physikalischen Tatsachen von der Beschaffenheit, daß sie uns prinzipiell immer nur die Koeffizienten der Matrizen liefern können, so gebührt der matrizenmäßigen Darstellung der Vorzug (wenigstens vom positivistischen Standpunkt aus!), weil sie kein prinzipiell unerreichbares Element in die Beschreibung der Tatsachen hineinbringt. Die Sachlage ändert sich aber, wenn dem Kern eine physikalische Bedeutung zukommt. In diesem Fall muß die feldmäßige Darstellung als die adäquatere gelten, weil die matrizenmäßige Formulierung insofern weniger liefert, als sie nur die Eigenwerte des Kernes geben kann, das System der Eigenfunktionen aber unbestimmt läßt.«[13]

Das klingt mehr als eine Vorahnung der Schrödingerschen Wellenmechanik!
In zwei weiteren Arbeiten versuchte LANCZOS seinem Ziel, die grundlegende Kernfunktion festzulegen, näherzukommen. Er neigte nunmehr zur Ansicht, daß nicht dem der Hamiltonschen Funktion (oder Matrix) entsprechenden Kern K(s, σ) eine universelle und fundamentale Rolle als »Quantenfunktion« zukomme, sondern eher dem Kern in der Vertauschungsrelation (3) – eine Idee, die vielleicht engeren Anschluß an seine frühere Vorstellung ermöglichte, nach der die Struktur des Universums im großen die Natur der Quantenerscheinungen im kleinen festlegte. Während er sich in dieser Richtung ohne zählbaren Erfolg abmühte, erschienen die ersten beiden Arbeiten ERWIN SCHRÖDINGERS in den

13 Fußnote 11, Seiten 819, 820–821.

14 *Lanczos*, Variationsprinzip und Quantenbedingung in der neuen Quantenmechanik, Zeitschrift für Physik 36, 401, 1926; Über die komplexe Beschaffenheit der quantenmechanischen Matrizen, Zeitschrift für Physik 37, 405, 1926.

Annalen der Physik. Sie lösten praktisch das Problem, das sich LANCZOS gestellt hatte, nämlich eine »feldmäßige« Form der neuen Quantenmechanik zu geben, allerdings nach der Methode der Differentialgleichungen. LANCZOS wußte aber, daß die Schrödingersche Methode der seinen mathematisch völlig gleichwertig war und daß alle seine Beziehungen leicht in Differentialgleichungen umgeschrieben werden konnten. Zur Lösung der Atomprobleme eignete sich freilich die Wellenmechanik viel besser. Daher baute LANCZOS die Integtralgleichungstheorie nicht weiter aus, sondern wandte sich in den folgenden Jahren erneut seiner älteren Liebe zu, der Allgemeinen Relativitätstheorie.[15]

Von Frankfurt am Main in die Welt und zurück in die Heimat (1928–1974) (Berlin, Lafayette, Seattle, Los Angeles, Dublin, Budapest)

Die weitere wissenschaftliche Laufbahn von LANCZOS vollzog sich stetig, wenngleich sie ihn weit in der Welt herumführte. LANCZOS habilitierte sich 1927 in Frankfurt am Main. Das Jahr 1928/1929 verbrachte er als Stipendiat der Notgemeinschaft der Deutschen Wissenschaft in Berlin bei ALBERT EINSTEIN. Bereits 1931 erreichte ihn ein Ruf aus den Vereinigten Staaten: an der Purdue University in Lafayette (Indiana) erhielt er eine Professur für mathematische Physik. Obwohl er 1932 in Frankfurt am Main zum Extraordinarius befördert wurde, kehrte er nach 1933 verständlicherweise nicht ins nationalsozialistische Deutschland zurück, sondern blieb in Lafayette, wo er auch für die Flugingenieurswissenschaft zuständig war, bis 1946. Im Zweiten Weltkrieg, von 1943 bis 1944, arbeitete er hauptamtlich als Mathematiker des National Bureau of Standards, danach nahm er den Posten eines Senior Research Engineer bei der Boeing Airplane Company in Seattle (1946–1949) an und wurde schließlich Mitglied des Instituts für numerische Analysis des National Bureau of Standards in Los Angeles (1949–1952). Die letzten 22 Jahre seines Lebens verbrachte er näher der Heimat als Professor am Institute for Advanced Studies in Dublin, obwohl er zugleich immer wieder beratende Tätigkeiten für amerikanische Firmen (z. B. die North American Aviation Company oder das Laboratorium der Ford Motor Company) und Gastprofessuren (etwa an der North Carolina State University in Rayleigh) ausübte. Er starb am 24. Juni 1974 in Budapest, zu Gast in seinem Heimatlande, und hinterließ aus

15 Allerdings verleugnete *Lanczos* auch später nicht seine Einsichten aus der Beschäftigung mit der feldmäßigen Darstellung der Quantenmechanik; siehe z. B. in seiner Arbeit »Die Erhaltungssätze in der feldmäßigen Darstellung der Diracschen Theorie«, Zeitschrift für Physik 57, 484, 1929, die er mit der Bemerkung schloß (Seite 493):
»Sollten sich die hier vorausgeahnten Möglichkeiten als wirklich lebensfähig erweisen, so würde die Quantenmechanik aufhören, eine selbständige Disziplin zu sein. Sie würde verschmelzen mit einer vertieften ›Theorie der Materie‹, die auf reguläre Lösungen von nichtlinearen Differentialgleichungen aufzubauen hätte, – in letztem Zusammenhang also aufgehen in den ›Weltgleichungen‹ des Universums. Der Dualismus ›Materie-Feld‹ würde dann ebenso überwunden sein, wie der Dualismus ›Korpuskel-Welle‹.«

Cornelius Lanczos, 1960

seiner ersten Ehe mit MARIA RUPP einen Sohn ELMAR. Seine zweite Frau ILSE HILDEBRAND starb ebenfalls 1974.

In seinen späten Frankfurter Jahren, in Berlin und im ersten Jahrzehnt in Amerika setzte LANCZOS die Arbeit an der geliebten Allgemeinen Relativitätstheorie fort. Bei EINSTEIN untersuchte er die Diracsche Theorie des Elektrons und schlug ihre Erweiterung zu einer Feldtheorie der Materie vor, wobei er an seine eigenen Ziele vor 1925 anknüpfte. In einer Reihe von Artikeln aus den Jahren 1930 und 1931 schuf er die Theorie des Starkeffektes in sehr starken elektrischen Feldern: er fand dazu eine Lösung der Schrödingergleichung jenseits der üblichen Störungsrechnung und erhielt Ausdrücke für die Linienverbreiterung und Intensitäten, die mit den experimentellen Ergebnissen von RAUSCH VON TRAUBENBERG und RUDOLF GEBAUER ausgezeichnet übereinstimmten.[16]

16 *Lanczos*, Zur Intensitätsanomalie der Starkeffekt-Linien in sehr starken Feldern, Naturwissenschaften 18, 329, 1930.

In Amerika war neben dem Spezialisten der Allgemeinen Relativitätstheorie vor allem der angewandte Mathematiker LANCZOS gefordert. Sein Blick für übergreifende Zusammenhänge und seine Kenntnis zuverlässiger und eleganter Methoden befruchteten viele Gebiete. Ein besonderes Verdienst erwarb er sich durch den Hinweis auf und den Ausbau der Anwendung Tschebyscheffscher Polynome.[17] Er arbeitete gleichermaßen über Eigenwertprobleme von Matrizen, Differentialgleichungen und Integraloperatoren, über Randwertprobleme, iterative Lösungen von linearen Systemen sowie über Fourieranalyse und ihre Verwertung.

Trotz der Bemühung um viele mathematische Probleme verlor LANCZOS nie das Ziel aus dem Auge, zu dem er angetreten war: die Erklärung der Naturgesetze auf der Grundlage der Allgemeinen Relativitätstheorie. In der Einleitung zu einem Bericht über »Die neue Feldtheorie EINSTEINS« von 1931 streicht er den Grundcharakter des Programms seines verehrten Meisters heraus, nämlich:

> »das logisch-deduktive Eindringen in die Natur im Glauben an die Universalität alles kosmischen Geschehens und im Vertrauen auf die Verstehbarkeit der Weltidee durch das mathematische Gesetz«[18]

Es war auch LANCZOS' Programm, das er verteidigen wollte gegen das Aufkommen »einer rigoroseren und intoleranteren Form des Positivismus, die für die tiefere Problematik der Relativitätstheorie kein Verständnis entgegenbringt, diese sogar in ihrer Möglichkeit leugnet«. Selbst ein »Metaphysiker«, warf LANCZOS den »Positivisten«, die in die Theorie nur prinzipiell beobachtbare Elemente aufzunehmen wünschen, die Unterschätzung des Beobachtbaren vor, »die ein allzu menschliches Element in die Erforschung der Natur bringt«.[19] Ein halbes Menschenalter versuchte er ohne Ermüden, Gravitationstheorie, Elektrodynamik und Wellenmechanik zu vereinigen. Dazu sollte im wesentlichen ein bereits 1931 von ihm entdecktes, quadratisches Wirkungsprinzip dienen. Noch in einer kurz vor dem Tode, im März 1974 eingereichten Arbeit zog er daraus Konsequenzen.[20]

LANCZOS wird von vielen, die ihm begegneten, als »echter Freund« geschildert, »der alle, die mit ihm in Berührung kamen, durch den außerpolitischen Umfang seiner Interessen in Literatur, Musik, Theater, Politik und Geschichte in Erstaunen setzte«.[21] Er gehörte, ähnlich den von ihm verehrten EINSTEIN und SCHRÖDINGER, zu den wenigen Gelehrten, die alle Bereiche der Physik noch als eine Einheit sahen und entsprechend handelten. Bekannt ist seine stets freundliche Bescheidenheit, die vom Herzen kam und sich besonders in einer Episode wider-

17 Siehe den Artikel *Lanczos,* Trigonometric interpolation of empirical and analytical functions, Journal of Mathematics and Physics 17, 123, 1938, und seine Teilnahme am Project *Tables of Chebychev Polynomials* (1952) des National Bureau of Standards.

18 *Lanczos,* Stellung der Relativitätstheorie zu anderen physikalischen Theorien, Naturwissenschaften 20, 113, 1932; besonders Seite 115.

19 Fußnote 18, Seite 116.

20 *Lanczos,* Gravitation and Riemannian Space, Foundations of Physics 5, 9, 1975.

21 *Yourgrau, Cornelius Lanczos* (1893–1974), Foundations of Physics 5, 19, 1975; besonders Seite 20.

spiegelte, die der Autor dieser Zeilen selbst erlebte. Auf der PAUL DIRAC gewidmeten Triester Konferenz im September 1972 trug BARTEL VAN DER WAERDEN über PAULIS Beweis der Gleichwertigkeit von Matrizen- und Wellenmechanik vor und berichtigte dessen abfällige Einschätzung der wichtigen Arbeit von LANCZOS, die eingangs erwähnt wurde. Nach dem Vortrag stellte der Vorsitzende LÉON ROSENFELD dem Redner den gleichfalls anwesenden LANCZOS vor. LANCZOS bedankte sich für die Ausführungen mit den Worten:

»You rehabilitated my work. PAULI was a vicious man, as everybody knows. Anything which did not agree with his ideas was wrong, and anything was right only if he made it, if he discovered it, which is all right for such a great man.«

Und auf die Frage VAN DER WAERDENS, warum er sich nach der Entdeckung der Wellenmechanik nicht weiter mit diesem fruchtbaren Gebiet beschäftigt hätte, antwortete LANCZOS einfach:

»Afterwards, it was too trivial. I mean it was no longer of interest, because SCHRÖDINGER came along and he did it. As it often happens, it is the second man who hits the nail on the head and not the first one.«[22]

(Eine ausführliche Darstellung und Einordnung der Lanczosschen Arbeit zur Quantenmechanik findet sich in *Band 3* von MEHRA und RECHENBERG: *The Historical Development of Quantum Theory.*[23])

22 *Lanczos* in der Diskussion von *van der Waerden*, From matrix mechanics and wave mechanics to unified quantum mechanics, in *The Physicist's Conception of Nature* (*Mehra*, Hrsgb., *Reidel*, Dordrecht und Boston 1973), Seiten 276–293; besonders Seite 287.

23 *Mehra* und *Rechenberg: The Historical Development of Quantum Theory*, (Springer-Verlag, New York, Heidelberg und Berlin 1982), *Band 3*, Kapitel V.2.

Karl Wilhelm Meissner

1891–1959

von

Jörg Kummer

Frankfurt am Main

KARL WILHELM MEISSNER wurde am 15. Dezember 1891 in Reutlingen in Württemberg geboren. Kindheit und Jugend in seiner Geburtsstadt hat er später selbst immer als sehr glücklich bezeichnet. Zeitlebens war er seiner zwei Jahre älteren Schwester und deren Kindern eng verbunden.

Nach dem Abitur am Humanistischen Gymnasium schrieb er sich zum Wintersemester 1910/11 für Physik und Mathematik an der Universität Tübingen ein. Nach drei Semestern wechselte er für ein Jahr nach München, wo er u. a. RÖNTGENS und SOMMERFELDS Vorlesungen besuchte. Dann kehrte er nach Tübingen zurück, um unter der Leitung von Prof. PASCHEN auf dessen Gebiet, der Spektroskopie, arbeiten zu können. 1914, noch als Student, gelang es MEISSNER als erstem, die Existenz von Sauerstoff im Sonnenspektrum nachzuweisen. Im Anschluß an die Promotion über »Interferometrische Wellenlängenbestimmung im infraroten Spektralbereich« im Juli 1915, war er für eine kurze Zeit im württembergischen Schuldienst tätig. Im Mai 1916 kam er als Assistent zu Prof. EDGAR MEYER nach Zürich und habilitierte sich dort mit »Untersuchungen des Neonspektrums« im Wintersemester 1918. Er hatte herausgefunden, daß die Folge der Spektralterme beim Neon, anders als bei allen anderen bis dahin untersuchten Spektren, zwei Grenzwerten zustrebt. Dies war ein für die Entwicklung der Theorie der Atomspektren sehr bedeutungsvolles Ergebnis.

Im darauffolgenden Jahr verheiratete sich Dr. MEISSNER mit der aus Polen stammenden jungen Physikerin Dr. JANKA KOHN.

Im Sommer 1924 wurde er Erster Assistent am Züricher Physikalischen Institut. In dieser Zeit entstanden Arbeiten über Spektralserien von Indium und Gallium, Neon und Argon sowie Cäsium und über die Bogenspektren von Blei, den Stark-Effekt bei Neon, ferner über Probleme der Strahlungsmeßtechnik und der interferometrischen Wellenlängenbestimmung im roten und infraroten Spektralbereich.

Der Wechsel von Zürich nach Frankfurt am Main zum Sommersemester 1925 auf die planmäßige Assistentenstelle am Physikalischen Institut der Universität war mit der Ernennung zum (nichtbeamteten) außerordentlichen Professor verbunden. Diese Stelle hatte vorher Prof. WALTER GERLACH inne, der nach Tübingen berufen worden war. Auch dessen Lehrauftrag für Höhere Experimentalphysik wurde nun Herrn MEISSNER übertragen.

Schon kurz darauf erhielt Prof. MEISSNER zwei Rufe: den einen an das Dornosche Institut nach Davos (ein Strahlungslaboratorium), den anderen, gut dotierten, an die Physikalisch Technische Reichsanstalt nach Berlin. Beide lehnte er ab, um in Frankfurt am Main bleiben und arbeiten zu können. Hier wurde mit der Emeritierung von Prof. BRENDEL im Jahre 1927 die Nachfolge für das Ordinariat für Astronomie akut. Die Fakultät – insbesondere sein Institutsdirektor, Prof. WACHSMUTH – setzte sich energisch für MEISSNER ein, u. a. mit dem Hinweis, daß Gefahr bestünde, ihn nach Halle zu verlieren. So wurde MEISSNER im Sommer 1928 zum Ordentlichen Professor für Astronomie und zum Direktor der Universitätssternwarte ernannt. Damit lag eine große Arbeitslast auf ihm: er hatte die Verpflichtung, die Astronomie, die Astrophysik und die Höhere Experimentalphysik in Vorlesungen und Übungen zu vertreten. Daneben behielt er die Leitung der von ihm im Physikalischen Institut angeregten wissenschaftlichen Arbeiten. Außerdem oblag es ihm, »sich an den Vorlesungen und Übungen im Interesse des Physikalischen Vereins zu beteiligen« (wofür dieser ein gesondertes Jahreshonorar zu zahlen hatte).

Zwar konnte er die bisher wöchentlich an 2 Abenden für Gewerbelehrer gehaltenen Experimentalphysikkurse abgeben, doch übernahm er dafür eine der 1-stündigen »Abendvorlesungen für die Mitglieder des Vereins«: der »Physik der Sonne« folgten im WS 1928/29 »Wesen und Bau der Fixsterne«, im nächsten Jahr »Planeten und Kometen« und »Sternhaufen und Nebelflecke«. Nach »Atomphysik und kosmische Probleme« (SS 1930) und »Optische Instrumente« (WS 1930/31) machte MEISSNER sich im SS 1931 Gedanken über »Energiequellen der Sternstrahlung« – 7 Jahre vor dem BETHE-V. WEIZSÄCKER-Zyklus und dem H-H-Prozeß von CRITCHFIELD und GAMOW. Es ist sehr zu bedauern, daß es keine Aufzeichnungen über diese Vorlesungen gibt. Doch finden sich in den Jahresberichten des Physikalischen Vereins Kurzfassungen der meisten »Wissenschaftlichen Samstagsvorträge«, zu denen MEISSNER seit 1925 in jedem Jahr einen beisteuerte, z. B. »Lichtdruck und kosmische Probleme« (1928), »Aus der Werkstatt des Spektroskopikers« (1930) – der ein wahres Feuerwerk von Experimenten bis hin zu Zeeman- und Stark-Effekt gewesen sein muß – sowie kurz vor Weihnachten 1932 »Physik des Kinderspielzeugs«.

Knapp vier Jahre später (1932) mußte Prof. WACHSMUTH sich aus gesundheitlichen Rücksichten im Alter von 64 Jahren von seinen Pflichten im Physikalischen Institut entbinden lassen. Zu seinem Nachfolger als Ordinarius für Experimentalphysik und als Institutsdirektor ernannte der Preußische Kultusminister am 1. April 1932 MEISSNER und beauftragte ihn gleichzeitig mit der Vertretung des Lehrstuhls für Astronomie und der Wahrnehmung der Geschäfte des Direktors des Astronomischen Instituts. Gleichzeitig übernahm er von WACHSMUTH die traditionelle wöchentliche Schülervorlesung des Physikalischen Vereins für die Oberstufenschüler Frankfurter Gymnasien, die er neben der Vorlesung für die Mitglieder mit viel Engagement am Spätnachmittag oder Abend hielt. Er liebte die aufmerksame Zuhörerschaft ebenso wie das demonstrierende Experimentieren. Sollte es noch eines Hinweises auf die Breite seiner Interessen bedürfen: im Wintersemester 1932/33 lautete das Thema seiner Vorlesung für die Mitglieder des Vereins »Die physikalischen Grundlagen der Musik«.

Noch einmal waren also Arbeitsumfang und Verantwortung gewachsen, doch MEISSNER verfügte über eine enorme Arbeitskraft und vor allem über große Begeisterung für sein Fach und die akademische Lehre. Diese Begeisterung übertrug sich auch auf seine Studenten und beeindruckte sie so nachhaltig, daß sie noch Jahrzehnte später von MEISSNERS Vorlesungen berichteten. Dabei hoben sie die Klarheit der Darstellung hervor, rühmten MEISSNERS Experimentierkunst und nicht zuletzt erinnerten sie sich an seinen Humor.
Daneben widmete sich MEISSNER intensiv den Forschungsarbeiten im Institut: mit GRAFFUNDER untersuchte er die Lebensdauer angeregter Atomzustände (1927), ein Thema, das noch mehrfach in folgenden Dissertationen und Publikationen aufgegriffen wurde. 1933, fast 20 Jahre nach dem Nachweis von Sauerstoff in der Sonne, fand er mit einer ähnlichen spektroskopischen Methode wie damals auch Schwefel im Sonnenspektrum.

Karl Wilhelm Meißner, 1934

MEISSNERS Interesse galt neben den Gesetzmäßigkeiten und den Feinheiten in den Spektren auch den Lichtquellen selbst: Lichtbogen und Gasentladungen wurden in mehreren Arbeiten untersucht.

Die Spektrallinien aus solchen Lichtquellen sind infolge der heftigen ungeordneten Bewegung und der zahlreichen Zusammenstöße der emittierenden Atome verbreitert. Dies begrenzt die spektrale Auflösung. MEISSNERS Streben, als Spektroskopiker über eine Quelle zu verfügen, deren Licht frei von solchen verbreiternden Einflüssen ist, gipfelte in der Idee einer Atomstrahl-Lichtquelle, die er 1935 (gemeinsam mit LUFT und gleichzeitig, aber unabhängig von MINKOWSKI und BRUCK) entwickelte: die in einem flachen Teilchenstrahl durch Elektronenbeschuß zur Strahlungsemission angeregten Atome werden senkrecht zu ihrer Flugrichtung beobachtet – frei von Doppler-Effekt- und Stoßverbreiterung.

Mit der hohen Auflösung der Atomstrahlmethode konnte MEISSNER nun Hyperfeinstrukturen in den Spektren untersuchen (z. B. bei einer der Na-D-Linien), welche von den magnetischen Momenten der Atomkerne herrühren – und er konnte jetzt auf die Suche nach einem verbesserten Längennormal auf der Basis einer interferometrisch leicht zu vervielfältigenden Lichtwellenlänge gehen. Diese Frage beschäftigte ihn über viele Jahre hinweg, ja bis kurz vor seinen Tod.

Eine Dissertation zu diesem Thema »Untersuchungen über die Erzeugung der roten Cadmium-Linie als Normale 1. Ordnung« mit einem Michelson-Interferometer (SOHNS) konnte MEISSNER selbst gar nicht mehr bis zu ihrem Abschluß im Jahre 1939 betreuen und beurteilen, denn inzwischen waren die Jahre brauner Herrschaft angebrochen: zunächst wurde MEISSNERS Frau, die ja ebenfalls Physikerin war, als Jüdin das Betreten des Instituts untersagt. Danach nahm die Partei eine nichtige Reiberei mit einem NSV-Sammler zum Anlaß, die Versetzung MEISSNERS in den vorzeitigen Ruhestand aufgrund des sog. »Gesetzes zur Wiederherstellung des Berufsbeamtentums« zu betreiben. (Es war zur »Entfernung von Juden und jüdisch Versippten aus dem öffentlichen Dienst« erlassen worden.) Nach demütigenden Briefwechseln, die ihn das kommende Unheil ahnen ließen, schied er am 19. Juni 1937 als Institutsdirektor aus.

Dr. HELMUT MÜSER, bis 1979 Professor im Physikalischen Institut und damals Student, schreibt in seiner Chronik »Das Physikalische Institut von 1931–1961«. »Ich habe den Hinauswurf miterlebt: er geschah mitten im Semester zwischen zwei Vorlesungen. MEISSNER, dessen Lehrtätigkeit beachtlich war, pflegte von 10–11 Uhr die Hauptvorlesung zu halten und danach von 12–13 Uhr eine 3stündige »Höhere Experimentalphysik« oder eine Spezialvorlesung über seine spektroskopischen Arbeiten. Wir Studenten saßen an jenem Morgen kurz nach 12 Uhr im Kleinen Hörsaal, um MEISSNERS Spezialvorlesung zu hören; er aber kam nicht. Gegen 12.20 Uhr begannen wir zu beraten, ob wir angesichts der Sommerhitze nicht baden gehen sollten. Da erschien, völlig verstört, der Oberassistent Dr. DÄNZER im Hörsaal und rief: »Der Chef ist weg«.

Was war geschehen? Vor der Hauptvorlesung, auf dem Weg vom Direktorzimmer zum Hörsaal übergab ein Bote des Rektorats MEISSNER einen Brief. Darin wurde ihm seine Versetzung in den Ruhestand zum 31. August 1937 mitgeteilt und ihm ab 1. September Hausverbot erteilt. Daß er ahnte, was der Brief enthielt, ist unwahrscheinlich, denn der Vorlesungsassistent, Dr. GRAFENBERGER, sagte später, daß MEISSNER eine Veränderung während der Hauptvorlesung nicht anzumerken gewesen sei. Wohl erst danach nahm er das amtliche Schreiben zur Kenntnis. Wenige Minuten später reagierte er: eigenhändig schraubte er das Direktorschild mit seinem Namen von der Tür, murmelte: »Soll niemand sagen, KARL WILHELM MEISSNER hätte sich etwas angemaßt, was ihm nicht zusteht« und verreiste anschließend mit unbekanntem Ziel.«[1]

MEISSNER hat die letzten Vorlesungsstunden des Sommersemesters 1937 selbst wieder gehalten. In seiner Abschiedsvorlesung im vollbesetzten Großen Hörsaal des Instituts spendeten ihm, so wird berichtet, seine Hörer, Schüler und Assistenten nicht enden wollenden Beifall als Ausdruck ihrer Sympathie, ihres Mitgefühls und ihres Dankes, den er schweigend entgegennahm. Sie wußten oder ahnten zumindest, welch unersetzlichen Verlust die Vertreibung dieser großen Persönlichkeit bedeutete. Den reichen Blumenschmuck seines Dienstzimmers kommentierte er lakonisch mit: »Begräbnis 1. Klasse«.

MÜSER fährt fort: »MEISSNER benutzte den Juli und August, um noch Messungen für eine angefangene Arbeit zu vollenden. Es wurde daraus ein Wettlauf mit der Zeit. MEISSNER experimentierte buchstäblich bis zur letzten Minute, also bis wenige Minuten vor 24 Uhr des 31. August. Er mußte die Apparaturen so stehen lassen, wie sie für seine letzten Messungen aufgebaut waren. Die Meßgeräte, die ihm privat gehörten, holte er am folgenden Tag ab, in der Robert-Mayer-Straße wartend, während das Werkstattpersonal die Geräte in seinen Wagen lud, denn das Gebäude durfte er nicht mehr betreten.«

Nachdem seine Bemühungen, in der Industrie eine Stellung zu finden gescheitert waren, reiste MEISSNER im Frühjahr 1938 in die USA und hielt an 10 Universitäten Gastvorlesungen. (Seine Frau konnte er nicht mitnehmen, da man ihr bei der Ausreise den Paß abgenommen und ihr dann bei der Rückkehr die Wiedereinreise verweigert hätte.) Von drei Angeboten entschied er sich für das Worcester Polytechnic Institute, wo er nach der Emigration[2] im November 1938 als Assistant Professor for Physics neu begann; ein bitterer Beginn, denn nach einem halben Jahr starb seine Frau nach schwerem Krankenlager an Krebs.

Von 1941 an war MEISSNER an der Purdue University in Lafayette/Indiana tätig,

1 Hierzu schrieb mir Frau *Hanna Meissner*: »Karl war Wochen vor Erhalt des Rektorbriefes auf seine Entlassung präpariert. Ich nehme an, daß er genau wußte, was in dem Brief stand, aber seine Vorlesung war ihm wichtiger. Wenn er wollte, konnte er sich wundervoll beherrschen, ebenso konnte er sehr, sehr aufbrausen, wenn ihn etwas sehr ärgerte und es war ihm dann egal, ob er in einem solchen Fall mit dem Präsidenten oder einer Sekretärin sprach.«

2 *Meissner* hatte im voraus die »Reichsfluchtsteuer« bezahlt, sodaß seine Ausreise zunächst für genehmigt gehalten wurde. Als man sehr spät merkte, daß das nicht zutraf, schickte man die Gestapo auf das abfahrbereite Schiff. Bei der Durchsuchung seines Gepäcks stieß man auf das Bild eines Bundesbruders, der einen hohen Posten in der Parteihierarchie bekleidete; die Gestapoleute wurden unsicher und wollten sich neue Weisung holen. Der Kapitän ließ jedoch vorzeitig ablegen und verließ so »rechtzeitig« die Dreimeilenzone.

Karl Wilhelm Meißner, 1950

zuerst als Visiting Professor und nach seiner Einbürgerung in die USA als Professor und Leiter des Spektroskopie-Laboratoriums. 1942 verheiratete er sich mit HANNA HELLINGER, der Schwester seines ebenfalls emigrierten früheren Mathematiker-Kollegen aus Frankfurt am Main. HANNA MEISSNER lehrte (von 1944 bis 1965) als Professorin für Soziologie und Sozialwissenschaft an der Purdue University. Sie war vor ihrer erzwungenen Auswanderung Hauptfürsorgerin der Stadt Frankfurt gewesen.

Mit großem Einsatz hat Professor MEISSNER sich am Purdue Physics Department neue Hilfsmittel für seine anspruchsvollen spektroskopischen Untersuchungen, z. B. am Germanium, geschaffen: u. a. einen großen Gitterspektrographen und eine Atomstrahl-Apparatur.

1942 hatte er in einer Publikation vorgeschlagen, eine Atomstrahlquelle für die Erzeugung eines Wellenlängen- und Längenstandards zu verwenden. 1957, also 15 Jahre später, empfahl die Internationale Kommission für Maße und Gewichte ein Längennormal auf der Basis einer orangen Spektrallinie des Kryptons (Isotop 89), die mit einer bei der Physikalisch Technischen Bundesanstalt von ENGELHARD entwickelten Entladungslampe erzeugt werden konnte und weniger als halb so breit wie die bislang benutzte rote Cadmium-Linie MICHELSONS war. Unmittelbar darauf fand MEISSNER mit seiner immer wieder verbesserten Atomstrahl-Anordnung im violetten Bereich des Calcium-Spektrums schließlich eine Linie, die sich als noch deutlich schmäler als die orange Kryptonlinie erwies. 1958 konnte er mit dieser Ca-Linie Interferenzen bis zu Gangunterschieden von 2½ Millionen Wellenlängen beobachten, mehr als je zuvor, und einen Monat vor seinem Tod übertraf er dieses Ergebnis sogar noch um einen Faktor 2: die violette Ca-Linie wies demnach nur noch ¼ der Breite der vorgeschlagenen orangen Krypton-Linie und nur noch 1/10 der Breite der damals noch als Standard akzeptierten roten Cadmium-Linie auf.[3]

Auch als Hochschullehrer war Professor MEISSNER an der Purdue University außerordentlich geschätzt und beliebt. Zur Ergänzung und Veranschaulichung seiner 2-semestrigen Vorlesung hatte er ein erstklassiges Spektroskopie-Praktikum eingerichtet. Hier lernten seine Studenten ein umfangreiches Instrumentarium aus Refraktometern, Spektrographen und Interferometern kennen, lernten mit ihm zu arbeiten und es zu eichen und wurden zugleich mit den Phänomenen und Gesetzmäßigkeiten vertraut, die sich in den Spektren manifestieren.

In einem Nachruf für die Fakultät der Purdue University, der im Oktoberheft 1959 des Journal of the Optical Society of America erschienen ist, zeichnen MEISSNERS Kollege WALERSTEIN und sein Schüler, Assistent und Mitarbeiter KENNETH ANDREW ein Bild von MEISSNERS Persönlichkeit:

»Das Hervorstechende und Geniale an diesem Experimentalphysiker war sein Reichtum an schöpferischen Ideen, verbunden mit seiner Fähigkeit, ein Problem in seine wichtigen Komponenten zu zergliedern und jede Teilaufgabe mit äußerster Sorgfalt und Geschicklichkeit anzugehen ohne dabei den Blick auf das eigentliche Ziel zu verlieren. Er besaß einen sicheren Instinkt für den richtigen Lösungsweg und ein fast »absolutes Gedächtnis«, so daß einer neuen Fragestellung die Fülle der Erfolge und Mißerfolge aller verwandten früheren Experimente zugute kam, seien sie nun von ihm selbst oder anderen durchgeführt worden – selbst wenn sie 40 Jahre zurücklagen. Verblüffende Gewandtheit zeichneten ihn ebenso sehr aus wie unendliche Geduld. Nie drängte er seine graduierten Studenten, eine Aufgabe schnell zu erledigen, wenn sie nur ernsthaft bei der Arbeit waren, auch wenn ihr Tempo nur ein Bruchteil seines eigenen war. Doch bewirkte er durch sein Beispiel, seine eigene Hingabe mehr als er durch dauernde Ermahnungen erreicht haben könnte. Sein Enthusiasmus war groß und anstek-

3 Dieser, zusammen mit *Victor Kaufmann* durchgeführten Untersuchung, wurde – posthum – im Februar 1960 der Preis des »Commitee for the Best Contributed Paper Published in the Journal of the Optical Society of America« zugesprochen. Am Ende der Arbeit bedanken sich *Meissner* und *Kaufmann* bei Prof. *Czerny* in Frankfurt am Main für die Überlassung der Interferometerplatten aus Quarz: »Es sind dieselben wie die von *Luft* und *Meissner* in den früheren Arbeiten mit Atomstrahlen benutzten.«
Das hiermit mittels dreier Quarzglasstäbe aufgebaute Fabry-Perot-Etalon war etwas über 1 Meter lang und ähnelte stark den Resonatoren heutiger Gaslaser. Man kann nur ahnen, mit welcher Begeisterung *Meissner* die großen Fortschritte in der Spektroskopie begrüßt und sich an ihnen beteiligt haben würde, die durch die Erfindung des Lasers durch *Maiman* (1960, Rubinlaser) und *Javan, Bennet* und *Herriot* (1961, Gaslaser) möglich wurden.

kend . . . er reagierte sofort, wenn ein Student sich als originell oder wissensdurstig erwies, besonders, wenn es sich dabei um sein eigenes, faszinierendes Feld handelte.«

»MEISSNER war selbst stets lernbegierig. Seine Interessen wiesen weit über sein Spezialgebiet, ja die Naturwissenschaften hinaus; sie umfaßten Geschichte, Literatur und Sprachen. Außer Deutsch und Englisch sprach er Französisch und Italienisch und er las Literatur in all diesen Sprachen, außerdem in Lateinisch, Griechisch und Hebräisch. Als tiefreligiöser Mensch griff er gern zur Bibel; auswendig konnte er hieraus lange Passagen zitieren, welche er in seiner Jugend gelernt hatte und als wertvollen Besitz betrachtete.

Gerechtigkeit und Wahrhaftigkeit waren ihm heilig und jede Beeinträchtigung von Recht und Freiheit des einzelnen versetzte ihn ebenso in innere Unruhe wie die Gefährdung der Menschenrechte und des Friedens von vielen. Dann zögerte er auch nicht, dazu Stellung zu nehmen. Wenn er bemerkte, daß einem einzelnen Unrecht widerfahren war, half er ohne Aufsehens, und genauso unterstützte er Gruppen von Benachteiligten.«

WALERSTEIN und ANDREW sprechen schließlich noch von MEISSNERS freundlichen Wesen im Umgang mit anderen Menschen. Nie sei es ihm dabei auf Rang und Namen angekommen.

Wie unvoreingenommen, aufgeschlossen und gütig er war, verspürten alle, die näher mit ihm zu tun hatten, auch die Austauschstudenten aus seiner alten Heimat, die ab 1950 am Purdue Physics Department studieren durften. Sicher war es ihm mit zu verdanken, daß es dort jährlich etwa 3 Studienplätze für sie gab. Bei den Gesprächen im gastlichen Hause des Ehepaares MEISSNER war mehr sein Schmerz als die Verbitterung über das zu spüren, was sich in seiner Heimat ereignet hatte und worunter er und seine Familie so leiden mußten. Gelegentlich griff er zur Gitarre und sang Lieder aus seiner Jugend- und Studentenzeit, erzählte Anekdoten und sprach sogar von der Möglichkeit, wieder einmal nach Deutschland zu kommen.

Die Gelegenheit dazu nahm er, zusammen mit seiner Frau, zum ersten Mal 1953 wahr – sowie erneut im Sommer 1954 anläßlich einer Konferenz in Lund (Schweden) –, wobei er, wie Herr MÜSER sich erinnert, auch seinem alten Institut einen Besuch abstattete. Nach langen Jahren sah er in Eßlingen seine Schwester und deren Tochter wieder.[4]

Die für die folgenden Jahre geplanten Deutschlandbesuche verschob er auf Bitten seiner Frau wegen der beiden Libanon-Krisen, die man in den USA als sehr bedrohlich ansah. Erst im Frühjahr des Jahres 1959 nahm er das ihm in Purdue zustehende Forschungssemester in Anspruch. Im Februar und März verbrachte er jeweils 4 Wochentage im Argonne National Laboratory bei Arbeiten am Radium-

4 *Meissner* hatte seine verwitwete Schwester, die ihre beiden Kinder ohne Rente oder Pension durchzubringen hatte, mit seiner Pension unterstützen können – doch nur bis zu einer entsprechenden Verfügung des damaligen Reichskultusministers im Herbst 1940. Sein hochbegabter, doch schwer herzkranker Neffe wurde noch kurz vor Kriegsende einberufen und praktisch ohne Ausbildung an die Front geschickt. Er ist 1945 gefallen.

Spektrum, die übrigen 3 Tage zusammen mit seinen Studenten im Labor an der Purdue University. Am 9. April 1959 schiffte er sich in New York Richtung Europa ein. Er hatte vor, sich zur Vorbereitung der Interferometerkonferenz in London zunächst einige Tage in Paris, am Bureau International des Poids et Mesures, aufzuhalten und darauf wieder seine Schwester und seine Nichte zu besuchen. Einige Laboratorien standen dann auf seinem Reiseprogramm. Danach wollte er an der Universität Kiel im Sommersemester als Gastprofessor über Spektroskopie lehren und schließlich auf der Londoner Konferenz über seine jüngsten Ergebnisse mit der Atomstrahlquelle berichten. Dies alles konnte er nicht mehr erleben, denn er starb am 13. April an Bord des Schiffes an einer Herzthrombose, nur wenig über 67 Jahre alt.

Außer der erwähnten »Geschichte des Physikalischen Instituts« von HELMUT MÜSER und dem Nachruf von ANDREW und WALERSTEIN sowie MEISSNERS eigenen Publikationen waren mir folgende Quellen wertvoll:
die Ansprache des Dekans der naturwissenschaftlichen Fakultät, Frau Prof. RUTH MOUFANG, im Gedächtniskolloquim am 15. Juli 1959, der Nachruf von Prof. CZERNY in den Physikalischen Blättern 1959 sowie die Jahresberichte des Physikalischen Vereins.
Während eines Aufenthaltes an der Purdue University im akademischen Jahr 1950/51 hatte ich das große Glück, bei Herrn Professor MEISSNER studieren zu dürfen. Später, als Diplomand bei Prof. HERMANN DÄNZER, konnte ich gelegentlich etwas von dessen Erinnerungen an seinen Doktorvater MEISSNER erfahren.
Die Hinweise auf die Kindheit K. W. MEISSNERS und die Umstände bei der Emigration verdanke ich seiner Nichte und Patentochter RENATE SCHUR.
Nicht zuletzt hat Frau HANNA MEISSNER mich ermutigt und mir mit Hinweisen geholfen, wofür ich ihr sehr dankbar bin.
HANNA MEISSNER ist am 8. Februar 1989 in Lafayette verstorben.

Max Seddig
1877–1963

von
Günter Haase
München

MAX SEDDIG wurde am 19. Februar 1877 in Crimmitschau in Sachsen als Sohn des Telegraphenobersekretärs WILHELM SEDDIG und seiner Frau ELISE, geb. KAHNERT geboren. In seiner Schulzeit am Thomas-Gymnasium in Leipzig erhielt er eine grundlegende humanistische Bildung, die seine geistige Entwicklung weiterhin prägte. Schon früh zeigte sich eine starke Neigung zur Mathematik und zu den Naturwissenschaften, vor allem zur Physik, in der er sich nach dem Urteil seiner Lehrer durch selbständiges ideenreiches Experimentieren besonders hervortat. An der Universität in Leipzig widmete er sich in den ersten vier Semestern dem Studium der Medizin, das er durch Vorlesungen in Physik und Mathematik ergänzte. Vom zunächst beabsichtigten Studium der Physik hielten ihn die schlechten Berufsaussichten zurück, zumal er auf keinen Fall Gymnasiallehrer werden wollte. Als er dann in Greifswald sein Studium fortsetzte, beeindruckten ihn zwar die großen Vorlesungen von Geheimrat AUGUST BIER sehr, aber die Physik erwies sich als stärker. Der Direktor des Physikalischen Instituts, der Helmholtzschüler RICHARZ, erkannte SEDDIGS hervorragende experimentelle Begabung, förderte ihn und gab ihm schon bald das Thema für die Doktorarbeit. Als RICHARZ 1901 einen Ruf nach Marburg erhielt, übersiedelte SEDDIG mit ihm dorthin.

1902 wurde SEDDIG in Marburg mit der Arbeit: »Darstellung des Verlaufes der elektrischen Kraftlinien und insbesondere ihrer Richtungsänderungen durch Dielektrika« promoviert (Ann. Phys. (4) 11 (1903) 815). Mit der Elektrostatik beschäftigte sich SEDDIG auch später noch mehrmals. Es seien nur Untersuchungen (des Ballonfliegers SEDDIG) über »Elektrische Ladung auf Ballonhüllen«, Arbeiten über Aufladungen von Filmbahnen für photographische Emulsionen und nach dem 2. Weltkrieg über Aufladung und bildmäßige Entladung von xerographischen Schichten und über triboelektrische Effekte bei der xerographischen Entwicklung genannt. Er bedauerte sehr, daß er bei allen seinen Studien über elektrische Ladungen an Oberflächen von Dielektrika, Sichtbarmachung von Ladungsbildern mit Hilfe von Pigmenten und Entladungsphänomene an der Atmosphäre nicht auf die Idee der Xerographie oder Elektrophotographie gekommen war. Er erkannte aber aus eigener Erfahrung das ihm in der Kette noch fehlende Glied, das den »Funken« zur Erfindung erst hervorbringen konnte.

SEDDIG blieb bis 1907 als Assistent in Marburg, wo er neue Praktika einrichtete und RICHARZ als Vorlesungsassistent unterstützte. Neben der Betreuung von Doktoranden und der Veröffentlichung einiger kleinerer Arbeiten konnte er sich

von 1904 an auf Anregung von RICHARZ auch seiner Habilitationsarbeit widmen. Er habilitierte sich dann 1908 an der Akademie für Sozial- und Handelswissenschaften in Frankfurt am Main mit der Arbeit: »Messung der Temperaturabhängigkeit der Brownschen Molekularbewegung« (Phys. ZS 9 (1908) 465). RICHARZ spricht in seinem Gutachten von einer »Experimentaluntersuchung 1. Ranges«. RICHARD WACHSMUTH, der spätere erste Rektor der Johann Wolfgang Goethe-Universität Frankfurt am Main, spricht als Experimentalphysiker »von einer nach der experimentellen Seite hin ungewöhnlichen Produktivität des Verfassers«. SEDDIG wurde mit seiner Arbeit in der Reihe der Pioniere auf dem Gebiet Perrin und The Svedberg gesehen. EINSTEIN schätzte die Arbeit vor allem im Hinblick auf die mit großer Geschicklichkeit und Sorgfalt erreichte hohe Meßgenauigkeit und die darin begründete Aussagekraft.
Noch im Jahre 1909 richtete SEDDIG in Räumen des Physikalischen Vereins ein Laboratorium für wissenschaftliche Photographie ein. 1913 wurde SEDDIG Abteilungsvorsteher. Bei der damals üblichen Honorierung von Assistenten und Privatdozenten mußte SEDDIG zur Bestreitung seines Unterhaltes über etliche Jahre eine beratende Tätigkeit in der Industrie ausüben. Dort hatte er auch Gelegenheit, nach eigenen Ideen optische Geräte und spezielle Apparaturen bauen zu lassen, die er als persönliches Besitztum für Forschung und Unterricht in seine Abteilung einbrachte. In dieser für ihn wirtschaftlich schwierigen Zeit erschütterte ihn im Jahre 1912 der Tod seiner ersten Frau zutiefst.
1989 kann man in Frankfurt am Main den 80. Jahrestag des ersten akademischen Unterrichts in wissenschaftlicher Photographie zusammen mit dem in der Welt begangenen 150. Jahrestag der Bekanntgabe der Daguerreschen Entdeckung durch Arago in der Akademie in Paris feiern. Hier möge auch die Erinnerung wachgerufen werden an die Daguerrefeier am 22. Juni 1949, bei der in Gegenwart von namhaften Persönlichkeiten aus Wissenschaft, Wirtschaft und Politik in Anwesenheit der Familie SCHLEUSSNER die Daguerrebüste vor dem Verwaltungsgebäude der Firma Dr. C. A. SCHLEUSSNER eingeweiht wurde und SEDDIG als Vertreter der Wissenschaft damals heilsame und ermutigende Worte für die Erneuerung und Fortführung wissenschaftlich-photographischer Arbeit und für einen schöpferischen Unternehmergeist sprach.
SEDDIGS Laboratorium für wissenschaftliche Photographie fand überall in Deutschland hohe Anerkennung (SEDDIG, »Das Laboratorium für wissenschaftliche Photographie und optische Projektion im Physikalischen Institut in Frankfurt am Main«, Naumann's Druckerei, Frankfurt am Main 1914). SEDDIG sah aber Optik und Photographie nur als Glieder einer allgemeinen Nachrichtentechnik, in die auch elektrische und akustische Methoden eingeschlossen werden sollten, die er zunächst nur in Vorlesungen und Seminaren behandelte. Für das weiter gefaßte Konzept ergaben sich schon sehr bald mit dem Beginn des 1. Weltkrieges Notwendigkeiten der Realisierung. Im physikalischen Institut der im Oktober 1914 feierlich eröffneten Universität Frankfurt am Main, an der ihm 1915 der Titel eines Professors verliehen wurde, entwickelte SEDDIG einen neuen Typ einer Elektronenröhre, die sich durch besonders hohe Leistungsfähigkeit und Robust-

heit bei geringer Größe auszeichnete. Mit dieser Röhre und einigem Zubehör stand SEDDIG in der Reihe der Pioniere der Elektronenröhrenentwicklung (»Seddig-Röhre« im Deutschen Museum in München). Er wurde 1916 vom Kriegsministerium beauftragt, in Würzburg eine Fabrik einzurichten, in der Elektronenröhren für Sender und Verstärker bis zum Kriegsende entwickelt und hergestellt wurden. Nach entsprechenden Abwicklungsarbeiten baute SEDDIG am Physikalischen Institut eine Abteilung für Nachrichtentechnik auf, die im wesentlichen mit von ihm selbst und vom damaligen Reichswehrministerium zur Verfügung gestellten Geräten ausgestattet war. Die von der Universität und von anderen Institutionen zunächst mit großem Erfolg geführten Bemühungen, für SEDDIG ein Extraordinariat für seine Spezialgebiete einzurichten, für das die Fakultät die Entscheidung bereits gefällt hatte und für das Mittel schon bereitstanden, scheiterten infolge der Inflation, die in den nächsten Jahren zu äußerster Sparsamkeit zwang. Sein Freund CLEMENS SCHÄFER, der Vertreter der theoretischen Physik an der Universität Breslau, wollte ihn gern für den dortigen Lehrstuhl für angewandte Physik gewinnen. Die Fakultät hatte SEDDIG schon auf die 1. Stelle ihrer Vorschlagsliste gesetzt. Es war aber nur allzu verständlich, daß SEDDIG sich sehr stark an seine Institutsabteilung in Frankfurt am Main gebunden fühlte, für deren Entstehung und Wachstum er so viel Kraft eingesetzt hatte. So war es eine große Erleichterung und Befriedigung, als SEDDIG 1933 zum ordentlichen Professor in Frankfurt am Main ernannt wurde. Er erhielt mit der gleichzeitigen Ernennung zum Vorsteher der Abteilung für Nachrichtenwesen den entsprechenden Lehrauftrag. 1935 wurde er zum Direktor des Instituts für Angewandte Physik mit dem dazugehörigen Lehrauftrag ernannt.

SEDDIG widmete sich in den folgenden Jahren dem Ausbau der angewandten Physik in der oben genannten breiten Konzeption. Alte Verbindungen wurden neu geknüpft, so u. a. mit der Firma Leitz in Wetzlar, mit den Optischen Werken JOSEF SCHNEIDER in Kreuznach, bei deren Gründung SEDDIG Pate stand, und mit der Filmfabrik Dr. SCHLEUSSNER. Beide, J. SCHNEIDER und C. A. SCHLEUSSNER, waren häufige Gäste des Instituts sowohl als Lernende im Bereich Forschung und Lehre als auch als anregende Diskussionspartner. Aus der Photochemie sei nur ein Thema herausgegriffen: Die Anwendung von Ultraschall bei der Herstellung hochauflösender, feinkörniger Emulsionen und bei der Feinkornentwicklung. H. J. HEUSER widmete sich als Assistent einige Zeit dem Erschmelzen optischer Gläser in hochfrequenten elektrischen Feldern zur Herstellung blasen- und schlierenfreien Materials. Von der Optik her kamen mit Beginn des 2. Weltkrieges neue Themen hinzu: Physik und Technik des Hochvakuums, Hochvakuum-Aufdampftechnik, Grenzflächenphysik, Reflexionsminderung an optischen Systemen u. a. Das elektrische Nachrichtenwesen und insbesondere die Hochfrequenztechnik wurde in den späten dreißiger Jahren in Vorlesungen, Forschung und Praktika selbständig von dem Assistenten und dann habilitierten Dozenten O. SCHÄFER vertreten, der sich in den Nachkriegsjahren mit großem Erfolg dem jungen Gebiet der Regelungstechnik zuwandte, für das er ein beliebtes und weit verbreitetes Lehrbuch schrieb, um schließlich an die Technische Hochschule Aa-

Max Seddig, 1955

chen auf den entsprechenden Lehrstuhl berufen zu werden. Seinem Assistenten G. HAASE gab SEDDIG die Möglichkeit, sich zu habilitieren und später als Professor selbständig eine Abteilung für wissenschaftliche Photographie mit Forschungslaboratorien und Praktika einzurichten und die Frankfurter Tradition fortzuführen, die dann 1970 von F. GRANZER übernommen wurde, als HAASE einen Ruf auf den Lehrstuhl für wissenschaftliche Photographie an der Technischen Universität München annahm.

Aus dem weiten Feld der angewandten Physik ließen sich noch etliche weitere Themen nennen, bei denen SEDDIG schöpferisch tätig war. Als beispielhaft seien genannt die Zusammenarbeit mit der William G. Kerckhoff-Stiftung (Thema: Kardiographie) in Bad Nauheim und mit dem Chef der Kinderklinik an der Böttgerstraße (in Frankfurt), Prof. K. SCHEER, mit dem er Geräte für die Milchbestrahlung zur Rachitisbekämpfung in den ersten Nachkriegsjahren (1946–1950) entwickelte.

SEDDIGS Unterrichtsveranstaltungen hatten von Anfang an einen eigenen Stil.

Die konventionelle Vor»lesung« liebte er gar nicht. Wenn er Vorlesungen hielt, waren sie mit Fragen und Diskussionen »gewürzt«. Um diesen Stil sinnvoll zu ermöglichen, stellte er für die Teilnahme hohe Ansprüche, die er später auch dann nicht reduzierte, wenn nur ein kleiner Hörerkreis übrig blieb oder wenn die Vorlesung aus diesem Grunde gar ausfallen mußte. An die Stelle der Vorlesung trat das Seminar, in dem von den Mitarbeitern erhebliche selbständige Vorarbeit gefordert wurde. Manche »Vorlesung« fand im seminaristischen Stil am Arbeitsplatz eines Doktoranden statt.

Der eigene Arbeitsstil SEDDIGS in Forschung und Lehre und im Umgang mit Kollegen und Mitarbeitern bewährte sich vielfach in besonders schwierigen Situationen der Universität im Laufe ihres 75jährigen Lebens: Im 1. Weltkrieg, in der folgenden Inflationszeit, in der Zeit des katastrophalen wirtschaftlichen Niedergangs, in der politisch so gefahrvollen Zeit mit dem 2. Weltkrieg und in der schweren Nachkriegszeit, als die Universität – wie große Teile der Stadt – in Trümmern lag. Was die wirtschaftliche Situation betraf, konnte SEDDIG durch seine erfolgreiche, Vertrauen schaffende kontinuierliche Zusammenarbeit mit der Industrie immer wieder einen erheblichen Beitrag zur Regenerierung und Stabilisierung leisten. In den politisch so gefahrvollen Jahren waren aber über die hohe fachliche Kompetenz hinaus noch ganz andere persönliche Qualitäten ausschlaggebend, an deren Prägung auch die humanistische Bildung mitwirkte, auf deren Hintergrund die naturwissenschaftliche Bildung eigene Formen annahm. Die »Stammwurzeln« reichen bei SEDDIG tiefer. In 1. Näherung können wir ein Bild benutzen, das EBERHARD BUCHWALD entwarf (»physik, gleichung und gleichnis«, Physik-Verlag, Mosbach 1967). In dem Descartesschen Koordinatensystem, in das wir den Menschen setzen, schreiben wir an die x-Achse »res extensa« (Materie im weiten Sinne), an die y-Achse »res cogitans«, aber: »Das Seelische ist in diesem System verschwunden, Liebe und Haß, Glück und Leid, die Schönheit und Kants moralisches Gesetz in uns«. In der Ebene lebt der »Fachmensch«, der »Flächenmensch«, der »oberflächliche Mensch«. SEDDIG war ein »mehrdimensionaler« Mensch. Er wußte um die Komplementarität von Gerechtigkeit und Barmherzigkeit, ohne ihr wörtlichen Ausdruck zu geben, vor allem in den erwähnten kritischen Jahren hatte er aus diesem Spannungsverhältnis heraus immer wieder zu entscheiden. Er war entschiedener Gegner des Nationalsozialismus und er verstand es, mit seinem zuweilen sarkastischen Humor unter Benutzung seiner souveränen Beherrschung der alten Sprachen, seiner die Kollegen immer wieder überraschenden Zitate aus Homers und Platos Werken und aus den Dichtungen der römischen Satiriker in »kodierter« Form nur Eingeweihten verständliche Wahrheiten auszusprechen. So saß manchmal schon vor Kriegsende ein – wie SEDDIG sagte – »wunderlicher«, sehr »heterogener« Kreis in seiner »Proletarskaya« beisammen. Allen konnte er offenbar etwas Bedenkenswertes mitgeben. Nur in kleinem Mitarbeiterkreis konnte eine Äußerung fallen wie: »Wir hören, daß wir in einer großen Zeit leben, die mikroskopisch kleine wäre mir lieber«. In einem weiteren Kreis möglich war: »Ich sage nichts, aber Gott hört mein Brummen«.

SEDDIG war nicht fromm im konventionell-konfessionellem Sinne, aber wieviele religiös gegründete Gespräche haben wir in mancher Bombennacht und bei manchem Tagesangriff im improvisierten Luftschutzraum geführt. Die Themen ergaben sich von selbst, wenn Sinn und Unsinn menschlichen Tuns in solchen Stunden bedacht wurden. Tief lagen bei allem Schmerz die Wurzeln für SEDDIGS Mut und Tapferkeit, wenn nach dem Ende eines Bombenhagels die Blicke auf die umfangreichen Brandherde und Trümmer ringsum, auf die Trümmer des eigenen Hauses des Physikalischen Vereins und auf den leuchtend roten Himmel über der Stadt fielen, wenn unverzüglich – immer unter Lebensgefahr – Rettungs- und Bergungsmaßnahmen getroffen werden mußten. Die gleichen Tugenden waren erforderlich, als der kämpfenden Truppe angehörende amerikanische Soldaten das Gebäude des Physikalischen Vereins besetzten und SEDDIG, der allein im Hause war, sie – mit der Maschinenpistole im Rücken – durch das Gebäude führen mußte. Vor wieviel Schaden hat SEDDIG durch seinen Einsatz die Universität bewahren können! Welches wertvolle Instrumentarium konnte er retten, das die frühe Wiederaufnahme des Unterrichts erst ermöglichte! Der Physikalische Verein ernannte SEDDIG zum Ehrenmitglied. Gleich nach der Besetzung gelang es SEDDIG, das Vertrauen der amerikanischen Universitätsoffiziere zu gewinnen, das für den Wiederaufbau, an dem SEDDIG als Prorektor der Universität und als Hausdekan maßgeblichen Anteil hatte, von größter Bedeutung war. Ein solches Vertrauen war auch nötig für den Anteil, der SEDDIG bei den angeordneten Entnazifizierungsmaßnahmen übertragen wurde. Hier erlebte man wieder den Humanisten im weiten Sinne des Wortes, der wieder in dem ihm vertrauten Spannungsfeld zwischen Gerechtigkeit und Barmherzigkeit entscheiden mußte und so das ihm geschenkte Vertrauen zum Wohle der Universität fortpflanzen konnte. Der damalige Rektor, der Orthopäde G. HOHMANN, schrieb bei SEDDIGS Tode: »Ich habe ihn sehr geliebt, und er hat mir und der Universität große Dienste getan in der schlimmen Zeit. ... Ich werde ihn nicht vergessen.«

Zum Schluß muß noch etwas gesagt werden zu der legendären »Proletarskaya«, für viele »Asyl« in gefahrvoller Zeit und »Denk- und Planungsstätte« in der Wiederaufbauzeit. Das könnte niemand treffender und gefühlvoller zum Ausdruck bringen als es WILLY HARTNER im Uni-Report 1980 gelang: »Unmittelbar nach dem Einmarsch der Amerikaner, im Frühsommer 1945, gingen unsere Gespräche weiter. Sie fanden zumeist statt in Professor SEDDIGS, des neu ernannten Prorektors kombiniertem Wohn-, Arbeits-, Schlaf- und Empfangszimmer (»Salon«) im Keller des Instituts für angewandte Physik, von ihm, dessen sarkastischer Humor in unseren Ohren noch nachklingt, »Proletarskaya« getauft. Kein Fenster, eine Kerze oder Azetylenlampe auf dem Tisch, Bunsenbrenner (wenn es Gas gab) als Heizung ... dazu als Bewirtung gekochte ... Kartoffeln (wenn es sie gab) mit etwas Salz, Ersatzkaffee und an besonderen Tagen selbstdestillierten Schnaps, den SEDDIG als »wahrscheinlich nicht giftig« bezeichnete. Und all das eingehüllt in dichte Wolken von Rauch aus Zigarren zweifelhafter Provenienz ... In Proletarskaya also wurden die Pläne für den Wiederaufbau der in Trümmern liegenden Naturwissenschaftlichen Institute ... und vieles andere geschmiedet«.

Dr. PH. SIEDLER, der Vorsitzende des Physikalischen Vereins, schrieb zu SEDDIGS Tode 1963: »Als dann die regelmäßigen Vorträge des Physikalischen Vereins wieder beginnen konnten, gab es keinen, vor dem sich die Vorstandsmitglieder – der nun auch längst dahingegangene Dr. LUDWIG PROTZ und der Verfasser dieses Nekrologes – nicht in seiner »Höhle«, dem gemütlichen, mit einem großen, zu Lebzeiten JOHANN SEBASTIAN BACHS entstandenen Portrait des großen Meisters geschmückten Arbeitszimmer Seddigs (»Proletarskaya«) im Keller unseres Hauses trafen, um mit ihm alle wichtigen Angelegenheiten unseres Vereins zu besprechen und seinen bewährten Rat einzuholen.« 1949 erst, also in seinem 72. Lebensjahr begann SEDDIGS Ruhestandszeit. Sein opfervoller Einsatz für die Johann Wolfgang Goethe-Universität Frankfurt am Main hatte seine Kräfte verzehrt. Möge die Erinnerung an diesen verdienten Hochschullehrer und großartigen Menschen der am 12. Mai 1963 im 87. Lebensjahr in Frankfurt am Main starb, in der Geschichte der Universität lebendig bleiben.

Boris Rajewsky

1893–1974

von

Erwin Schopper

Frankfurt am Main

1.

Der Lebensbericht über eine außergewöhnliche Gelehrtenpersönlichkeit, wie sie BORIS RAJEWSKY verkörperte, hat – soll er ein Ganzes sein – notwendigerweise seine verschiedenen Facetten:

Die wissenschaftlichen Leistungen RAJEWSKYS sind eindrucksvoll umfangreich und offenkundig; ich werde sie in gebotenem Umfang beschreiben.

Ergebnisse wissenschaftlicher Forschung bedeuten als neue Erkenntnisse zunächst Impulse für die Wissenschaft; ihre nicht-ephemeren Werte liegen in der Nachwirkung und der Tradition, die aus ihnen hervorgeht: RAJEWSKY hat nicht nur bedeutende biophysikalische Forschung betrieben; er hat die Biophysik – Vorstellungen seines Lehrers FRIEDRICH DESSAUER folgend – als interdisziplinären Bereich von Physik und Medizin begründet. Dem ersten in Frankfurt am Main errichteten Lehrstuhl und Institut für Biophysik sind inzwischen viele andere in der ganzen Welt gefolgt, nicht wenige von seinen Schülern besetzt.

Mit seinen Mitarbeitern und Studenten hat er eine Tradition und eine Schule begründet, die die Entwicklung der Biophysik maßgebend beeinflußt hat und aus der namhafte Wissenschaftler und Hochschullehrer hervorgingen.

Von RAJEWSKY ging auch eine Vielzahl wissenschaftlicher und wissenschaftsorganischer Anregungen aus. Er war, wie ihn der Präsident der Max-Planck-Gesellschaft, ADOLF BUTENANDT, einmal in einer Laudatio nannte, der »große Anreger«.

Der Eindruck seiner Persönlichkeit und sein wissenschaftlicher Stil war der eines Patriarchen. Für seine Mitarbeiter und seine Schüler war er das Beispiel einer starken, dynamischen Persönlichkeit von unermüdlicher Schaffenskraft, die niemanden aus der Pflicht entließ – am wenigsten ihn selbst.

Er hatte für jedermanns Probleme ein offenes Ohr als »pater familias«.

Ich gehöre selbst nicht zum inneren Kreise der Schüler RAJEWSKYS. Der Zusammenarbeit mit ihm, der ich sehr viel verdanke, seit meiner Berufung im Jahre 1956 an die Johann Wolfgang Goethe-Universität bis in die letzten Wochen seines Lebens, entnehme ich Recht und Verpflichtung für den Versuch, das Bild eines großen Mannes und verehrten Freundes zu zeichnen.

Boris Rajewsky, 1965

2.

BORIS RAJEWSKY ist am 17. Juli 1893 in Tschirigin, in der Ukraine geboren, Sohn einer russischen Adelsfamilie.
Nach dem Abitur am Collegia Paul Galagan studierte er von 1912–1917 Physik an der mathematisch naturwissenschaftlichen Fakultät der Universität Kiew. Sein Studium schloß er 1918 mit dem Staats-Diplom 1. Grades und einer Dissertation über »Die Dispersion elektrischer Wellen in flüssigen Dielektrika« ab. Von 1919 bis 1920 war er Oberassistent am Physikalischen Institut der Universität Kiew. Den Wirren der russischen Revolution, in die er verstrickt war, entronnen, kam er nach einem Jahr Tätigkeit als Mathematik- und Physiklehrer an einem bulgarischen Gymnasium, im Dezember 1922 nach Deutschland.

Dort fand er in Frankfurt am Main Aufnahme bei FRIEDRICH DESSAUER als Assistent an dessen von der Henry Oswalt-Stiftung errichtetem »Institut für Physikalische Grundlagen der Medizin«. Er begann dort – ich zitiere seine eigenen Worte – mit dem »Studium der Biophysik«, und promovierte im Januar 1929 zum Dr. phil. nat. in der Naturwissenschaftlichen Fakultät der Johann Wolfgang Goethe-Universität Frankfurt am Main. Noch im Sommer 1929 habilitierte er sich in Frankfurt für das Fach »Physik und Physikalische Grundlagen der Medizin«, mit einer Arbeit über die Strahlenwirkung auf Eiweiß und wurde zum Privatdozenten ernannt.

1927 war er Deutscher Staatsbürger geworden.

Am Dessauerschen Institut beschäftigte man sich in dieser Zeit mit der Erzeugung von Röntgenstrahlung hoher Intensität und Erzeugungs-Spannung für den Einsatz dieser Strahlung in der Tumortherapie. Eine im Institut zusammengebaute Transformator-Anlage für mehr als 1 Million Volt, damals eine elektrotechnische Pionierleistung, gab RAJEWSKY Gelegenheit, als einer der ersten Wissenschaftler mit solchen Spannungen und solcher Strahlung umzugehen.

Er war der engste Mitarbeiter DESSAUERS und seit 1932 stellvertretender Institutsleiter. Einer der damaligen Mitarbeiter war WOLFGANG GENTNER.

In dieser Zeit fallen eine Reihe wichtiger und grundlegender Arbeiten RAJEWSKYS; sie seien kurz skizziert:

1926 konnte er die Ausbildung des Strahlungsfeldes harter Röntgen- und Gammastrahlung in Streumedien durch Kaskadierung über den Compton-Effekt deuten und damit wesentlich zur Klärung der biologischen Wirkung harter Quantenstrahlung beitragen. Die Entwicklung eines Wellenlängen-unabhängigen Präzisionsdosimeters für Röntgenstrahlung und von Dosis-Meßkammern für den klinischen Routinegebrauch half die Krebstherapie mit Röntgenstrahlung von der Empirie des Klinikers zu exakteren Methoden hinzuführen.

RAJEWSKY wandte sich auch der Untersuchung des Grundvorganges der biologischen Strahlenwirkung zu: Die von DESSAUER eingeführte »Treffertheorie« wurde in einer vom Ultraviolett bis zu harter Röntgenstrahlung ausgedehnten Untersuchung der Strahlenreaktion des Eiweißes vergleichend überprüft; sie ist Gegenstand seiner Habilitationsschrift.

Der RAJEWSKYsche Lichtzähler, ein Geiger-Zählrohr mit lichtempfindlicher Innenwand und optischem Fenster – ein Vorläufer des späteren Sekundärelektronen-Vervielfachers und das damals empfindlichste Meßgerät für UV-Strahlung – entsteht im Zusammenhang mit der Untersuchung der von GUREWICH im Jahre 1923 aufgestellten Hypothese der »mitogenetischen« Strahlung: einer in mitosierendem Gewebe auftretenden und die Mitose auslösenden sehr schwachen UV-Strahlung. Mit seinem hochempfindlichen Lichtzähler, der auf einzelne UV-Quanten ansprach, konnte RAJEWSKY experimentell die Behauptungen von Gurewich widerlegen.

RAJEWSKY ist jetzt mit seinen Arbeiten wissenschaftlich profiliert; Verhandlungen zur Übernahme eines Lehrstuhls und eines eigenen Instituts bahnen sich an.

Dann jedoch beginnt, mit der nationalsozialistischen Machtübernahme, eine politisch schwierige, zeitweilig aussichtslose Lage für das Institut, als FRIEDRICH DESSAUER, nach vorübergehender Haft, im Sommer 1934 Deutschland verlassen muß.

RAJEWSKY stellte sich vor das Institut und seine Mitarbeiter: Er übernimmt, im Einvernehmen mit Dessauer und im Auftrag der Oswalt-Stiftung, die Leitung des Instituts. Er kann es unter schwierigen finanziellen Verhältnissen über die nächsten Jahre erhalten und mit den Mitarbeitern die Arbeiten im Sinne Dessauers fortsetzen; ein Erfolg der Unerschrockenheit!

Die Ernennung zum ordentlichen Professor für Physikalische Grundlagen der Medizin in der Naturwissenschaftlichen Fakultät der Johann Wolfgang Goethe-Universität Frankfurt und zum Direktor des Universitäts-Instituts für Physikalische Grundlagen der Medizin« kommt ihm dabei zustatten.

Die Verhältnisse jenes Zeitabschnittes schildert eine Schrift zu seinem 60. Geburtstag, verfaßt von seinen Mitarbeitern HERMANN SCHÄFER und HERMANN MUTH (Strahlentherapie Bd. 94, 1954).

Eine Lösung für die Probleme des Instituts bringt im Jahre 1937 das Angebot der Kaiser-Wilhelm Gesellschaft zur Förderung der Wissenschaften ein »Institut für Biophysik« in der Stadt Frankfurt am Main zu errichten. Den Namen Biophysik schlägt RAJEWSKY vor, der Direktor dieses Instituts wird.

Ein Gründungsvertrag vom Dezember 1937 zwischen der Kaiser-Wilhelm Gesellschaft, der Stadt Frankfurt am Main, der Johann Wolfgang Goethe-Universität und der Oswalt-Stiftung legt die Verbindung der Institutionen in Lehre und Forschung und ihre Finanzierung fest.

RAJEWSKYS Ordinariat wird 1937 in eine o. ö. Professur für Biophysik und Physikalische Grundlagen der Medizin erweitert in Personalunion in der Naturwissenschaftlichen und in der Medizinischen Fakultät.

Ein dem neuen Institut von der Stadt Frankfurt am Main kostenlos zur Verfügung gestelltes Gebäude mit großem Grundstück in der Forststr. 70 – eine Villa im englischen Tudor-Stil, heute unter Denkmalschutz stehend – kann 1938 bezogen werden.

Im Jahre 1937 kommt, 66jährig, Dr. ALEXANDER JANITZKY, einer der früheren Lehrer RAJEWSKYS in Kiew, als Mitarbeiter an sein Institut. 1936/37 ist RAJEWSKY Dekan der Naturwissenschaftlichen Fakultät, 1938 wird er Prorektor der Johann Wolfgang Goethe-Universität.

3.

Dieses Institut und das Nachfolge-Institut, das »Max-Planck-Institut für Biophysik« sind die Bühne der großen Forschungsleistungen RAJEWSKYS und seiner Schule und zugleich das Fundament der Ausbildung von Nachwuchs durch RAJEWSKY als Lehrer an der Universität.

Die Darstellung des Forschers RAJEWSKY ist daher auch auf weite Strecken die Schilderung der Geschichte seines Instituts. Die durch RAJEWSKY in Personalunion bestehende Verbindung von Kaiser-Wilhelm-Institut, Naturwissenschaftlicher und Medizinischer Fakultät und die enge Verbindung zur Universität erlaubt Mitgliedern beider Fachrichtungen Ausbildung, Promotion und Habilitation an diesem Institut.

Auf dieser Basis können die früher bearbeiteten Themen fortgeführt und neue Forschungsgebiete angegangen werden:

Bereits 1936 begonnene Untersuchungen über die Wirkung von Ultrakurzwellen auf den menschlichen Körper werden neu aufgegriffen. RAJEWSKY gelingt es nicht nur, bestehende Vorstellungen und Hypothesen zu entwirren, er und seine Schule haben Grundsätzliches zu dem Problem biologischer Körper als Dielektrika beigetragen. Sein Schüler und Mitarbeiter SCHWAN (1937–1959), heute Professor an der University of Pittsburgh in Pennsylvania, wurde 1973 für seine langjährige, erfolgreiche Arbeit auf dem Gebiet der Kurzwellentherapie mit dem Boris-Rajewsky-Preis geehrt.

Arbeiten zur Radiumvergiftung durch Inkorporation hatten es RAJEWSKY schon 1936 ermöglicht, eine Toleranzgrenze für im menschlichen Körper abgelagertes Radium anzugeben, die noch 1950 auf dem Internationalen Radiologenkongreß in London als Grundlage für Normen diente. Die Fortsetzung dieser Arbeiten zielt nunmehr auf die Ermittlung der natürlichen Radioaktivität lebender Substanz und ihrer Bedeutung für die Lebensprozesse, und auf eine empirische Bestimmung und Festlegung der Toleranzkonzentration von im Organismus inkorporierter Radioaktivität.

Grundlegende Untersuchungen gelten weiterhin der Krebserzeugung durch Strahlung. Umfangreiche Tierversuche zur Wirkung von Ganzkörperbestrahlung mit Röntgen- und Alphastrahlen, Messungen in Radiumbergwerken des Erzgebirges (1936–1945) gehörten zu diesem Programm, ebenso die therapeutische Anwendung der sog. Radiumbalneologie.

Eine Außenstelle des Instituts, die RAJEWSKY im Radiumbad Oberschlema errichtete, diente als Basis umfangreicher Arbeiten zur Radium-Schwachtherapie, für praktische Strahlenschutzmessungen und für die Entwicklung geeigneter Meßinstrumente. Die damit verbundenen meßtechnischen Arbeiten belasteten zwar die für Grundlagenforschung verfügbare Zeit, hatten aber unmittelbare Bedeutung für Leben und Gesundheit der in den Bergwerken Beschäftigten. RAJEWSKY ist die Erklärung des Schneeberger Lungenkrebses zu verdanken. Das RAJEWSKYsche Institut war auch das einzige, das damals über die erforderlichen Meßeinrichtungen und die entsprechende Erfahrung verfügte. Die Außenstelle wurde nach Kriegsende aufgelöst und beschlagnahmt.

RAJEWSKY kommt auch wieder auf seinen alten Plan, einer vielseitig einsetzbaren Anlage zur Erzeugung von Röntgen- und Korpuskular-Strahlung für die biophysikalische Forschung und für die Therapie des Krebses zurück. Eine in den Jahren 1942/43 errichtete große Forschungshalle soll eine 3 Millionen-Volt-Anlage aufnehmen, mit einem Röntgen- und Elektronenstrahlrohr sowie einem Ionenrohr zur Beschleunigung von Protonen und Deuteronen und der Erzeugung von Neutronenstrahlung, mit den zugehörigen Laboratorien und einem unterirdischen

Meßlabor. Die noch nicht endgültig montierte Anlage mußte gegen Kriegsende großenteils in ein Salz-Bergwerk bei Stassfurt verlagert werden. Anfängliche Schwierigkeiten der Rückführung nach Kriegsende und schließlich die Besetzung Stassfurts durch die nachrückende Sowjetische Besatzungsmacht führten zum Verlust der Anlage. Es war, wie sich später zeigte, die damals leistungsfähigste Anlage dieser Art in der Welt.

RAJEWSKY ist ihr Verlust ganz besonders nahegegangen; ihr Einsatz im Kampf gegen den Krebs war sein besonderes Anliegen gewesen; das Instrument, das er mit seinen Mitarbeitern geplant hatte, war ihm – wieder einmal – aus der Hand geschlagen.

Die Zeit des Kriegsendes ist gekennzeichnet durch die, den Zeitgenossen jener Periode bekannten, Sorgen und Schwierigkeiten. Bombenangriffe, Bergungsarbeiten und Verlagerung, und nach dem Einmarsch der Alliierten Rückholungsversuche des Verlagerten, Wiederaufbau und finanzielle Probleme in der Periode des Überganges. Das Jahrbuch der Max-Planck-Gesellschaft 1961, Teil II schildert im Kapitel: »Geschichte des Max-Planck-Instituts für Biophysik«, die Vorgänge jener Zeit sehr detailliert. Offensichtlich stand RAJEWSKY und sein Institut gegen Kriegsende unter zunehmendem politischen Druck und teilweiser Überwachung; dies war nicht zuletzt durch die Vorgeschichte des Instituts bedingt. Er selbst wurde in eine Verlagerungsstelle in Vacha kommandiert. Nach dem Einmarsch der Amerikaner gelang es ihm mit amerikanischer Hilfe nach Frankfurt zurückzukehren. Dort fand er die Universität geschlossen, ihre Gebäude stark beschädigt und verwüstet. Die Gebäude seines Instituts waren bis auf wenige Räume für die Aufnahme eines wissenschaftlichen Betriebes unbrauchbar, das danebenliegende ehemalige Wohnhaus des Direktors ohne Dach und im Obergeschoß zerstört. Es war aber seine feste Absicht, sein Institut in Frankfurt am Main wieder aufzurichten. Dafür setzte er seine ganze Kraft und seine fast unerschöpfliche Energie ein. Seiner großen Geschicklichkeit gelang es, mit der aufopfernden Hilfe von Mitarbeitern, einen großen Teil des verlagerten Inventars zurückzuholen und den Wiederaufbau in Gang zu setzen. Es war ihm auch gelungen, mit dem Präsidenten der Kaiser-Wilhelm-Gesellschaft, Geheimrat MAX PLANCK und ihrem Generalsekretär Dr. TELSCHOW Verbindung aufzunehmen.

Im Juli 1945, nach vergeblicher Suche durch die Besatzungsmächte nach ihm in Frankfurt war er in Ockstadt, der Haupt-Verlagerungsstelle des Instituts aufgefunden, zur Interrogation nach Heidelberg eingeladen und dort gleich interniert worden. Nach 8 Monaten freigelassen, wurde er aufgefordert, die Redaktion der Bände »Biophysik« in den FIAT-Berichten zu übernehmen.

Eine vorübergehende Gefahr, die die Existenz des Instituts bedrohte, war die zeitweilige Absicht der Alliierten, die KWG aufzulösen. Plänen, das Institut zu schließen, kam die Oswalt-Stiftung zuvor: Die damaligen Vorstandsmitglieder (Dr. PETERSEN, Dr. MERTON, Dr. OSWALT, Prof. MADELUNG) beschlossen die Rücknahme des Instituts in die Stiftung im Falle der Auflösung der Kaiser-Wilhelm-Gesellschaft. Das Problem löste sich nachher durch den Übergang des Instituts von der Kaiser-Wilhelm – in die Nachfolge-Institution, die Max Planck-Gesellschaft.

Eine andere Gefahr für das Institut war der mehrfach von amerikanischer Seite geäußerte Wunsch, RAJEWSKY zur Übersiedlung nach USA zu veranlassen, gegebenenfalls unter Mitnahme von Institutseinrichtungen und Mitarbeitern. RAJEWSKY zögerte; er wurde zu einem 4-wöchigen Besuch nach USA eingeladen. Inzwischen hatte man ihn in Frankfurt zum Rektor gewählt; er kehrte in sein Institut nach Frankfurt zurück. Auch von französischer Seite war der Versuch gemacht worden, RAJEWSKY nach Frankreich zu holen.

Die Zeit des eigentlichen Wiederaufbaus ist mit der endgültigen Übersiedlung RAJEWSKYS und seiner Familie und der Rückführung von Mitarbeitern und restlichen Einrichtungen aus Verlagerungen im Jahr 1948 abgeschlossen.

Zu den Mitarbeitern RAJEWSKYS in dieser Zeit gehören unter vielen anderen, die nicht alle namentlich genannt werden können,

- HERMANN DÄNZER, späterer Direktor des Inst. f. Angewandte Physik an der Johann Wolfgang Goethe-Universität Frankfurt am Main
- ALFRED SCHRAUB, heute o. Prof. für Biophysik an der Justus Liebig Universität, Gießen
- HERMANN MUTH, heute em. Prof., ehemaliger Direktor des »Boris Rajewsky-Instituts für Biophysik« an der Universität des Saarlandes in Homburg (Träger des Boris Rajewsky-Preises 1973)
- HERMANN SCHWAN, Full Prof. an der Universität von Pennsylvania (USA), Dept. of Biomedical Engineering (Träger des Boris Rajewsky Preises 1973)
- HERMANN SCHAEFER, Dir. des Biophysics Dept. der US Naval School of Aviation Medicine, Pensacola, Florida (USA)
- ADOLF KREBS, Dir. of Radiobiology Division, Medical Res. Laboratory Fort Knox (USA).

Die drei letztgenannten hatten Ende der 40er Jahre Deutschland resignierend verlassen.

4.

Mit dem fortschreitenden Wiederaufbau kommen die Foschungsaktivitäten mit RAJEWSKYS ungebrochener Dynamik und Originalität wieder in Gang. Die Grundthemen bleiben dieselben; sie werden methodisch erweitert und vertieft. Die große Zahl und die Vielfalt der folgenden Arbeiten kann nicht erschöpfend, nur exemplarisch dargestellt werden.

Unter RAJEWSKYS Gesamtleitung arbeiten mehrere, jeweils von einem leitenden Assistenten geführte Abteilungen: Eine Radiologische Abteilung verbunden mit der Physikalisch-Medizinischen »Betatron-Abteilung«, eine Abteilung für »Krebsentstehung und -Erzeugung«, eine Abteilung für »Elektrische und Paramagnetische Eigenschaften biologischer Substanzen und Systeme« mit der Gruppe »Ultraschall«, eine Abteilung »Molekular-Biophysik« mit einer biochemischen Gruppe, eine »Abteilung Radioaktivität und Strahlenschutz« mit den Laboratorien: »Human Counter« und Klimalabor zur Untersuchung radioaktiver

Aerosole und ihrer Wirkung auf den tierischen und menschlichen Körper, eine Abteilung für »biologische Wirkung optischer Strahlung« und eine Abteilung »Biologie«.

Einen Überblick über Arbeiten einzelner Abteilungen gibt eine 1962 zum 25jährigen Jubiläum des Instituts herausgegebene Festschrift (Herausgeber: Max Planck Institut für Biophysik, Frankfurt am Main).

Die Probleme, die mit der verloren gegangenen Beschleuniger-Anlage hatten bearbeitet werden sollen, ließen RAJEWSKY nicht ruhen. Zusammen mit H. KULENKAMPFF in Würzburg und H. KOPFERMANN in Heidelberg veranlaßte er die Firma Siemens Entwicklungsarbeiten für ein Betratron mit 35 MeV Elektronen-Endenergie aufzunehmen. Im Jahr 1957 geht ein solches Betratron in der Beschleunigerhalle des Frankfurter Max-Planck-Instituts in Betrieb. Unter der Leitung von W. POHLIT (heute Inhaber des Lehrstuhls »Physik für Mediziner« an unserer Universität, Träger des Boris Rajewsky-Preises 1987) wurden in der Betratron-Abteilung umfangreiche strahlenphysikalische Untersuchungen zur Anwendung schneller Elektronen und energiereicher Bremsstrahlung durchgeführt. Sie lieferten Basis-Kenntnisse und dosimetrische Daten für eine Tumortherapie mit dieser Strahlung, heute Routine in den Strahlenkliniken. Das Betratron stand gleichzeitig dem Klinikum der Frankfurter Universität für die Tumortherapie zur Verfügung. Die klinisch therapeutischen Arbeiten wurden gemeinsam mit dem Universitäts-Röntgeninstitut durchgeführt, unter der kommissarischen Leitung RAJEWSKYS.

Die strahlenphysikalischen Messungen wurden dann auch auf die Dosimetrie von Neutronenfeldern und die zugehörigen Strahlenschutz-Meßverfahren für Neutronen ausgedehnt.

Im Zusammenhang mit der Krebsentstehung durch Strahlung, insbesondere auch durch schwache Dauerbestrahlung – sie war als Ursache des »Schneeberger Lungenkrebses« seinerzeit erkannt worden und hatte sich auch in Tierversuchen nachweisen lassen – stand die Frage nach der unteren Grenze der Strahlenbelastung, die noch pathogen wirkt, bzw. zu einer Verkürzung der normalen Lebenszeit führt. Die Untersuchungen wurden an weißen Mäusen, im Dauerversuch mit schwachen Dosen bis zu sehr hohen Dosen, mit Hochleistungs-Röntgenröhren gemacht, deren letzte im Jahre 1959 ausgeführte Konstruktion auf eine elektrische Leistung von 240 kW bei 2 A Röhrenstrom ausgelegt war. Die Beobachtung der Lebensdauerverkürzung bei Schwachstrahlung und der sogenannte 3,5 Tage-Effekt bei Dosen zwischen 1000 und 12 000 R (bei weißen Mäusen) gehören zu den wichtigen Ergebnissen dieser Arbeiten.

Mit Arbeiten über elektrische und paramagnetische Eigenschaften biologischer Substanzen wurden die früheren Untersuchungen von SCHWAN mit hochfrequenten elektrischen Feldern wieder aufgegriffen; ebenso werden Arbeiten zur Ultraschall-Therapie fortgesetzt.

Im Rahmen molekularbiologischer Untersuchungen wurde, beispielsweise, die Bildung von Aminosäuren und Peptiden durch Strahlung untersucht, und die biologische Strahlenwirkung bei tiefen Temperaturen.

Bei der Betrachtung biologischer Wirkungen von Korpuskular- oder Quantenstrahlung legte RAJEWSKY stets Wert auf eine Differenzierung von möglicher direkter lokaler Wirkung am Ort der Energieabsorption und indirekten Effekten durch anschließende Reaktion gebildeter Radikale oder deren Transport. Reaktionskinetische Untersuchungen mit impulsmodulierter Röntgenstrahlung gehören in diesen Problembereich. Die Untersuchung des Einflusses ionisierender Strahlung auf das Verhalten von Enzymen in der Zelle, die den überwiegenden Teil der Lebenstätigkeit der Zelle oder des Zellverbandes steuern, führte zum Begriff des Diffusionsradius, einer Größe, die die Ausbreitung der durch Ionisation oder Quantenabsorption lokal erzeugten Radikale charakterisiert und sich als stark konzentrationsabhängig erweist. Unter den Konzentrationsverhältnissen der Zelle beträgt er nur 10–100 Å; dies erklärt die hohe zur Störung der katalytischen Aktivität von Enzymen in der Zelle erforderliche Strahlen-Dosis der Größenordnung von Kilorad und erweist die Änderung ihrer enzymatischen Aktivität als Konsequenz von Folgereaktionen.
Von eminenter praktischer Bedeutung, im Hinblick auf die einsetzende Entwicklung der Kerntechnik und die zunehmende Anwendung ionisierender Strahlung in der Technik und im zivilen Bereich, sind die Arbeiten der Abteilung »Radioaktivität und Strahlenschutz«.
Sie gelten zum einen der Untersuchung und Überwachung der Umgebungsstrahlung. Ein Meßwagen, ausgerüstet mit Strahlungsmeßgeräten untersucht u. a. die Intensitäts- und Nuklid-Verteilung des Fallout der Kernwaffen-Versuche der sechziger Jahre. Die Verteilung in Abhängigkeit von geologischen Gegebenheiten und der Bodenart wird gemessen; die Biozyklen biologisch wichtiger Radioisotope wie Radium, Strontium 90 und 89 und Caesium 137 werden verfolgt. Durch Pflanzenanalysen wird der Gehalt menschlicher Nahrungsmittel an radioaktiven Stoffen ermittelt.
Ein weiteres Problem ist die Auswirkung der Aufnahme radioaktiver Stoffe über die Atemluft und des Beitrages der sog. heißen Teilchen, kleiner nicht gasförmiger Aerosol-Partikel konzentrierter Radioaktivität. Dafür wird ein spezielles Aerosol-Laboratorium eingerichtet.
Mit der zunehmenden technischen und klinischen Anwendung künstlicher und natürlicher Radio-Isotope wird die in vivo-Bestimmung des Gehaltes des menschlichen Körpers an inkorporierten radioaktiven Stoffen eine aktuelle Aufgabe. Es geht sowohl um die Festlegung maximal zulässiger Mengen im Vergleich zum natürlichen Gehalt des Organismus an radioaktiven Nukliden, als auch um die Überwachung von Beschäftigten in Kliniken, Laboratorien und kerntechnischen Anlagen, in denen mit radioaktiven Stoffen umgegangen wird. Prinzipiell wird die bereits früher von RAJEWSKY bei der Untersuchung von Radiumvergiftungsfällen (1936) angewandte Methode der Messung der aus dem Körper austretenden γ-Strahlung wieder angewandt. Anstelle der damaligen Ionisationskammern tritt ein γ-Strahl-Spektrometer (als Detektor ein Szintillatorkristall, verbunden mit einem Impulshöhenanalysator). Zur Abschirmung des Untergrundes von Umgebungs- und kosmischer Strahlung ist der Ganzkörper-Zähler (Human Counter)

in einem unterirdischen Keller mit 2 Meter dicken Betonwänden und Stahlauskleidung untergebracht. Mit diesem Ganzkörperzähler wurde das Personal des Frankfurter Forschungsreaktors routinemäßig überwacht. Einen wichtigen Beitrag lieferte der Ganzkörperzähler zu der Frage der Ablagerung von Folgeprodukten des Thoriums im Zusammenhang mit der früher üblichen Verwendung eines Thoriumpräparates als Kontrastmittel bei Röntgenaufnahmen, die zu Folgeschäden führte. Für all diese zunehmend aktuell werdenden Fragen, die RAJEWSKY und seine Schüler schon immer beschäftigten, liegt bei ihm das Instrumentarium zur Bearbeitung und die wissenschaftliche Expertise vor.

RAJEWSKY wird deshalb zum Vorsitzenden eines 1956 errichteten »Sonderausschusses Radioaktivität« gewählt, mit der Aufgabe, einen wissenschaftlichen Bericht über die Radioaktivität von Luft, Wasser und Boden in der Bundesrepublik zu erstellen, und der Bundesregierung die erforderlichen Maßnahmen zur Sicherheit der Bevölkerung zu empfehlen. In seiner Ansprache zum 25. Jubiläum des MPI für Biophysik äußert Bundesminister BALKE hohe Anerkennung für die Tätigkeit des Sonder-Ausschusses unter RAJEWSKYS Vorsitz.

RAJEWSKY hat seine Erfahrung auch der Deutschen Atomkommission seit 1955 zur Verfügung gestellt.

Mehr als 1300 Publikationen sind bis zu seiner Emeritierung unter RAJEWSKYS Leitung aus seinem Institut hervorgegangen. Zwei Werke RAJEWSKYS, auf den Arbeiten des Instituts fußend, »Die wissenschaftlichen Grundlagen des Strahlenschutzes« und »Strahlendosis und Strahlenwirkung« sind Standard- und Nachschlagewerke der Strahlenschutz-Biologie und des Strahlenschutzes geworden.

5.

Auch nach seiner Emeritierung ist RAJEWSKY seiner Biophysik wissenschaftlich und organisatorisch unzertrennlich verhaftet. Als nach dem Sputnik-Erfolg der Russen sich eine Technik des bemannten Raumfluges anbahnt, erkennt er die damit verbundenen strahlenbiologischen Probleme durch die kosmische Strahlung; ihr ist der Astronaut hinter den wenigen Zentimetern Material des Flugkörpers fast ungeschützt ausgesetzt, im Gegensatz zur Situation am Erdboden, wo eine Luftsäule von 10 Metern Wasseräquivalent die Menschen schützt. Im Innern des Flugkörpers sind es die im Weltraum und in der hohen Atmosphäre in der kosmischen Strahlung enthaltenen hochenergetischen Atomkerne, als HZE-particles bezeichnet, deren starke biologische Wirkung auf der hohen, längs ihrer Bahn konzentrierten Energie-Übertragung durch Ionisation auf die durchlaufene Materie beruht. Außerhalb des Raumflugkörpers im freien Weltraum ist es zudem der hohe Fluß niederenergetischer Elektronen und Protonen und die starke Intensität der UV-Strahlung; ihre Wirkung ist für exobiologische Fragen, den Einfluß des freien Weltraums auf lebende Substanz interessant.

RAJEWSKY errichtet mit Drittmitteln eine »Arbeitsgruppe Biophysikalische Raumforschung«, deren Leitung er seinem Mitarbeiter H. BÜCKER (heute Hon. Profes-

sor an unserer Universität) überträgt; zunächst der Johann Wolfgang Goethe-Universität Frankfurt angegliedert, und hier ansässig, wird sie später als Abteilung des Instituts für Raumflug-Medizin in die DFVLR übernommen. Sie bearbeitet die Probleme der strahlenbiologischen Wirkung der HZE-Teilchen der kosmischen Strahlung unter den Raumflugbedingungen, und der Exobiologie der Strahlung des freien Weltraums. RAJEWSKY erinnert sich an Experimente der Mitte der 30er Jahre, als Wissenschaftler des Wiener Radium-Instituts und der Verfasser (in Stuttgart) Bahn-Spuren von Teilchen der kosmischen Strahlung in speziellen photographischen Schichten mikroskopisch sichtbar machen konnten, und als der Basler Biologe EUGSTER an Weizenkörnern, die er auf unsere im Hochgebirge der kosmischen Strahlung ausgesetzten Photoschichten legte, nach biologischen Wirkungen dieser Teilchen suchte.
Inzwischen waren neue Teilchenspur-Detektoren entwickelt worden: »Plastik-Folien (FLEISCHER, PRICE, WALKER, USA) in denen Teilchenspuren durch Ätzung sichtbar werden und spuraufzeichnende Silberchlorid-Detektoren (GRANZER, HAASE, SCHOPPER, Frankfurt am Main), die erfolgreiche Experimente obiger Art im Raumflug erlaubten.
Ein 1969 von RAJEWSKY initiiertes interdisziplinäres Symposium in Frankfurt, an dem Biologen und Physiker aus Deutschland, Frankreich, der Schweiz und England teilnahmen, entwirft einen Plan für ein Raumflug-Experiment, das unter den Namen »Biostack« der Prototyp für eine Serie von Untersuchungen zur biologischen Wirkung der kosmischen Strahlung unter den Bedingungen des Raumfluges, d. h. auch bei veränderter Gravitation, geworden ist.

Im Biostack sind Spurdetektoren der erwähnten Art mit Bio-Objekten (Bazillen, Sporen, Pflanzensamen, Steinkrebseier z. B.) beschichtet, in einem Behälter gestapelt. Nach Rückkehr vom Raumflug kann im Labor mit dem Mikroskop der Durchgang eines Teilchens durch ein in seiner Bahnrichtung gelegenes Bio-Objekt anhand seiner Spur im darunterliegenden Detektor ermittelt werden. Im Gegensatz zu Experimenten der Globalbestrahlung kann das Verhalten einzelner getroffener oder nichtgetroffener Objekte separiert weiterverfolgt werden, im Vergleich mit analogen Experimenten an Teilchenbeschleunigern unter Laborbedingungen.

Bereits das erste, in der Mondmission Apollo 16 geflogene Experiment, wird von der amerikanischen Raumflugbehörde NASA als autonomes Europäisches Experiment akzeptiert. Weitere Raumflug-Experimente mit Biostack und dessen Varianten sind unter der Gesamtleitung von Bücker und der Mitarbeit Frankfurter Wissenschaftler (A. R. KRANZ, E. SCHOPPER) auf Apollo 17, Apollo-Soyuz, Space-Lab und anschließenden Raumflug-Missionen geflogen; sie werden 1989 in der sowjetischen Biokosmos 9-Mission, wieder mit Beteiligung Frankfurter Wissenschaftler fortgesetzt. An exobiologischen Experimenten, die ebenfalls an den erwähnten Missionen teilnahmen, wirkt RAJEWSKYS ehemaliger Schüler K. DOSE (heute o. Professor für Biochemie an der Universität Mainz) mit.

6.

Von November 1949 bis 1951 ist RAJEWSKY Rektor, von 1952–1954 ist er Prorektor der Johann Wolfgang Goethe-Universität. Das Amt des Rektors erhält mit ihm einen unverkennbaren souveränen Stil: Der Wiederaufbau seiner Universität geht ihm viel zu zögernd voran; ihr droht der Verfall. Eine Fünf-Millionen-Anleihe von einem einfallsreichen und unerschrockenen Rektor, mit der Unterstützung hilfreicher Bürger der Stadt Frankfurt am Main und ihres Magistrats für die Johann Wolfgang Goethe-Universität aufgenommen, hilft die ersten großen Wiederaufbau-Maßnahmen für die zerstörten Institute wirksam in Gang zu setzen und durch unermüdliches Verhandeln die Hessische Landesregierung, den Partner der Stiftungs-Universität, zu stärkerer Beteiligung zu engagieren.
Dieser hohe persönliche Einsatz bleibt eine Dankesschuld der Johann Wolfgang Goethe-Universität an ihren großen Rektor.
Die Autonomie der Universität als Hort der Lehre und der Forschung und die akademische Selbstverwaltung sind RAJEWSKY ein stetes Anliegen.
Die Errichtung eines Studentenhauses der Johann Wolfgang Goethe-Universität, gegenüber dem Hauptgebäude, ist sein Werk.
Vor allem bemüht sich RAJEWSKY um die Weckung des Interesses der Frankfurter Bürgerschaft an der von Bürgern dieser Stadt gegründeten Johann Wolfgang Goethe-Universität: Die Idee der Verbundenheit einer freien und fortschrittlichen Universität mit der Bürgerschaft, als Fortsetzung der Gedanken und Bestrebungen bei ihrer Gründung, ist für ihn Grundlage der weiteren Entwicklung der Universität.
Ein äußerer Ausdruck dafür ist die Gründung der »Vereinigung der Freunde und Förderer der Johann Wolfgang Goethe-Universität«, deren Kern wiederum traditionsreiche Frankfurter Bürgerkreise bilden. Das Zustandekommen der Gründung ist das Werk RAJEWSKYS.
Er war auch besonders darum bemüht, die alten Stifter der Universität nach Kriegsende wieder zusammenzubringen, ihr Interesse an der Universität auch nach außen sichtbar werden zu lassen und damit die Stellung der Universität in der Stadt selbst zu artikulieren. Nach der, wirtschaftlichen Zwängen der Zeit folgenden Übernahme der Johann Wolfgang Goethe-Universität durch das Land Hessen im Jahre 1967, hat er uns jüngeren Kollegen in unserem Bestreben, eine Teilhabe der ehemaligen Stifter an der Weitergestaltung der Universität zu erhalten, auch mit großer Intensität unterstützt. Welch ein Unterschied, wenn man sich in diese Welt zurückversetzt und sich die Welt der heutigen Massenuniversität und mancher ihrer heutigen Scholaren vor Augen führt.
RAJEWSKYS Verbundenheit mit der Stadt Frankfurt fand ihren Ausdruck auch in seiner Beteiligung an kulturellen und sonstigen Organisationen Frankfurts, in denen er als Vorsitzender oder Mitglied von Kuratorien tätig war. Tradition bedeutete für ihn nicht nur das in der Vergangenheit Geschaffene, sondern den Geist, in dem die Bestrebungen einer Organisation in der Gegenwart verwirklicht werden.

Zur Tradition der Stadt Frankfurt gehörte für ihn auch das, was sich in einer blühenden Wirtschaft, in Handel und Technik widerspiegelt. Er war stets bestrebt, enge Verbindungen mit den Kreisen der Wirtschaft zu pflegen.
Im Jahre 1951 wurde er mit der Goethe-Plakette der Stadt Frankfurt am Main geehrt.
Ganz besonderes Anliegen war ihm damals auch, die internationalen Verbindungen der Universität zur Wissenschaft, die durch Krieg und nationalsozialistische Herrschaft zerstört oder unterbrochen waren, wieder herzustellen und zu fördern. In seiner Rektoratstätigkeit war das später als Beispiel internationaler Universitäts-Kooperation bekannt gewordene Austausch-Projekt von Professoren zwischen den Universitäten Chicago und Frankfurt am Main zustande gekommen.
RAJEWSKYS wissenschaftliche Stellung und das Ansehen seines Instituts führte naturgemäß zu zahlreichen und weitverzweigten internationalen Beziehungen.
Auch im inneren Bereich der Universität stößt man allenthalben auf RAJEWSKYS Spuren:
Das Universitäts-Röntgeninstitut, im Kriege fast vollständig zerstört, wurde von ihm, nachdem er bereits 1947 von der medizinischen Fakultät zum kommissarischen Direktor und Stellvertreter auf dem Lehrstuhl für klinische Radiologie bestellt worden war, wieder aufgebaut und mit einer Bettenstation versehen. In Zusammenarbeit mit der Betatron-Abteilung des MPI für Biophysik – sie stand dem Röntgeninstitut jeweils halbtätig zur Verfügung – und durch die Einführung der Behandlung mit Radio-Isotopen konnte das Institut nach einigen Jahren in der Bundesrepublik eine führende Stellung in der Strahlentherapie erreichen.
Die Errichtung des Instituts für Kernphysik, seines ehemaligen Forschungsreaktors und eines Ordinariats für Kernphysik gehen ebenfalls auf die Initiative BORIS RAJEWSKYS zurück.[1]
Er besuchte 1955 das Institut des Verfassers in Hechingen, seit 1952 Abteilung des Regenerschen Max-Planck-Instituts für »Physik der Stratosphäre«, mit kriegsverlagerten, kernphysikalischen Einrichtungen des ehemaligen Heisenbergschen Kaiser-Wilhelm-Instituts in Berlin-Dahlem. ERICH REGENER war kurz zuvor gestorben.
Ein von RAJEWSKY der naturwissenschaftlichen Fakultät vorgelegter Vorschlag, in Frankfurt ein Ordinariat und ein Institut für Kernphysik zu errichten, fand Zustimmung und führte Ende 1956 zur Berufung des Verfassers nach Frankfurt am

1 Ich möchte die Gelegenheit wahrnehmen, an dieser Stelle meine Dankbarkeit auszudrücken für allen Rat und alle Hilfe, die ich von meinem verehrten Kollegen Boris Rajewsky empfing. Es ist sicher auch in seinem Sinne, wenn ich dankbar diejenigen erwähne, die damals der Universität ihre Unterstützung angedeihen ließen:
den Präsidenten der Max-Planck-Gesellschaft Prof. Otto Hahn, den Oberbürgermeister der Stadt Frankfurt am Main, Dr. Werner Bockelmann und Stadtkämmerer Dr. Klingler,
den Vorstandsvorsitzenden der Farbwerke Hoechst AG, Prof. Karl Winnacker und ihren Chef-Konstrukteur Prof. Josef Wengler und seine Abteilung, den Vorstand der Fa. Casella, den Kurator der Universität Dr. Friedrich Rau und den Architekten Dr. Ferdinand Kramer.

Main und zum Beginn des Aufbaus des Instituts auf dem von der Stadt Frankfurt großzügig zur Verfügung gestellten Gelände auf dem Rebstock.
Zu der instrumentellen Basis, die zunächst aus den mit Zustimmung der Max-Planck-Gesellschaft übernommenen Einrichtungen des Hechinger Instituts bestand, kam durch RAJEWSKYS Vermittlung ein von den Farbwerken Hoechst AG gestifteter Forschungsreaktor, der bereits 1958 in Betrieb genommen werden konnte und 10 Jahre lang ein wertvolles Instrument für Lehre und Forschung war; weiterhin ein namhafter zusätzlicher finanzieller Beitrag der Stadt Frankfurt am Main und der Fa. CASELLA zu den von der Hessischen Landesregierung bewilligten Baumitteln.
Von RAJEWSKY stammt auch der Plan, das Gmelin-Institut der Max-Planck-Gesellschaft nach Frankfurt am Main zu bringen und in Verbindung damit ein Organisations-Zentrum der Chemie in Frankfurt zu schaffen, durch Zusammenfügung des Beilstein-Instituts für Organische Chemie mit dem Gmelin-Institut und des Sitzes der Gesellschaft Deutscher Chemiker im Carl-Bosch-Haus für Chemie; er wurde durch seine energischen Bemühungen verwirklicht.
Ihm zu verdanken ist auch die Zusammenfassung der verstreuten Abteilungen des Max-Planck-Instituts für Hirnforschung und ihre Übersiedlung nach Frankfurt, ebenso die Erhaltung des alten traditionsreichen Frankfurter Edinger-Instituts durch seinen Anschluß an das Max-Planck-Institut für Hirnforschung.
Er sah dies alles in der Tradition der großen wissenschaftlichen Einrichtungen der Stadt Frankfurt am Main: Senckenberg, Paul-Ehrlich Institut, Physikalischer Verein, Carolinum und ihrer Universität.

7.

Die wissenschaftlichen und die wissenschaftsorganisatorischen Leistungen von BORIS RAJEWSKY haben hohe Anerkennung und ihren Widerhall in einer großen Zahl von Ehrungen gefunden:
Sechs Ehrendoktorate in- und ausländischer Universitäten (Berlin, Gießen, Hannover, Innsbruck, Neapel und Turin), die Mitgliedschaft in der Akademie der Wissenschaften Leopoldina in Halle (1943), der Akademia Medica in Rom (1959) und der Wissenschaftlichen Gesellschaft an der Johann Wolfgang Goethe-Universität in Frankfurt am Main (von 1955 bis 1970 ihr Präsident), sowie zahlreiche Auszeichnungen, darunter das Bundes-Verdienstkreuz mit Stern der Bundesrepublik Deutschland (1963), die Fakultätsmedaille der Naturwissenschaftlichen Fakultät der Johann Wolfgang Goethe-Universität, die Goethe-Plakette des Landes Hessen (1958), das Sigillum Magnum der Universität Bologna (1962), die Goldene Medaille der Universität Rom, die Lenin-Medaille in Gold (1970), um einige zu nennen.
Ehrenmitgliedschaften in wissenschaftlichen in- und ausländischen Gesellschaften und Organisationen, – manche davon hat er selbst ins Leben gerufen oder geleitet – ergänzen die Palette der ihm zuteil gewordenen Ehrungen.

Anläßlich des 25jährigen Bestehens des Instituts für Biophysik wurden seine Verdienste gewürdigt durch die Errichtung der Boris-Rajewsky-Preisstiftung durch die Hessische Landesregierung und den Magistrat der Stadt Frankfurt mit der nachstehend wiedergegebenen Präambel:

Das Max Planck-Institut für Biophysik in Frankfurt am Main hat unter der Leitung seines ersten Direktors, Professor Dr. phil. nat., Dr. med. hort. h. c., Dr. med. h. c., Dr. med. et. chirg. h. c., Dr. rer, hort. h. c., Dr. med. h. c. BORIS RAJEWSKY, eine Entwicklung genommen, die zur Formung einer neuen Disziplin – der Biophysik – geführt hat. In Würdigung der Verdienste Professor RAJEWSKYS, nach dessen Ideen das Institut gegründet worden ist und gearbeitet hat, haben die Hessische Landesregierung und der Magistrat der Stadt Frankfurt am Main am Tage des 25jährigen Bestehens des Instituts ansehnliche finanzielle Mittel für die Errichtung einer Preisstiftung bereitgestellt, die den Namen »Boris Rajewsky-Preisstiftung für Biophysik« führen soll. Durch Spenden von dritter Seite wurden diese Mittel vermehrt.

Unter den bisherigen Preisträgern finden sich vier seiner ehemaligen Schüler: HERMANN SCHWAN, Philadelphia, HERRMANN MUTH, Homburg (Saar), HELMUT PAULY, Erlangen, WOLFGANG POHLIT Frankfurt am Main.

8.

RAJEWSKYS wissenschaftliche Arbeitsweise war gekennzeichnet durch genuine Entdeckerfreude, naturwissenschaftliche Neugier und Unbeirrbarkeit in der Verfolgung gesteckter Ziele; er verstand es, diese Haltung auf seine Schüler und Mitarbeiter zu übertragen.

Starke intuitive Kraft und eine Fähigkeit, das Einfache und das Wesentliche an Zusammenhängen zu sehen, kamen hinzu. Details zu erarbeiten, hat er delegiert und streng überwacht.

Seine besondere Zuneigung zur Biophysik, begründet er anläßlich der 25-Jahrfeier seines Instituts: »Da ich eingefleischter Physiker war, und an dem Primat der Physik in der wissenschaftlichen Erkenntnis der Natur schon damals nicht gezweifelt habe, sah ich in der Verfolgung der Auswirkung der physikalischen Gesetzmäßigkeiten beim Entstehen und Werden der lebenden Objekte, der Organismen, und beim Erkennen der in der lebenden Materie ablaufenden Vorgänge eine lohnende wissenschaftliche Aufgabe.«

Dieser Aufgabe ist er unermüdlich nachgegangen und hat die entscheidenden Impulse gegeben zur Begründung der eigenständigen Disziplin »Biophysik«, in der Erforschung der Grundlagen, wie in ihren vielfältigen praktischen Bezügen.

RAJEWSKYS wissenschaftliches Lebenswerk findet seine Fortsetzung in seinen Schülern und der Arbeit der von ihm begründeten Institutionen. Aber auch seine beiden Söhne haben sich der Erforschung und der Lehre vom Lebendigen gewidmet: Der ältere, MANFRED RAJEWSKY, hat einen Lehrstuhl für Biochemie an der Universität Köln inne, der jüngere, KLAUS RAJEWSKY, ist Prof. an der Universität Essen. Die Tochter XENIA ist als Soziologin in Hannover tätig.

Eine ungewöhnliche Dynamik des Lebensstils und der Arbeit – wohl ein Stück Erbe – verband sich bei RAJEWSKY mit einer bemerkenswerten Fähigkeit der Organisation.

RAJEWSKY hat nächtelang und bis zu achtzehn Stunden am Tage arbeiten können. Mitarbeiterbesprechungen um Mitternacht waren nicht selten. Lange nächtliche Gespräche mit ihm, in Metaphysik und Metabiologie führend, sind mir unvergeßlich. Sie wurden oftmals abgebrochen auf Drängen der besorgten und so verständigen Frau OLGA RAJEWSKY. Eine bewundernswerte Kondition erhielt ihm trotz des oft exhaustiven Lebens die Lebenskraft bis ins hohe Alter. Es war für jedermann eindrucksvoll, an der Seite oder mit einem solchen Manne zu arbeiten.

Mit der Dynamik des Lebensstiles verband sich bei ihm ein ungewöhnlich starkes Gefühl in Zu- und Abneigung und eine außergewöhnliche Hilfsbereitschaft. Er war persönlicher Freund und Helfer seiner Mitarbeiter und hatte Zeit für jede Not.

Die starke, fast exklusive Hinwendung zu seiner Wissenschaft und zu den mit ihm dadurch verbundenen Menschen und die Liebe für seine Familie hielt ihn im Banne bis zur Erschöpfung seiner Lebenskräfte. Ihr mehr und mehr sichtbar werdendes Schwinden im letzten Jahre seines Lebens ließen ihn wohl ein gewisses Gefühl der Vereinsamung empfinden; es klang schon mit dem Tode seiner Frau an.

Eine Sehnsucht nach der Heimat und dem Geburtsland – verstärkt durch Besuche in der Sowjetunion – war zu verspüren und eine in der Liebe für alte Ikonen durchkommende tiefinnere Religiosität, die in dem sonst so rational denkenden Manne ihre eigene Ausdrucksform fand.

Am 22. November 1974 endete ein »Leben für die Biophysik«.

Marianus Czerny
1896–1985

von
Helmut Müser
Wiesbaden

Professor Dr. phil. Dr. rer. nat. h. c. MARIANUS CZERNY, geboren am 17. Februar 1896 in Breslau, gestorben am 10. September 1985 in München, studierte in Berlin, wurde dort promoviert und 1934 zum a. o. Professor ernannt. 1938 folgte die Berufung auf den Lehrstuhl für Experimentalphysik an der Johann Wolfgang Goethe-Universität zu Frankfurt am Main und die Ernennung zum Direktor des Physikalischen Instituts. 1961 wurde er emeritiert. 1966 verlieh ihm die Naturwissenschaftliche Fakultät der Universität Göttingen die Würde eines Ehrendoktors.
CZERNY wurde international bekannt durch Arbeiten auf dem Gebiet der Ultrarotforschung, vor allem durch Messungen der Absorptionsspektren von Halogenwasserstoffmolekülen im langwelligen Ultrarot, an deren Rotationsbanden er die Halbzahligkeit der Rotationsquantenzahlen experimentell nachwies.

Die nüchterne Aufzählung seiner Lebensdaten soll im folgenden ergänzt werden durch eine Darstellung des Menschen CZERNY, wie ich ihn während unserer fast 50jährigen Bekanntschaft erlebt habe. Dabei stützt sich mein Bericht für die Zeit vor 1937 auf CZERNYS Erzählungen, für die Zeit danach auf eigenes Erleben, auf Fakultätsakten und auf Personalakten des Kanzleramts. Außerdem konnte ich Zitate aus Briefen und Tagebucheintragungen verwenden, die mir seine Tochter MARIANNE zur Verfügung gestellt hat.

Kindheit, Schulzeit, I. Weltkrieg (1896–1918)

MARIANUS CZERNY wurde als Sohn des Kinderarztes ADALBERT CZERNY geboren, des Begründers der modernen Kinderheilkunde; seine Mutter war die Tochter eines oberschlesischen Großgrundbesitzers. Er war das einzige Kind seiner Eltern, ein Sohn aus gutem Hause also. Das Elternhaus war so wohlhabend, daß über Geld nicht gesprochen wurde. Wenn er Kindheitserinnerungen erwähnte, bezogen sie sich auf die Zeit der Schulferien, die er in Oberschlesien auf dem Gut des Großvaters verbrachte. Dieses Gut lag unmittelbar an der russischen Grenze; ein Teil der Gutsgrenze war zugleich Grenze des Deutschen Reiches. Sie war für den Knaben nicht nur eine Linie auf dem Atlas, sondern lebendige Wirklichkeit. Er sah mit Respekt und Schaudern die Kosakenpatrouillen, die furchterregend auf der russischen Seite entlangritten. Und er sah auf der deutschen Seite die Landarbeiter seines Großvaters, die vor der Kutsche des »Herrn« in den Straßenstaub traten und mit »S bohem!« die Mütze zogen; auch davor schauderte ihn. Die Darstellung der Macht über Menschen, drüben repräsentiert durch die Kosaken, hier durch den Großvater, diese Eindrücke prägten den Heranwachsenden für sein Leben. Er bewunderte den Großvater, den guten Patriarchen. Von seinen preußischen Tugenden wie Patriotismus, Pflichterfüllung, Korrektheit, Sparsamkeit, Fürsorge für Untergebene sollte jeweils ein Teil auf Dauer in CZERNYS Charakterbild übergehen.

CZERNYS Vater wurde 1910 an die Universität Straßburg (damals deutsches Elsaß) berufen, und der Sohn besuchte dort das Protestantische Gymnasium. Er sagte, daß er kein sehr guter Schüler gewesen sei. Sprachen, vor allem Griechisch, lagen ihm nicht; sie waren ihm zu wenig logisch. Unter den einseitig philologisch ausgebildeten Lehrern konnte er sich nicht entfalten. Seine naturwissenschaftliche Begabung, seine manuelle Fertigkeit, die ihn zum genialen Experimentator machen sollte, konnten wohl in einem Schulsystem nicht erkannt werden, das auf Drill und abfragbares Wissen gegründet war. So kam es, daß nach eigenem Eingeständnis seine Abiturnoten nicht ausgereicht hätten, falls damals eine Zulassung zum Physikstudium vom Notendurchschnitt abhängig gewesen wäre.

Wie sehr CZERNY die Schule als quälende Last empfunden hat, zeigt ein Telegramm, das er nach bestandenem Abitur an die Eltern in Berlin sandte – der Vater war inzwischen dorthin berufen worden –: »Endlich aus dem Gefängnis befreit!« Jahrzehnte später, beim Auflösen des elterlichen Haushalts, stieß CZERNY wieder auf dieses Telegramm, das der Vater für des Aufhebens wert befunden, der Sohn aber längst vergessen hatte. Nicht vergessen hatte er dagegen seine Lehrer. »Die besten Lehrer sind die schlechten Lehrer, falls man meint, die Schule müsse auf das Leben vorbereiten«, pflegte er in einer für ihn typischen Weise zu formulieren, einer Weise, die durch Übertreibung das Wesentliche hervorhebt, eben dadurch aber auch Widerspruch provoziert. Zum Beispiel: »Humanistisches Gymnasium? Schon der Name ist eine Anmaßung! Die Beschäftigung mit den Regeln der lateinischen Grammatik erzieht zum kritiklosen Gehorsam, zum Hinnehmen auch der unlogischsten Regel; sie bringt also nicht Humanisten, sondern Jasager hervor!«

Als 1914 der Erste Weltkrieg ausbrach, war CZERNY 18 Jahre alt. Er meldete sich freiwillig zum Militärdienst, sicher nicht aus Neigung. Er tat für Kaiser und Vaterland das, was damals von einem gesunden Abiturienten seines Jahrgangs erwartet wurde. Er tat es konsequent: er meldete sich zu einer Elitetruppe, zur Garde-Infanterie.

Im August 1916 wurde er schwer verwundet: sein linker Ellenbogen wurde zerschossen. Den Ärzten gelang es, die Verbindung von Nerven und Adern zu erhalten, sowie durch ein mechanisches Scharnier eine gewisse Beweglichkeit zwischen Ober- und Unterarm zu ermöglichen, so daß die Finger beweglich blieben. Das Wunder geschah: er konnte wieder experimentieren und auch wieder Cello spielen, was für ihn unverzichtbar war und blieb. Seine Musik, die er bis ins hohe Alter mit nahezu professioneller Perfektion ausübte, war für ihn ein

wahrhaftes Lebenselexier. »Ohne mein tägliches Cellospiel wäre ich längst gestorben«, bekannte er einmal.
Nach seiner Verwundung kam er zum Ersatzbataillon seines Regiments nach Berlin. Bei Kriegsende, 1918, war er Adjutant des Bataillonskommandeurs und hat noch Anfang November die letzten Rekruten des Bataillons auf den Kaiser und König vereidigt. Wenige Tage später rissen ihm meuternde Soldaten die Leutnants-Schulterstücke von der Uniform. Für den Sohn aus großbürgerlichem Hause, erzogen in der monarchischen Tradition, brach damit eine Welt zusammen.

Studium, akademische Laufbahn in Berlin bis zur Berufung nach Frankfurt am Main (1918–1937)

Nach dem Ende des Ersten Weltkriegs konnte CZERNY mit 23 Jahren endlich zu studieren beginnen. Von zwei Sommersemestern in Freiburg abgesehen, verbrachte er seine gesamte Studienzeit an der Universität Berlin. Daß er nach altem Brauch als Sohn eines Professors von Studiengebühren befreit war, war sicher nicht der Grund für diese Wahl; vielmehr war Berlin in jenen Jahren ein geistiges Zentrum besonderer Art, in den Naturwissenschaften noch eindeutig führend. Erst später in den zwanziger Jahren sollte Göttingen für die Physik eine ähnliche Bedeutung erlangen und in München durch das Wirken SOMMERFELDS eine weitere Konkurrenz entstehen.
CZERNY zog es, seiner Begabung entsprechend, nicht zur theoretischen, sondern zur experimentellen Physik, die damals in Berlin durch den Ultrarotphysiker HEINRICH RUBENS vertreten war. Er wurde dessen Doktorand mit einer Arbeit über die Reststrahlenmethode. Während er daran arbeitete, starb RUBENS an Knochenkrebs. Zu jener Zeit wurden nicht wenige Experimentalphysiker Opfer dieser Krankheit. Daß der ungeschützte Umgang mit radioaktiven Präparaten die Ursache war, hat man damals noch nicht erkannt. CZERNY erinnerte sich an eine Vorlesung, in der RUBENS ein Radiumpräparat jedem Studenten an die Stirn hielt, um zu demonstrieren, daß Gammastrahlen auf den Sehnerven einwirken, so daß trotz geschlossener Augen ein blitzender Sternenhimmel zu sehen war!
Der Verlust des Doktorvaters bringt für jeden Doktoranden große Schwierigkeiten mit sich, auch heute noch, obwohl es jetzt »Parallel-Lehrstühle« gibt, also andere Professoren einen »verwaisten« Doktoranden übernahmen könnten. Für CZERNY übernahm GERHARD HETTNER, ein junger Assistent mit stark theoretischer Ausrichtung, diese Aufgabe mit Erfolg, so daß die Doktorarbeit ordnungsgemäß zu Ende geführt werden konnte. 1923 wurde CZERNY zum Dr. phil. promoviert. Durch das Dissertationsthema wurde er zu dem Arbeitsgebiet geführt, dem in der Folgezeit sein wissenschaftliches Interesse galt: der Physik und Technik der ultraroten Strahlung. Damals lernte man gerade, aus Absorptionsbanden dieses Bereichs Informationen über Molekülstrukturen abzulesen. Die Atome eines Moleküls schwingen gegeneinander, und sie rotieren umeinander; die dabei beteiligten

Energiestufen erscheinen in den Absorptionen als Schwingungsspektren, Rotationsspektren und, da beide Bewegungen miteinander kombiniert auftreten, Rotations-Schwingungsspektren. Die beteiligten Energiequanten sind kleiner als jene, die die Atomspektren des sichtbaren Spektralbereichs beherrschen (in ganz grober Näherung: bei den Schwingungen um eine, bei den Rotationen um zwei Größenordnungen), aber sie folgen den gleichen Quantengesetzen. Diese besagen, daß als Rotationsquantenzahlen halbzahlige Werte auftreten. Die Quantenzahl ½ für den Spin des Elektrons wurde 1922 durch den Stern-Gerlach-Versuch (ausgeführt im Hause des Physikalischen Vereins) experimentell nachgewiesen. Das war eine Sensation. STERN (vgl. Lebensbericht STERN) wurde dafür mit dem Nobelpreis ausgezeichnet. Als CZERNY mit seinen Messungen an den Rotationsbanden der Halogenwasserstoffe wiederum halbzahlige Rotationsquanten fand, war die Sensation fast ebenso groß. Damit war bewiesen, daß die Halbzahligkeit für Rotationsbewegungen ganz allgemein gilt, also nicht eine Besonderheit des Elektronenspins ist.

Nach den Messungen an Absorptionsspektren gasförmiger Halogenwasserstoffe begann CZERNY (etwa ab 1927) mit Messungen an den Reststrahlbanden von Alkalihalogenidkristallen. Die Deutung dieser Festkörperspektren ist für den Theoretiker wesentlich schwieriger als die der Spektren von Gasen. Für den Experimentator dagegen sind in beiden Fällen nur sehr geringe Strahlungsmengen zu messen. Da im langwelligen Ultrarot nur äußerst geringe Intensitäten zur Verfügung standen (und, auch nach der Erfindung des Lasers, heute noch stehen), erforderte die Messung der extrem geringen absorbierten Anteile höchste Experimentierkunst.

Wie hoch die CZERNYschen Arbeiten der zwanziger Jahre international eingeschätzt wurden, ist daraus zu ersehen, daß junge Amerikaner nach Berlin kamen, um daran mitzuarbeiten. Als Mitverfasser einiger seiner Arbeiten erscheinen die Namen der Amerikaner BARNES, CARTWRIGHT und TURNER.

Neben den Veröffentlichungen, die bedeutende theoretische Konsequenzen hatten, entstanden in der Berliner Zeit auch einige Arbeiten experimentell-technischer Ausrichtung. Besondere Beachtung fanden diejenigen über den Astigmatismus bei Spiegel-Spektrometern. In einer Arbeit von CZERNY und PLETTIG (Dissertation einer Doktorandin) war eine konkrete Ausführung eines Spektrometers beschrieben; in vielen Ultrarotarbeiten um 1930 wird angegeben, daß der »Strahlengang nach CZERNY und PLETTIG« angewandt sei. CZERNY meinte sogar, von allen seinen Arbeiten sei diese am häufigsten zitiert worden, und gerade sie habe den geringsten physikalischen Gehalt.

In den Bereich der experimentellen Technik gehören auch CZERNYS Arbeiten über eine besondere Art von Photographie im Ultraroten, für die er den Namen »Evaporographie« erfand. Die normale Photographie durch photochemische Prozesse, wie sie für das sichtbare Licht angewendet wird, versagt schon für ganz kurzwelliges Ultrarot, weil Quanten dieser Wellenlängen schon in der Temperaturstrahlung bei 20 °C in merklicher Häufigkeit auftreten. CZERNY versuchte deshalb, die minimalen Temperaturunterschiede (Größenordnung 10^{-6}K) zwischen bestrahlten und nichtbestrahlten Stellen des »Films« in Bilder umzusetzen. Solche Versuche begannen schon 1929 in Berlin, wurden in Frankfurt fortgesetzt, gelangten aber nicht bis zur Anwendungsreife.

Für die Bewertung einer wissenschaftlichen Leistung ist immer auch die Umgebung zu berücksichtigen, in der sie entstand. In Berlin hatte sich in den zwanziger Jahren eine einmalige Gruppe von originellen Köpfen zusammengefunden, intellektuell fruchtbar und befruchtend. Allein vier Nobelpreisträger waren darunter: MAX PLANCK, Ordinarius für Theoretische Physik, WALTHER NERNST, Ordinarius für Experimentalphysik (ursprünglich Chemiker, Nobelpreisträger für Chemie), Nachfolger von RUBENS, dazu ALBERT EINSTEIN, hauptamtliches Mitglied der Preußischen Akademie der Wissenschaften, und MAX V. LAUE, Direktor des Kaiser-Wilhelm-Institutes in Dahlem. CZERNY, der als hervorragender Cellist ein gesuchter Partner für kammermusikalische Abende war, erwähnte gern, daß er als junger Assistent mit zwei Nobelpreisträgern musiziert habe: mit EINSTEIN (Geige) und mit PLANCK (Klavier).

Es fällt nicht schwer sich vorzustellen, welches Niveau das Physikalische Kolloquium besaß, das mit solchen Männern besetzt war. CZERNY erinnerte sich an zwei Vorträge, die er in diesem Kreise gehalten hatte; beide blieben ihm in Erinnerung wegen der Diskussionen, die sich danach ergaben. Im ersten Vortrag mußte er eine Arbeit referieren, die sich kritisch mit der Relativitätstheorie befaßte, und zwar auf Weisung von NERNST, der sein Instituts-Chef war und der Einsteinschen Theorie skeptisch gegenüberstand. Nach dem Vortrag entschuldigte sich CZERNY bei EINSTEIN, indem er ihm versicherte, daß er diesen Vortrag nicht aus eigenem Antrieb gehalten habe. EINSTEIN lächelte nur und sagte: »Lassen Sie nur, vielleicht hat der Mann ja recht; aber es würde mich doch sehr wundern, wenn Allah (sic!) die Welt so eingerichtet hätte!«

Der zweite Kolloquiumsvortrag, an den sich CZERNY erinnerte, betraf die Grenzen der Meßtechnik durch thermodynamische Schwankungen in der Umgebung oder, wie man heute sagen würde, durch das thermische Rauschen. Daß alle Meßkunst am Ende ist, wenn die bei der Messung umgesetzte Energie in die Größenordnung der thermischen Energieschwankung kT kommt, lernt der Physikstudent heute im Anfängerpraktikum. Überraschenderweise ist diese Erkenntnis erst in den dreißiger Jahren Allgemeingut der Physiker geworden. CZERNY, dem das Problem wegen der Empfindlichkeit seiner Maßmethoden wichtig war, hielt im Kolloquium einen Vortrag darüber. Nachher sagte ihm PASCHEN, der Präsident der Physikalisch-Technischen Reichsanstalt, sinngemäß: »Was Sie da erzählt haben, mag ein netter theoretischer Ansatz sein, aber stimmen kann es nicht. Wir haben doch in der Reichsanstalt Galvanometer, die empfindlicher sind, als sie nach Ihrer Theorie sein dürften!« Daß der Meßgenauigkeit prinzipiell eine therminische Grenze gesetzt ist, war also um 1930 noch so neu, daß der Chef der deutschen Präzisionsmeßtechnik sie für unmöglich hielt!

Das Thema dieses Vortrags, die thermischen Grenzen der Meßgenauigkeit, sollte sich für CZERNYS berufliche Zukunft als entscheidend erweisen. Er wurde nämlich eingeladen, auf der Physikertagung 1933 in Würzburg einen Hauptvortrag darüber zu halten. K. W. MEISSNER, CZERNYS Vorgänger auf dem Frankfurter Lehrstuhl, fand diesen Vortrag so interessant, daß er den Redner einlud, ihn in Frankfurt vor dem Physikalischen Verein zu wiederholen. Ein Nebenzweck der Einladung war es, CZERNY den maßgeblichen Fakultätsmitgliedern vorzustellen, denn MEISSNER wollte ihm die damals vakante Oberassistentenstelle seines Instituts übertragen. Es hätte also nicht viel gefehlt, und CZERNY wäre schon 1934 nach Frankfurt am Main gekommen. Daß nichts daraus wurde, lag daran, daß er in Berlin zum beamteten a. o. Professor ernannt wurde. Die Entscheidung muß zeitlich sehr knapp gefallen sein. CZERNY drückte es einmal so aus: »Ich habe damals die schon für Frankfurt gepackten Koffer wieder ausgepackt«.

CZERNY wäre gern nach Frankfurt gegangen, denn in Berlin hatten die Emeritierung NERNSTS und der Umbruch von 1933 die Verhältnisse im Physikalischen Institut drastisch verändert. NERNSTS Nachfolger SCHUMANN kam aus dem Heereswaffenamt und stellte die Forschungsarbeit des Instituts auf reine Wehrforschung um. Von da an war jegliche Forschung im Hause geheim: die Arbeitsgruppen des Instituts wurden gegeneinander abgeschottet, jeder Mitarbeiter durfte sich nur in seinem eigenen Bereich bewegen, das Betreten anderer Arbeitsbereiche war verboten; ein uniformierter Pförtner verwehrte allen Institutsfremden den Zutritt zum Gebäude. Es gab also keine kollegiale Freundschaft (oder auch Gegnerschaft) mehr, keine befruchtenden Gespräche, keine persönlichen Kontakte, keinen anregenden Erfahrungsaustausch: ein wissenschaftliches Klima wie bei 0° Kelvin, Kältetod der Kreativität!

Unter solchen Bedingungen kann niemand erfolgreich wissenschaftlich arbeiten. Daher sagte CZERNY sofort zu, als er am 1. 10. 1937 das Angebot erhielt, die Leitung des Physikalischen Instituts in Frankfurt am Main zu übernehmen. Zum 1. Februar 1938 wurde er dann in aller Form berufen. – Damit ist ein Zeitpunkt erreicht, von dem an ich aus eigenem Erleben berichte.

Zu CZERNYS privatem Leben wäre nachzutragen, daß er 1934 OCTAVIA GAUPP aus Tübingen, die Tochter eines Psychiaters, heiratete. Freunde aus CZERNYS Elternhaus haben mir versichert, daß CZERNYS Mutter bei der Wahl, die ihr 37jähriger Sohn traf, in diplomatischer Weise nachhalf.

Jedenfalls erwies sich diese Partnerwahl als überaus glücklich. Nach der Hochzeit aber griff ADALBERT CZERNY, der Vater, diplomatisch ein. Er hatte wohl Zweifel daran, daß die Dominanz seiner energischen Gattin der kompromiß- und anpassungswilligen Schwiegertochter guttun würde. So verhängte er über seine Frau ein sechswöchiges Besuchsverbot bei den Neuvermählten: sechs Wochen lang sollte die junge Frau Zeit haben, ihren Haushalt ohne schwiegermütterliche Einmischung einzurichten. – Noch im hohen Alter lobte CZERNY solche Weisheit seines Vaters.

Die warmherzige und kontaktfreudige OCTAVIA CZERNY hat viel dazu beigetragen, daß der nun beginnende neue Lebensabschnitt, die Frankfurter Zeit, schon bald ein Erfolg werden konnte. CZERNY, der seiner Veranlagung nach jeder Auseinandersetzung aus dem Wege ging, war froh, das Berliner Institut verlassen zu können, in dem die politischen Veränderungen durch das Nazi-Regime sichtbar und spürbar waren. Er meinte, im Frankfurter Institut friedlichere Verhältnisse vorzufinden. Das sollte sich als Täuschung herausstellen, da er die näheren Begleitumstände nicht kannte, unter denen der allseits hoch geachtete KARL WILHELM MEISSNER (vgl. Lebensbild MEISSNER) entlassen worden war. So war er nicht darauf gefaßt, daß er im Frankfurter Institut eine Phalanx von Nicht-Kooperierenden vorfinden würde. Es waren die Kollegen und Mitarbeiter, aber auch ältere Studenten (ich war einer davon), selbst solche, die dem Dritten Reich nicht ablehnend gegenüberstanden. Sie alle befürchteten, daß die Partei bei der Besetzung des Lehrstuhls eingewirkt hätte und nun ein »hundertzehnprozentiger« Nazi nach Frankfurt am Main käme. Daß man damit dem ganz und gar unpolitischen CZERNY, der weder der NSDAP noch einer ihrer Gliederungen angehörte, bitter Unrecht tat, stellte sich erst mit der Zeit heraus.

Direktor des Physikalischen Instituts in Frankfurt am Main (1937–1961)

1. Bis zur Währungsreform (1948)

MARIANUS CZERNY übernahm am 1. Oktober 1937 vertretungsweise ein Institut, das in vieler Hinsicht anders war als das, aus dem er kam. Manche der Besonderheiten waren ihm nicht ohne weiteres verständlich, und einen Vorgänger, der den Neuankömmling wohlwollend beraten hätte, gab es nicht. KARL WILHELM MEISSNER, von den Nazis unter skandalösen Umständen aus dem Dienst entlassen und mit Hausverbot belegt, konnte und wollte seinem Nachfolger, den er vier Jahre vorher gern als Oberassistenten in sein Institut geholt hätte, die Wege nicht ebnen.

Besonders schwer verständlich für CZERNY war das Verhältnis zum Physikalischen Verein. Dieser, nicht die Direktoren der im Hause untergebrachten Universitätsinstitute, war der Hausherr des Gebäudes Robert-Mayer-Straße 2–4; der Pförtner, die Sekretärin waren dessen Angestellte. Der Verein stand sogar in einem gewissen Arbeitgeberverhältnis zu den Physikprofessoren, die als Dozenten des Physikalischen Vereins galten und für die Vereinsmitglieder, aber auch für die Schüler der Frankfurter höheren Schulen unentgeltliche Vorlesungen zu halten hatten.[1] CZERNY hat Erinnerungen an diese Zeit zu Papier gebracht; darin heißt es:

»Es war unglücklich, daß sich bei meiner Ankunft niemand fand, der mich über die Bedeutung des Physikalischen Vereins aufgeklärt hätte. Das hätte mir manchen Kummer erspart. Als ich nach Frankfurt kam, war ein Dr. VON BRAUN[2] Vereinsvorsitzender, Vorstand der Firma Hartmann & Braun. Er wollte mich wie einen Angestellten seiner Firma behandeln. Darauf war ich natürlich nicht gefaßt.«

1 Während das Preußische Kultusministerium bei früheren Berufungen eine entsprechende Verpflichtung in das Berufungsschreiben aufgenommen hatte, ergab eine Nachprüfung in den Personalakten der Universität, daß dies bei *Czernys* Berufung durch das Reichsministerium offenbar unterblieben ist.

2 Richtig ist: Dr. Braun, nicht *von* Braun (d. Verf.)

Daß die Sekretärin des Physikalischen Vereins auch die Sekretariatsarbeiten des Physikalischen Instituts mit erledigte, betrachtete der Verein vermutlich als großzügige Regelung in einer Zeit, in der die Verwaltungsarbeit in den Instituten zum großen Teil von Assistenten oder sogar vom Ordinarius selber erledigt werden mußte. Problematisch wurde die Zusammenarbeit allerdings, wenn das Verhältnis zwischen Professor und Physikalischem Verein nicht ganz ungetrübt war. Die gemeinsame Sekretärin befand sich dann in einem Loyalitätskonflikt und stand im Zweifelsfall auf der Seite des Vereins, ihres Arbeitgebers. So ist es kein Wunder, daß CZERNY in seinen Erinnerungen das Sekretariat ein »Kummer-Kabinett« nennt. Er schreibt:

»Als ich 1937 die Leitung des Physikalischen Instituts übernahm, hatte das Institut kein eigenes Sekretariat: die Sekretärin des Physikalischen Vereins war offiziell damit beauftragt, alle Sekretariatsaufgaben für das Institut nebenamtlich zu erledigen. Diese Sekretärin, ein Fräulein HEDWIG GROOS, war eine äußerst gewissenhafte, aber recht herbe ältere Dame, die mich leider nicht mochte. Die Zusammenarbeit mit ihr war daher eine ziemlich bittere Angelegenheit für mich. Nach etwa 10 Jahren erreichte sie die Altersgrenze und schied als Institutssekretärin aus, blieb aber noch viele Jahre als Sekretärin des Vereins tätig. Im Laufe dieser Zeit wurde ihr Verhalten mir gegenüber immer freundlicher und endete schließlich mit allen Zeichen einer gewissen Hochachtung, die ich als gegenseitig bezeichnen möchte.«

Bei den Kollegen vermißte CZERNY die Zusammenarbeit, die menschliche Wärme. Natürlich fand er bei ihnen auch keine Unterstützung gegenüber dem Verein. Daß er darunter litt, zeigt ein weiteres Zitat aus seinen Erinnerungen:

»Im Vorstand des Physikalischen Vereins war keiner der Physik-Professoren der Universität. Aber es gab einen offiziellen »Lehrkörper-Vertreter.« Ich weiß nicht, ob dieser Vertreter automatisch zu allen Vorstands-Sitzungen dazu kam oder nur, wenn man ihn brauchte. Als ich kam, war es Professor LINKE, der Inhaber des Lehrstuhls für Meteorologie. LINKE war ein geschickter, unternehmenslustiger Mann im besten Sinne des Wortes. Er war der einzige unter meinen Kollegen, der mir ein harmlos nettes, warmherziges Benehmen entgegenbrachte.«

Aus den Zitaten geht hervor, daß sich CZERNY in Frankfurt am Main zunächst sehr unsicher fühlte. Das ist schon in politisch sicheren Zeiten nicht leicht zu ertragen; unter den besonderen Bedingungen des Jahres 1937 wog es besonders schwer, weil CZERNY, der kein Mitglied der NSDAP war, immer bemüht sein mußte, nicht unangenehm aufzufallen. Als er dann einer wirklich »politischen« Schwierigkeit begegnete, ergab sich daraus das erste Zeichen einer Kooperationsbereitschaft der Kollegen im Hause.

Auf den neuen Institutsdirektor warteten vier Studenten (darunter ich), die um ein Dissertationsthema baten. Einer der vier war HANS GOLDSTEIN, in der damaligen Terminologie ein »Halbjude«. Er hatte sein Studium bis zum Beginn der Doktorarbeit durchführen können, obwohl sein Studentenausweis aus rosa statt des normalen grauen Leinwandpapiers die »nichtarische« Abstammung auf den ersten Blick sichtbar machte. Hätte CZERNY, der neue, erst vertretungsweise ernannte Chef, einen Halbjuden als Doktoranden angenommen, wäre die endgültige Berufung, für die das Verfahren lief, in Frage gestellt worden. Daran aber war niemandem gelegen. Das Problem wurde in allseitigem Einverständnis so gelöst: ERWIN MADELUNG, der Theoretiker, nahm GOLDSTEIN als Doktoranden (mit einem experimentellen Thema) an und half CZERNY so aus der Verlegenheit. GOLDSTEIN hat seine Arbeit erfolgreich abschließen können; unmittelbar nach Kriegsende hat er die mündliche Prüfung abgelegt und wurde promoviert.

Obwohl die naturwissenschaftliche Fakultät also den Halbjuden nicht promoviert hatte, wurde sie in der Zeitschrift »Das Schwarze Korps«, dem Hausblatt der SS, heftig angegriffen. Allerdings aus einem Grunde, der mit HANS GOLDSTEIN – glücklicherweise – nichts zu tun hatte, um so mehr aber mit CZERNYS Berufung! Der Artikel polemisierte mit scharfen Worten dagegen, daß eine Fakultät gewagt hatte, dem Kultusminister eine Berufungsliste mit drei Namen von Anwärtern vorzulegen, die alle drei jüdische Doktorväter hätten! CZERNYS Doktorvater RUBENS war tatsächlich Jude; ob das auch auf die Doktorväter der beiden anderen Kandidaten auf der (bekanntlich vertraulichen) Berufungsliste zutraf, weiß ich nicht.[3] Verfasser des Artikels dürfte (nach den unter uns Studenten umlaufenden Informationen, für die ich mich nicht verbürgen kann) JOHANNES STARK gewesen sein, der Nobelpreisträger und Entdecker des Stark-Effekts.

Außer CZERNYS politischen Schwierigkeiten gab es andere, die mit der apparativen Ausstattung des Instituts zu tun hatten. Er kam in ein Institut, das der Vorgänger, KARL WILHELM MEISSNER, von einer Stunde auf die andere hatte verlassen müssen. Dessen experimentelle Ausstattung war noch ganz auf MEISSNERS Arbeitsgebiet ausgerichtet, auf die Spektroskopie des sichtbaren Lichtes. Nun sollte CZERNY drei Doktoranden mit Dissertationsthemen versorgen, selbstverständlich aus seinem eigenen Arbeitsgebiet, der Ultrarotspektroskopie. An speziellem Infrarotgerät[4] stand im Institut buchstäblich nichts zur Verfügung. CZERNY konnte daher nur auf das zurückgreifen, was er aus Berlin mitgebracht hatte, teils als Privateigentum, teils als Leihgabe der Deutschen Forschungsgemeinschaft. Schon als Doktorand hatte CZERNY Geräte aus eigener Tasche gekauft, die das Berliner Institut nicht oder nicht rasch genug beschaffen konnte; das wohlhabende Elternhaus machte es möglich. Den Wert der mitgebrachten Geräte bezifferte der Jahresbericht 1937/38 des Physikalischen Vereins auf 15–20 000 Reichsmark, eine für die damalige Zeit recht bedeutende Summe.

Noch größere Schwierigkeiten als die drei neuen Doktoranden verursachten die zehn Schüler MEISSNERS, die von heute auf morgen ihren Doktorvater verloren hatten und nun unter der Anleitung des Ultrarotspektroskopikers CZERNY ihre Arbeiten aus der Spektroskopie des Sichtbaren zu Ende bringen sollten. Die zehn

3 In dem Buch von *Alan Beyerchen*, »Wissenschaftler unter Hitler; Physiker im Dritten Reich«, Verlag Ullstein, 1982, ist der Artikel erwähnt, doch kennt der Verfasser die Frankfurter Zusammenhänge offenbar nicht. Seine sonst ausgezeichnete Darstellung ist leider völlig auf Berlin, München und Göttingen beschränkt; Physik und Physiker an anderen Stellen in Deutschland sucht man darin vergebens.

4 Seit damals hat sich entsprechend dem englischen Sprachgebrauch »infrarot« statt »ultrarot« eingebürgert; beide Worte sind in ihrer Bedeutung identisch.

Arbeiten verteilten sich über alle Stadien von »kürzlich begonnen« bis »fast fertig«. So viele Arbeiten aus einem fremden Gebiet in einem noch fremden Institut zum erfolgreichen Abschluß zu führen, war eine ungemein heikle und schwierige Aufgabe. Es hätte nahegelegen, die Fakultät um Unterstützung zu ersuchen, etwa die anderen Professoren oder den (damals schon habilitierten) Dr. DÄNZER mit heranzuziehen, doch es lag CZERNY nicht, jemanden um Unterstützung zu bitten.

Aus Berlin kam glücklicherweise nur ein einziger Doktorand mit CZERNY nach Frankfurt am Main. Er hieß WERNER STEIN, war seit seiner Schulzeit überzeugter Sozialist und suchte in Frankfurt Deckung vor den in Berlin allzu aktiven Organen der Partei, die nach Sozialisten und anderen »artfremden« Elementen an der Universität suchten. Dieser WERNER STEIN hat kurz nach dem Kriege, als es für Physiker wenig Möglichkeiten zu beruflicher Betätigung gab, einen Bestseller verfaßt (der mit Physik nichts zu tun hat): den »Kulturfahrplan«, eine synchronoptische Weltgeschichte, die bis heute in einer Auflage von 625 000 Exemplaren erschienen ist. In Berlin war er viele Jahre lang Kultursenator. Zu seinem Kompetenzbereich gehörten zur Zeit der Studentenunruhen um 1970 die Berliner Universitäten.

Die Dissertation, die STEIN in Berlin begonnen hatte, betraf die optischen Eigenschaften des Quarzes zwischen 8 und 20 µm, also im mittleren Ultrarot. Hält man daneben CZERNYS weitere Arbeiten am Frankfurter Institut, die bis zum Kriegsausbruch von ihm angeregt wurden, so findet man eine bemerkenswerte Vielfalt von Themen: langwellige Strahlung des Quecksilberdampfes, Reststrahlbanden des Kaliumbromids, Durchlässigkeit von Metallschwarzschichten, reflexvermindernde Oberflächenschichten für langwelliges Ultrarot und die Evaporographie zur photographischen Aufzeichnung von Ultrarotstrahlen. Die weite Streuung der Themen beweist die große Breite der CZERNYschen Interessen. Alle aufgezählten Arbeiten sind trotz der widrigen Zeitumstände, wenn auch z. T. mit Verzögerungen, im Laufe des Krieges zu Ende geführt worden und haben zu Promotionen geführt.

Neben diesen Belastungen fand CZERNY noch Zeit, einen Artikel für die »Ergebnisse der exakten Naturwissenschaften« zu schreiben. Dabei konnte er sich dadurch etwas entlasten, daß er einen Assistenten zur Mitarbeit heranzog. Das Ergebnis ist der Artikel »Fortschritte auf dem Gebiete der Ultrarottechnik«.

Ein Vorfall soll noch erwähnt werden, der nichts mit Physik, sondern etwas mit Politik zu tun hat. Dabei handelt es sich um die Ereignisse im November 1938, die man gemeinhin die »Reichskristallnacht« nennt, und die sich auch auf das Frankfurter Physikalische Institut auswirkten. Die Reaktion CZERNYS ist so typisch, so kennzeichnend für seine leise, unauffällige Art, Probleme zu entschärfen, daß ich sie hier erwähnen möchte.

Von den Bürgern, die zur Gründung der Universität Frankfurt am Main beigetragen haben, waren viele jüdischen Glaubens. Dasselbe gilt für die Mitglieder des Physikalischen Vereins, der ein wichtiger Vorläufer der Universität war. Die Spender, die die größten Beiträge geleistet hatten, wurden als »Ewige Mitglieder«

auf den Marmortafeln verzeichnet, die noch heute rechts und links von der Eingangstreppe des Altbaus (Robert-Mayer-Straße 2–4) zu sehen sind.
Kurz nach der »Reichskristallnacht« schrieb der Verein seinen jüdischen Mitgliedern, »unter den zwingenden obwaltenden Umständen« müsse man sie ersuchen, ihren Austritt aus dem Verein zu erklären. Diese gewundene Formulierung verrät deutlich das schlechte Gewissen dessen, der den Brief verfassen mußte. Die Nazis im Hause jedoch waren empört, weil die jüdischen Mitglieder *nur* zum Austritt aufgefordert und nicht mit Schimpf und Schande ausgestoßen worden waren. Einige Fanatiker drohten sogar, die jüdischen Namen auf den Ehrentafeln mit der Spitzhacke zu attackieren. Um das zu verhindern, ließ CZERNY um 6 Uhr morgens die Tafeln von dem im Hause wohnenden Mechanikermeister OPFER mit einer Tapete überkleben. – Unter diesem Schutz haben sie den Krieg überlebt. Die Tapete war also dauerhafter als das Tausendjährige Reich! – Diese Aktion sollte für CZERNY noch Konsequenzen haben.
Ein Dreivierteljahr nach diesen Vorgängen brach der II. Weltkrieg aus, der sich anfangs für CZERNY als »drôle de guerre« erwies: seine Situation im Institut wurde dadurch erleichtert, daß sich die Arbeitsüberlastung verringerte; der Zustrom von Studenten mit Wünschen nach Doktorthemen hörte auf, weil sie zum Kriegsdienst eingezogen wurden; die begonnenen Arbeiten, vor allem die zehn auslaufenden von Meißner-Doktoranden, konnten zu Ende geführt werden, weil zu Anfang des Krieges noch Beurlaubungen zum Studienabschluß möglich waren. Außerdem hatte CZERNY das Glück, daß sein wissenschaftliches Spezialgebiet für Kriegszwecke kaum interessant war, so daß das Heereswaffenamt ihn nicht zu Aufträgen heranzog. Es gab nur wenige Ergebnisse der Ultrarotforschung, die als kriegswichtig einzustufen waren. Dazu zählt die Ortung von Flugzeugen im Strahl von Ultrarotscheinwerfern bei Nachtangriffen. Eine von CZERNYS Arbeiten aus dem Jahre 1941 über reflexvermindernde Schichten konnte für das Waffenamt interessant werden, nämlich um deutsche Flugzeuge für die gegnerische Flugzeugabwehr unsichtbar zu machen. Als aber von 1942 ab die Angriffe auf deutsche Städte intensiviert wurden, war die Frage wichtiger, warum die feindlichen Flieger die Ultrarotstrahlung erkennen konnten, obwohl doch die Wellenlänge von etwa 1 μm, die von den Flakscheinwerfern verwendet wurde, unsichtbar sein sollte. CZERNYS Untersuchungen ergaben, daß das menschliche Auge für sehr kurzwellige ultrarote Strahlung durchaus empfindlich ist, wenn die Intensität nur hoch genug ist.
Die Arbeit im Institut wurde, je länger der Krieg andauerte, mehr und mehr durch den Luftkrieg beeinträchtigt. Es traten nicht nur die ersten Bombenschäden am Gebäude auf, es waren auch Vorsorgemaßnahmen zu treffen, um Geräte, die für den täglichen Betrieb nicht unbedingt gebraucht wurden, in Sicherheit zu bringen. Als Zufluchtsort dienten für längere Aufbewahrung einige Räume in der universitätseigenen »Villa Hardtberg« in Königstein, für kürzere Unterbringung ein Raum im Keller des eigenen Gebäudes, den das Institut für Angewandte Physik zur Verfügung stellte. Der Raum war bei Kriegsende so hoch mit Schutt bedeckt, daß Plünderer nicht bis dorthin vorgedrungen sind. Die untergebrachten

Geräte bildeten einen Teil des Grundstocks, mit dem 1946 ein bescheidener Institutsbetrieb wieder aufgenommen werden konnte.

Im März 1944 hatte Frankfurt am Main den schwersten Luftangriff des ganzen Krieges zu ertragen, bei dem u. a. die Altstadt völlig zerstört wurde. Auch im Institut waren schwere Schäden durch Feuer zu beklagen; vor allem aber brannte CZERNYS Privatwohnung völlig aus. Selbst für den, der die Kriegsjahre noch bewußt miterlebt hat, ist es schwer, sich die Schrecken dieser Zeit zu vergegenwärtigen. Ich verzichte daher auf eine Schilderung und gebe stattdessen den Text einer Postkarte im Auszug wieder, die CZERNY an seine Frau geschrieben hat. Sie war mit den Kindern, dem Sohn PETER und den Zwillingstöchtern MARIANNE und OCTAVIA, nach Lermoos in Tirol geflüchtet, wo ein ihren Eltern gehörendes Haus die Familie aufnahm. Die Karte beginnt mit dem Satz: »Da sind wir also glücklich auf dem Einheitsniveau des Ausgebrannten angelangt.« Dann folgen zwölf Namen von Bekannten, von denen neun Totalschaden, zwei leichtere Schäden und nur ein einziger keinen Schaden zu beklagen hat. Prof. LINKE, den CZERNY in der Frankfurter Anfangszeit als besonders freundlichen Kollegen kennengelernt hatte, starb bei den Aufräumungsarbeiten am Herzschlag. Dann folgt der Bericht über den eigenen Sachschaden: »Gerettet die ganze Kücheneinrichtung, die Vorratsstube und der kalte Keller. Die übrigen Zimmer und der warme Keller sind restlos ausgebrannt. Gerettet haben wir die Betteninhalte, viele Schubladen mit Wäsche und Kleidern, Deinen Nähtisch, meinen Schreibtischstuhl und einige Teppiche und das Cello. Das Institut ist zu 40% ausgebrannt, Apparateschaden ca. 100%.« Von der Hand der Hausangestellten, die bei CZERNY in Frankfurt am Main ausgeharrt hatte, ist die Nachschrift hinzugefügt: »Seien Sie froh, daß Sie es nicht mitgemacht haben. Von den Zwillingen habe ich die Puppenwagen gerettet.«

Ein Mechaniker des Instituts, Herr SCHROD, der in Neu-Isenburg wohnte und durch Rundfunkdurchsagen und den Feuerschein am Himmel wußte, daß der Stadt Frankfurt am Main ein Großangriff gegolten hatte, fuhr noch in der Nacht mit dem Fahrrad nach Frankfurt, sobald die Sirenen »Entwarnung« signalisiert hatten. In der Wohnung seines Chefs angekommen, half er bis in den frühen Morgen hinein zu retten, was von der Einrichtung noch zu retten war. Um 8 Uhr sagte CZERNY zu ihm: »Herr Schrod, ich danke Ihnen für Ihre Hilfe, aber jetzt beginnt Ihr Dienst, jetzt gehen Sie ins Institut und helfen dort löschen!«

Als mir SCHROD Jahre später diese Geschichte erzählte, war er noch immer fassungslos ob solcher Mahnung an die dienstliche Pünktlichkeit. Mir scheint die Anekdote charakteristisch für CZERNYS »preußische« Korrektheit.

Im Wintersemester 1944/45 konnte von einem Unterrichtsbetrieb kaum noch, von einem Forschungsbetrieb gar nicht mehr die Rede sein; es ging nur noch um das nackte Überleben. Die Familie CZERNY blieb getrennt: er selbst bei einer Familie KAEMPFERT (Freunde, mit denen er musizierte), immer häufiger aber in der Ausweichstelle des Institut in Königstein, Frau CZERNY mit den Kindern in Lermoos. Dort fand übrigens auch CZERNYS Mutter im Januar 1945 Zuflucht. Sie hatte sich bei eisiger Kälte mit einem Pferdefuhrwerk vom schlesischen Gut ihrer

Familie quer durch die Tschechoslowakei (damals »Protektorat Böhmen und Mähren« genannt) im Treck bis nach Tirol durchgeschlagen, eine beachtliche Leistung für eine alte Dame von 72 Jahren! Sie besaß eine eiserne Gesundheit und hat die Flucht aus Schlesien um 20 Jahre überlebt; 1963 hat sie noch in Berlin an einer Gedenkfeier zum 100. Geburtstag ihres Mannes teilnehmen können.
Das Ende des Krieges kam für Frankfurt am Main und Umgebung Ende März 1945, etwa sechs Wochen vor dem ›unconditional surrender‹ der gesamten Wehrmacht. CZERNY hielt aus tief eingewurzeltem Pflichtbewußtsein im Institut aus. Als die ersten Amerikaner in den Süden Frankfurts eindrangen, befand er sich in Königstein, in der Villa Hardtberg. Dort wurde er, wie er in seinem Tagebuch vermerkt, am Donnerstag, dem 29. März 1945, um 17 Uhr von den Amerikanern »erobert«, nachdem sie ein großes Loch in den Maschendraht des Gartenzauns geschnitten hatten, obwohl wenige Meter daneben das Tor offenstand.
Beim Einmarsch der amerikanischen Truppen brach zunächst einmal jede öffentliche Ordnung zusammen. Die staatlichen Vorratsläger wurden von der Bevölkerung geplündert, ohne daß die Besatzungsmacht eingriff. Sogar CZERNY »bediente« sich! Seine bis dahin absolute Korrektheit kapitulierte vor seiner absoluten Besitzlosigkeit. Das Tagebuch vermeldet, daß er sich eine gefütterte warme Weste und etwas Unterwäsche aus einem Bekleidungslager des Reichsarbeitsdienstes sowie zwei Bettgestelle nebst Matratzen aus einer Flakstellung »besorgte«. Sogar gegen die Weisungen der Besatzungsmacht verstieß er: entgegen der Anordnung, daß jeder Wechsel des Aufenthaltsortes verboten sei, ging er nach einigen Tagen nach Frankfurt zurück – 20 km zu Fuß, denn Verkehrsmittel gab es natürlich nicht. Er fand das Haus der Familie KAEMPFERT, die ihm Quartier gegeben hatte, von den Amerikanern besetzt. Es gelang ihm, aus dem Hause sein geliebtes Cello zu bergen, – besser gesagt das, was die Hausbesetzer davon übriggelassen hatten. Die Tagebuchnotiz darüber läßt bei aller Sachlichkeit die Bestürzung so deutlich durchklingen, daß ich sie im Wortlaut wiedergeben möchte:

»Mein Cello hatte ich durch den Wohnungsbrand hindurch retten können. Jetzt hatten die Soldaten aber den Kasten des Instruments gewaltsam geöffnet, obgleich der Schlüssel im Schloß steckte. Der Bogen war und blieb fort. Das Griffbrett hatte man mit Gewalt vom Instrument-Körper abgerissen, doch fand ich es im Rinnstein vor dem Hause. Sonst war das Instrument aber glücklicherweise erhalten geblieben.«

Kurze Zeit später haben die Amerikaner den ganzen Bereich zwischen Dornbusch und Palmengarten, der unter dem Luftkrieg am wenigsten gelitten hatte und in dem sich auch das KAEMPFERTsche Haus befand, mit einem hohen Maschendrahtzaun umgeben und als ›American compound‹ beschlagnahmt. CZERNY bezog ein Notquartier im Institut, denn er war nun obdachlos.
Die Hilfsbereitschaft der Bevölkerung in diesen Tagen allgemeiner Not war unvorstellbar groß. Für CZERNY kam schnelle Hilfe von dem Mechanikermeister OPFER, dessen Frau ihn schon vorher betreut hatte. Im Direktorzimmer des Physikalischen Instituts gab es zwar keine Türen, keine Fensterscheiben und zum Teil auch an den Wänden keinen Verputz mehr, aber die Wände selbst waren heil, und so konnte das Zimmer zu einem Behelfsheim umfunktioniert werden. Aller-

Eingang des Physikalischen Instituts, 1945

dings war es für diesen Zweck zu groß. Deshalb wurde in das Zimmer hinein eine Art Holzhütte gebaut, mit einer Grundfläche von etwa 6 qm, zwei Meter hoch. Dies war also 1945, unmittelbar nach Kriegsende, das Arbeits-, Wohn- und Schlafzimmer des Institutsdirektors! Möbliert war es mit einem Feldbett, einem kleinen Tisch und einem Stuhl. Sobald die Gasversorgung wieder hergestellt war, konnte dieses Gemach sogar beheizt werden: mit einem Bunsenbrenner; bei sehr großer Kälte gestattete sich der bescheidene CZERNY sogar einen zweiten!

Nachdem ich im Oktober 1946 in das Institut zurückgekehrt war, haben Herr CZERNY und ich, nebeneinander auf dem Feldbett sitzend, in diesem Holzverschlag (»Hundehütte« genannt) das Manuskript für die erste Auflage unseres Praktikumsbuches verfaßt. Ihre Folgeauflagen, später in einer Neubearbeitung von LÜTHI und WAECHTER, sind bis in die achtziger Jahre hinein im Praktikum benutzt worden.

Der letzte Absatz eilt den Ereignissen weit voraus. Im chronologischen Ablauf befinden wir uns erst am Beginn der Nachkriegszeit, im Frühjahr 1945. Wie das Institut damals, zur »Stunde Null« aussah, macht das Photo deutlich:

Von diesem »Nullzustand« ausgehend, mußten CZERNY und die wenigen Mitarbeiter, die sich allmählich einfanden, mit dem Wiederaufbau beginnen. Die Ausgangssituation war trostlos: Fenster ohne Glas, Türrahmen ohne Türen, Wände ohne Verputz, nackter Beton als Fußboden, undichte Wasserleitungen, verstopfte Abflüsse, der Große Hörsaal ohne Dach, so daß es ungehindert bis in die Höhe des ersten Stockwerks durchregnete. Alle diese widrigen Umstände verschleppten den Wiederaufbau während des ganzen restlichen Jahres 1945. Das änderte sich erst ganz allmählich im Winter 1945/46. Jetzt begannen auch die Behörden – das waren die Militärregierung und die von ihr eingesetzten und strikt überwachten deutschen Behörden – auf die Entwicklung Einfluß zu nehmen. Bei den deutschen Behörden, die nichts als den Mangel verwalteten, mußte man Berechtigungsscheine beantragen, antichambrieren, überzeugen und immer wieder warten, denn es gab von allem zu wenig. Die Militärregierung kümmerte sich vor allem um die Entnazifizierung. Schon lange ehe durch das »Gesetz zur Befreiung von Nationalsozialismus und Militarismus« vom 5. 3. 1946 ein formal geordnetes Verfahren vor deutschen »Spruchkammern« eingeführt worden war, hatte die Militärregierung damit begonnen, alle Personen mit qualifizierten Berufen auf ihre politische Vergangenheit zu untersuchen. Diese Personen hatten den berühmt-berüchtigten Fragebogen mit seinen 131 Fragen auszufüllen. Wer darin falsche Angaben über seine Mitgliedschaften machte, wurde vom Militärgericht zu sechs Monaten Gefängnis ohne Bewährungsfrist verurteilt. Auch wer nicht durch eine Mitgliedschaft belastet war, mußte sich diesem Verfahren unterziehen, denn nur ein »Entnazifizierter« konnte im Dienst bleiben oder eingestellt werden, es sei denn als einfacher Arbeiter. Natürlich bemühte sich jeder um eine für ihn günstige Selbstdarstellung; der dafür nötige Zeitaufwand ging für andere, wichtigere Aufgaben verloren. Wichtig im damaligen Sinne war das »Organisieren« von Geräten, von Material, von Werkzeug, von so trivialen Dingen wie Glühbirnen oder Schreibpapier; denn zu kaufen gab es das alles nicht.

Die Entnazifizierung, dieser gigantische Versuch, ein ganzes Volk in Nazis und Nicht-Nazis, in Böse und Gute einzuteilen, hatte für das Institut zunächst einmal den Effekt, daß die ohnehin kleine Zahl der Mitarbeiter noch um diejenigen vermindert wurde, die einer Parteigliederung angehört hatten. Obwohl CZERNY weder Mitglied der NSDAP noch einer ihrer Gliederungen gewesen war, er also von der Entnazifizierung nichts zu befürchten hatte, wurde er mit Schreiben vom 5. März 1946 fristlos aus dem Dienst der Universität entlassen. Über die Gründe kann man nur spekulieren; offenbar hat dabei die früher erwähnte Aktion zur Rettung der jüdischen Namen auf den Marmortafeln im Treppenhaus des Physikalischen Vereins eine Rolle gespielt. CZERNY ließ sie überkleben, um sie vor einer Zerstörung durch Nazi-Fanatiker zu bewahren. Die Militärbehörden aber, jeder wirklichen Kenntnis der Verhältnisse im Dritten Reich bar, meinten aus dem Überkleben der Namen eine antijüdische Gesinnung ableiten zu können. Bei den Fakultätsakten befindet sich ein Schreiben von Professor MÖNCH aus Halle a. d. Saale, der CZERNY zu helfen versuchte, indem er seine damalige Aktion rechtfertigte. Professor MÖNCH dürfte auch veranlaßt haben, daß von der Universität Halle-Wittenberg an CZERNY ein Ruf auf einen Lehrstuhl erging. Der Zufall wollte es, daß das Berufungsschreiben und die fristlose Entlassung den Empfänger am gleichen Tage erreichten. Es hätte also nicht viel gefehlt, und CZERNY wäre in die sowjetische Besatzungszone übergesiedelt. Die Entscheidung wurde ihm dadurch abgenommen, daß die Militärregierung seine Dienstentlassung am 13. Mai 1946 zurücknahm. Das Großhessische Staatsministerium (das heutige Hessen hieß zunächst Groß-Hessen!) teilte ihm daraufhin am 20. Mai mit deutscher Gründlichkeit mit, daß die Zeit der Nichtbeschäftigung beamtenrechtlich als unbezahlter Urlaub gelte!

Während der schlimmen Zeit, in der CZERNY aus dem Dienst entlassen war, kehrte seine Frau mit den Kindern aus Tirol zurück. Wie alle »Reichsdeutschen«, die sich während des »Anschlusses« vor dem Bombenkrieg nach Österreich geflüchtet hatten, wurde sie von den dortigen Behörden kurzerhand ausgewiesen. Innerhalb von vier Tagen nach der Ausweisungsverfügung mußte sie mit den Kindern das Land verlassen haben. Die Reise nach Frankfurt am Main, in einem Viehwagen, dauerte sechs Tage und fünf Nächte.

Im Frühjahr 1946 war es so gut wie unmöglich, in Frankfurt eine Wohnung für eine fünfköpfige Familie zu finden. Da geschah eines der Wunder an Hilfsbereitschaft, die damals alltäglich waren. Ein Kollege, der Historiker GELZER, der als Schweizer Staatsbürger keine Zwangseinquartierung zu befürchten hatte, stellte CZERNY das vom Bombenkrieg schwer mitgenommene Dachgeschoß seiner Westendvilla zur Verfügung. In den Dachgeschoßfenstern befand sich zwar kein Glas mehr, aber immerhin waren einige von ihnen mit Drahtglas[5] verschlossen. Auch gab es in der ganzen Wohnung nur noch eine einzige Tür – sie diente aus Gründen der Schicklichkeit dem Verschluß der (funktionierenden!) Toilette –, aber in den Trümmern der Häuser fanden sich Bretter, mit denen man Fenster vernageln und aus denen man Behelfstüren zimmern konnte. Mit dem Einbau einer vom Vater und dem 11jährigen Sohn PETER gebastelten Küchentür begann aus dem Behelf ein Heim zu werden.

Wenn CZERNYS fristlose Entlassung nach seiner eigenen Einschätzung der absolute Tiefpunkt in seinem Leben war, so markiert die Heimkehr der Familie zu Ostern 1946 den Wendepunkt. Die Lage war zwar alles andere als rosig, die Wohnung zerbombt, der größte Teil der Einrichtung verbrannt, das Geld auf der Bank nichts mehr wert, der Familienvater aus dem Dienst entlassen, aber die fünf waren trotzdem glücklich. Sie hatten alle Gefahren und Nöte gesund überlebt, und sie waren beisammen. Als dann sechs Wochen später auch noch CZERNYS Entlassung widerrufen wurde, war das Glück perfekt.

Nachdem CZERNY glücklicher Besitzer einer Behelfswohnung geworden war, diente der sechs Quadratmeter große Bretterverschlag im Institut, genannt die »Hundehütte«, nicht mehr als Wohn- und Schlafzimmer, sondern nur noch als »Direktorzimmer«. Hier wurde gearbeitet, beraten und empfangen; von hier aus wurde der Wiederaufbau des Physikalischen Instituts betrieben und unter den ungünstigen räumlichen, personellen und politischen Bedingungen jener Zeit weitergeführt, so gut es eben ging. In der »Hundehütte« habe ich mich am

5 Ein plastikartiges, drahtverstärktes Material, zwar undurchsichtig, aber immerhin durchscheinend.

1. Oktober 1946 nach Krieg, Gefangenschaft und Internierung zurückgemeldet. Als CZERNYS Schüler war ich 1942 promoviert worden; jetzt stellte er mich unter Vorbehalt als »einfachen Arbeiter« ein, denn ich war noch nicht entnazifiziert!

Daß unter derartigen Bedingungen an eine wissenschaftliche Arbeit nicht zu denken war, versteht sich von selbst. Zum Glück gab es nur wenige fortgeschrittene Studenten, die nach Diplom- oder Doktorthemen fragten. Die erste nach dem Kriege begonnene Diplomarbeit wurde nicht vor 1947 fertig. Sie wurde von Prof. DÄNZER betreut und betraf die Erzeugung von Zentimeterwellen mit einem Funksender. Die Methode war auch damals schon veraltet; natürlich erzeugte man Höchstfrequenzen schon mit besonderen Elektronenröhren (der Transister wurde gerade erst erfunden und war noch viele Jahre nicht für Frequenzen über etwa 100 kHz brauchbar). Da aber der Besitz von Höchstfrequenzröhren durch Kontrollratsgesetz verboten war (wie alle Elektronik, die kriegswichtig hätte sein können), mußten die Zentimeterwellen eben durch einen Funksender erzeugt werden. Nutzlos waren die »Forschungen« von 1947 dennoch nicht: der alte Funkensender dient bis heute in der Vorlesung als Demonstrationsobjekt für Zentimeterwellen!

Anders als die Forschung, die bis zur Währungsreform von 1948 brachlag, mußte der Anfängerunterricht so bald wie möglich wieder aufgenommen werden, denn die Überlebenden der Kriegsjahrgänge drängten jetzt an die Hochschulen. Sie waren lernbegierig, bildungshungrig, leistungsbereit und aktiv; sie konnten und wollten nicht mehr warten. So wurde nach Kräften improvisiert. Länger als ein Semester hat im CZERNYschen Institut niemand auf einen Arbeitsplatz warten müssen.

Anfang 1947 hatte sich die politische Lage schon wesentlich gebessert. Die Besatzungsbehörden kümmerten sich nur noch wenig um die Entnazifizierung, und die deutschen Spruchkammern machten sich unlustig daran, anhand der Fragebögen von jedem Bürger festzustellen, ob er »vom Gesetz betroffen« sei oder nicht, welcher der fünf Kategorien vom »Hauptschuldigen« bis zum »Entlasteten« er zuzuordnen sei, oder ob er unter die »Jugendamnestie« falle. CZERNY bekam nach mündlicher Sprachkammerverhandlung bestätigt, daß er »nicht betroffen« sei.

Im August 1947 holten die Amerikaner CZERNY in die Staaten, nach Kalifornien, wo er mit anderen deutschen Naturwissenschaftlern in einem ›guided missile center‹ der Marine arbeitete. Sie lebten in einem ›camp‹ in herrlicher Umgebung, wurden bezahlt, hatten – anders als in Deutschland – gut und reichlich zu essen und wurden in ihrer wissenschaftlichen Arbeit nicht bedrängt. Dabei achtete CZERNY sorgfältig darauf, daß er nicht zum Geheimnisträger wurde, denn er wollte wieder zurück nach Frankfurt. Für sein Gehalt kaufte er Lebensmittel, die er nach Deutschland schickte (z. B. einen Zentner Zucker zur Verteilung an alle Institutsangehörigen). CZERNYS Aufenthalt in den USA dauerte ein halbes Jahr. Im Februar 1948 kehrte er nach Frankfurt am Main zurück, zur Zeit der größten Lebensmittelverknappung seit Ende des Krieges.

Die Beschreibung der Zeitumstände zwischen Kriegsende und Währungsreform wäre unvollständig, wenn man eine der Plagen nicht erwähnen würde, die schon immer mit dem Krieg verschwistert waren: dem Hunger. Er war wie das Wetter: täglich da, immer anders, und allgegenwärtig – jedenfalls für die, die nichts zum Tauschen hatten (wie Teppiche, Schmuck, Pelze, Uhren oder Zigaretten), also für die meisten! Der Tauschhandel war illegal, aber ohne ihn hätte niemand überleben können. Es ging der bittere Spruch um: »Alle Deutschen müßten von Rechts wegen entweder im Gefängnis sitzen oder auf dem Friedhof liegen.« Denn wer schwarzhandelte, wurde eingesperrt, und wer nicht schwarzhandelte, verhungerte! Diese Art Galgenhumor galt im Februar 1948, in dem es mancherorts z. B. als Zuteilung 30 g Fett für den ganzen Monat gab, als nur ironische Übertreibung. CZERNY, der alle Tauschgeschäfte strikt ablehnte, hatte das Glück, daß ihn seine amerikanischen Freunde in den Hungermonaten bis zur Währungsreform mit einigen »Care«-Paketen unterstützten.

Wie bei den Lebensmitteln hatte sich im Frühjahr 1948 auch bei den Verbrauchsgütern die Versorgungslage dramatisch verschlechtert. Immer größere Teile der Produktion wanderten auf den Schwarzen Markt oder, wenn es sich um langlebige Güter handelte, in versteckte Lager. Dort wurden sie gehortet für den »Tag X«, den Tag der Währungsreform, der, von den einen erhofft, von den anderen gefürchtet, dem Geld seine Kaufkraft zurückgeben sollte.

2. Nach der Währungsreform (1948–1961)

Die Währungsreform in den drei westlichen Besatzungszonen, von einem genialen jungen Banker aus den USA erdacht, war notwendig, um die aus den Fugen geratene Relation von verfügbarem Geld zu verfügbarer Ware in Ordnung zu bringen und die zurückgestaute Inflation zu beenden. Am 20. Juni 1948 wurde das alte Geld, die Reichsmark, mit einem Schlag außer Kraft gesetzt und neues, knapp bemessenes Geld zugeteilt. An diesem für das zukünftige Wirtschaftswunder entscheidenden Sonntag machte das Wirtschaftsleben gewissermaßen Pause; nur die das neue Geld ausgebenden Stellen waren aktiv. Dort erhielt jeder Registrierte 40 Mark der neuen Währung, Deutsche Mark genannt, in nagelneuen Banknoten, die weder den Namen einer ausgebenden Bank noch das Faksimile einer Unterschrift trugen, für die also niemand verantwortlich zeichnete. Dieses »Kopfgeld« erhielt jeder Registrierte, ob Mann oder Frau, Familienvater oder Kind, Greis oder neugeborenes Baby. – An diesem einen Sonntag waren also in den drei Westzonen einmal alle Menschen gleich, sofern man den Besitz von Geld als Maßstab der »Égalité« gelten läßt!

Die Bevölkerung war in der Beurteilung der Reform gespalten: Diejenigen, die vom Schwarzhandel gelebt hatten, verloren von heute auf morgen ihre Existenzgrundlage und sagten den Zusammenbruch des Wirtschaftslebens voraus; diejenigen aber, die für das »schlechte« Geld hatten arbeiten müssen – wie etwa alle Gehaltsempfänger – hofften darauf, daß das Geld in Zukunft wieder etwas wert sein werde und der Wiederaufbau sich so beschleunigen könnte. Für CZERNY bedeutete die Währungsreform, daß er zum erstenmal in seinem Leben erfuhr, was es heißt, kein Geld zu haben!

Geldmangel kennzeichnete auch die Lage für das Institut mit seinen Aufbausorgen: Hatten bis dahin (fast) unbegrenzte Reichsmarkbeträge zur Verfügung gestanden, für die man nichts bekam, so war jetzt (fast) alles zu haben, aber es fehlte das neue Geld, die begehrte D-Mark. Zwar hatten die öffentlichen Kassen bei der Währungsreform als Erstausstattung eine Monatseinnahme in D-Mark erhalten, doch danach mußten sie auf den Eingang von Steuern und Abgaben warten. Die Johann Wolfgang Goethe-Universität, die damals noch von Land und Stadt je zur Hälfte finanziert wurde, stand nun mit zwei leeren Händen da: das Land Groß-Hessen verließ sich darauf, daß die Stadt Frankfurt am Main schon das Nötigste tun werde, und umgekehrt. Am 1. Juli erhielt jeder Gehaltsempfänger, gleich ob Professor oder Hausmeister, als Abschlag 100 Deutsche Mark. Erst zwei Monate später, vom 1. September an, konnten die Gehälter wieder regelmäßig gezahlt werden.

Mit dem neuen Geld ging es in der Wirtschaft stetig aufwärts, und auch die politischen, nicht wirtschaftlich bestimmten äußeren Bedingungen besserten sich. Mehr und mehr fiel die Einschränkung und Kontrolle der Forschungsarbeit weg: der aberwitzige Plan des Roosevelt-Freundes MORGENTHAU, Deutschland in ein Agrarland zu verwandeln, also die technische Intelligenz zu liquidieren, geriet bald in Vergessenheit. Die Beschränkungen der Forschungstätigkeit, die der Alliierte Kontrollrat in Ausführungen des Morgenthau-Planes verfügt hatte, überlebten zwar die Militärregierung um Jahre – das Verbot kernphysikalischer Forschung fiel erst 1955 –, aber gestört haben die Einschränkungen schon bald nicht mehr: sie wurden ignoriert, und niemand hat versucht, sie durchzusetzen.

Die Normalisierung der Forschungs- und Lehrtätigkeit machte also raschere Fortschritte, als wir erwartet hatten. »Normalisierung« soll hier heißen, daß die Wirtschaft wieder alles Notwendige zur Verfügung stellte, so daß Zeit und Energie, die früher für das Beschaffen, das Improvisieren, das »Aus-alt-mach-neu-Gehabe« aufgewendet werden mußten, für den Wiederaufbau frei wurden. Die Fortschritte konnten trotzdem dem wachsenden Bedarf nicht gerecht werden; denn nun stellten die Studentenjahrgänge, die den Krieg überlebt und seit 1946 an den Universitäten ihre verspätete Ausbildung nachgeholt hatten, Anforderungen an die Institute. Diese älteren Jahrgänge addierten sich zu den jüngeren, die unmittelbar nach dem Abitur an die Universitäten gegangen waren. So wurde eine Überfüllung erzeugt, die sich in den experimentierenden Fächern empfindlicher bemerkbar machte als in den Geisteswissenschaften. Etwa 1949 erreichten die ersten Nachkriegsstudenten, vor allem die der älteren, besonders lernhungrigen Jahrgänge, die Examenssemester, und von 1950 an war die Nachfrage nach Diplomarbeiten so groß, daß sie nur unter äußersten Anstrengungen befriedigt werden konnte. CZERNY hat es damals abgelehnt, mehr Diplomanden aufzunehmen, als mit Geräten und Arbeitsplätzen versorgt werden konnten, ohne die Anforderungen allzu sehr abzusenken. Was fehlte, waren in erster Linie Räume, in zweiter Geräte; die personelle Kapazität war nicht der entscheidende Engpaß, da Herr HONERJÄGER (bis zu seinem Weggang nach Berlin 1954) und ich (nach meiner Habilitation 1951) helfen konnten, Bewerber mit Themen zu versorgen.

Der Wiederaufbau der Johann Wolfgang Goethe-Universität ging angesichts der hohen Kosten nirgends zügig voran; aber im Hause Robert-Mayer-Straße 2–4 vollzog er sich besonders langsam. Das hatte seinen Grund: Eigentümer des Hauses ist nicht die Universität, sondern der Physikalische Verein, und die staatlichen Stellen zogen natürlich den Aufbau eigener Gebäude demjenigen eines Hauses vor, das einem privaten Verein gehörte, selbst wenn dieses Haus von der Universität genutzt wurde. Nur so ist es begreiflich, daß die Behelfsabdeckung des Daches erst 1952, sieben Jahre nach Kriegsende, durch eine dauerhafte Konstruktion ersetzt wurde. Dadurch wurde der Große Hörsaal gar erst 1955 wieder benutzbar! Bis dahin mußte die große Physikvorlesung im Chemie-Hörsaal auf der gegenüberliegenden Straßenseite gehalten werden. Viermal wöchentlich wurden alle Geräte für die Vorlesungsexperimente auf Wagen verladen und über die Straße hin- und zurücktransportiert! Auch dieser Zustand dauerte etwa sieben Jahre lang an. Erst 1959, zwei Jahre vor seiner Emeritierung, konnte CZERNY mit Freunden und Mitarbeitern des Instituts den Auszug des letzten Bauarbeiters feiern.

Unter den Verzögerungen beim Institutsaufbau hat CZERNY sehr gelitten. Er fühlte sich wohl selbst in gewissem Maße dafür verantwortlich. Seine zurückhaltende Art war so gar nicht dazu angetan, den Amtsschimmel zu rascherer Gangart zu veranlassen! Nicht etwa, daß er nicht protestiert hätte, aber er tat es eben auf seine ganz eigene Weise. Zwei Beispiele, die mir den Menschen CZERNY zu charakterisieren scheinen, mögen verständlich machen, warum seine Proteste wirkungslos blieben. Der erste Protest richtet sich an die Baubehörde (wegen der Verzögerung notwendiger Baumaßnahmen), der zweite an die akademische Verwaltung (wegen unnützer Geldausgaben):

Bis zur Dachabdeckung von 1952 regnete es bei jedem kräftigeren Regen an vielen Stellen durch. Als es nach der Währungsreform wieder Blechwannen zu kaufen gab, ließ er den gesamten Bestand der größten Frankfurter Haushaltswarenfirma an Zinkwannen (von Sitzwannengröße) aufkaufen; es waren 25 Stück. Die Rechnung für »25 Zinkwannen zum Auffangen durchtropfenden Regenwassers« schickte er an das Universitätsbauamt in der Hoffnung, der zuständige Sachbearbeiter werde, schockiert wegen der Belastung der angespannten Universitätsfinanzen, sofort die Überdachung des Hauses in Angriff nehmen. CZERNY dachte wohl, diesem Beamten lägen die Belange des Staates (oder des Steuerzahlers) ebenso sehr am Herzen wie ihm selber. Natürlich blieb die subtile Protestaktion völlig wirkungslos!

Ebenso wirkungslos blieb ein Schreiben, das CZERNY 1952 an den Dekan der Naturwissenschaftlichen Fakultät richtete, als die Gesellschaft der Freunde und Förderer der Universität dem Lehrkörper das Geld zur Wiederbeschaffung von Talaren stiftete, weil die Vorkriegstalare im Kriege für die Spinnstoffsammlung abgegeben worden waren. In diesem Brief schreibt CZERNY:

»Zu einem Zeitpunkt, wo es an Geld fehlt, die dringendsten Wideraufbauarbeiten an den Instituten durchzuführen, wo bei jeder Etats- und Personalfrage immer nur auf die allgemeine Notlage verwiesen wird, hätten Rektor und Senat nach meiner Ansicht kein Geldgeschenk für eine so äußerliche Angelegenheit wie die Talare annehmen dürfen. – Ich sehe im ganzen Nachkriegs-Deutschland diese Tendenz, im Äußeren üppiger aufzutreten, als es der wahren inneren Lage entspricht. Ich halte es für meine Pflicht, nicht selbst in diesen Fehler zu verfallen, von dem ich ernsteste Gefahren für die Entwicklung unseres Landes fürchte.«

CZERNY hat in den folgenden Jahren konsequent, wie es seinem Charakter entsprach, an keiner Veranstaltung mehr teilgenommen, zu der Talare getragen wurden. Mit den Studentenunruhen um 1968 wurde dieser Protest gegenstandslos, weil die Nachkriegs-Talare eingemottet wurden. Eine der letzten Gelegenheiten, bei denen die Universität in der traditionellen Gala auftrat, waren die Feiern zu ihrem 50jährigen Bestehen 1964.
Ein anderes Beispiel für CZERNYS Art zu reagieren, diesmal für seine »preußische« Korrektheit, war die Angelegenheit mit dem »guten Onkel« aus Amerika. Wegen der schwierigen rechtlichen Verhältnisse, die sich daraus ergaben, zitiere ich CZERNY wörtlich:

»Etwa ein Jahr[6] nach dem Einmarsch der Amerikaner forderten die Amerikaner einige Kollegen in leitenden Stellungen und auch mich auf, zu ihnen in das Verhältnis »Technical consultant« zu treten gegen Bezahlung eines festen monatlichen Geldbetrages. Ich hörte, daß die Sache bei anderen Kollegen ohne Schwierigkeiten funktionierte. Mir persönlich aber war es doch gar zu bedenklich, vom »Feinde« Geld anzunehmen. Ich fand folgenden Ausweg: Ich ließ mir bei der »Deutschen Treuhandgesellschaft« in Frankfurt, zu der ich nähere Beziehungen hatte, ein Konto eröffnen. Auf dieses Konto zahlten die Amerikaner mein »Gehalt« ein. Ich meinerseits legte Rechnungen, die für das Institut bestimmt waren, der Treuhandgesellschaft vor. Sie bezahlte sie und kontrollierte, daß das Geld nicht für mich persönlich verwendet wurde. Dafür gewährte mir das Finanzministerium Steuerfreiheit für diese Gelder. Für mich als Institutschef war es eine große Erleichterung. Ich bekam monatlich etwa die Hälfte meines sonstigen Gehaltes hinzu. Es lief ein bis zwei Jahre. Im Institut hieß das Konto »der gute Onkel«.

Bemerkenswert am »guten Onkel« ist die Großzügigkeit der Amerikaner: sie zahlten deutschen Professoren eine Art Gehalt ohne Vorbehalt, was die Verwendung betraf, und ohne Gegenleistung. Für das Institut war diese finanzielle Hilfe ein ganz großer Glücksfall. Sie besserte den viel zu knappen Institutsetat auf, aus dem nicht nur der gesamte Unterrichtsbetrieb bestritten werden mußte, sondern auch alle laufenden Kosten (Betriebsmittel, Wartung, Reparaturen) von Geräten, die für Forschungszwecke aus Drittmitteln angeschafft werden konnten.
Die wichtigste Quelle für Drittmittel war die Deutsche Forschungsgemeinschaft (DFG). Sie finanzierte Anschaffungen, aber keine Folgekosten. 1949 hieß sie noch »Notgemeinschaft der Deutschen Wissenschaft«, und sie konnte nur die äußerste Not abwenden. Wer die heutigen Aktivitäten mit Sonderforschungsbereichen und Schwerpunktgebieten kennt, kann sich die bescheidenen Verhältnisse Anfang der fünfziger Jahre nur schwer vorstellen. Die DFG hatte für das Jahr 1952 ganze zehn Millionen Mark zur Verfügung. 1956 waren es schon 35 Millionen (d. i. eine Steigerung um 250% in vier Jahren), heute sind es über 600 Millionen!

6 Nach meiner Erinnerung setzten die Zahlungen etwas später, um die Zeit der Währungsreform 1948, ein und wurden danach etwa zwei Jahre fortgesetzt (der Verf.).

Neben der Deutschen Forschungsgemeinschaft tritt auch die Industrie als Geber von Drittmitteln auf. Es hätte CZERNYS Charakter widersprochen, sich um Kontrakte mit Industriefirmen zu bemühen, um Geld für Forschungsvorhaben zu erhalten; als aber ein Vorschlag zur Zusammenarbeit an ihn herangetragen wurde, hat er ihn nicht abgelehnt. So sind unter CZERNYS Leitung, von der Deutschen Glastechnischen Gesellschaft gefördert, einige Arbeiten über die Wärmeausbreitung in Glasschmelzen entstanden. Dafür wurden Geräte aus Mitteln der Gesellschaft beschafft; sie gingen nach Ende der Arbeiten in das Eigentum des Instituts und damit des Landes Hessen über.
Außer aus Drittmitteln konnte das Institut auch einige Geräte über das Universitäts-Bauamt beschaffen lassen, ohne daß der Institutsetat damit belastet wurde. Diese Möglichkeit ergab sich aus der Vorschrift, daß bei Universitätsneubauten ein bestimmter Prozentsatz der Bausumme zur Beschaffung von Geräten verwendet werden kann, die in dem Neubau betrieben werden sollen. Mit dem fortschreitenden Wiederaufbau des Instituts wurden daher solche Mittel für wissenschaftliche Geräte frei.
Alle Möglichkeiten, Geräte für die Forschung aus anderen Mitteln aus dem laufenden Etat zu finanzieren, haben einen schwerwiegenden Nachteil, der sich erst später und dann zu Lasten des laufenden Etats bemerkbar macht. Es sind die schon erwähnten Folgekosten, wie Wartung, Betriebsmittel, Reparaturen u. dgl., deren Höhe kaum vorherzusagen ist. CZERNYS laufender Etat aber betrug in den fünfziger Jahren weniger als DM 40 000.– (in seinem letzten Amtsjahr waren es DM 39 000.–). Diese Zahl verdeutlicht, wie wichtig für das Institut die unbürokratische finanzielle Hilfe der Amerikaner (der »gute Onkel«) in der Zeit der größten Geldknappheit kurz nach der Währungsreform war! Dem Nachfolger mußte der Kultusminister nicht etwa eine Erhöhung um Prozente, sondern ein Vielfaches der genannten Summe anbieten. CZERNY meinte wohl diese Aufstokkung des Etats, wenn er nach seiner Emeritierung resignierend sagte: »Das beste, was ich für das Institut tun konnte, war, daß ich mich vorzeitig emeritieren ließ.«
Bei den Bedingungen, unter denen CZERNY arbeiten mußte, wäre es nicht verwunderlich gewesen, wenn er die Forschung völlig aufgegeben hätte zugunsten des Unterrichts, der schon für sich allein die Anspannung aller Kräfte erforderte. Tatsächlich aber hat er – außer den erwähnten Arbeiten über den Wärmetransport im Glas – Themen aus seiner Berliner Zeit in Frankfurt am Main fortgeführt, als Themen für Doktorarbeiten, die daher nicht unter seinem Namen erschienen. Von den Dissertationen, die zwischen 1950 und 1961 aus dem Institut hervorgingen, sind neun von CZERNY selbst angeregt und betreut worden; sie behandeln vor allem optische Messungen an Kristallen; eine Arbeit von 1960 betrifft auch die Evaporographie.
Im Februar 1956 feierten das Physikalische Institut und das Institut für Theoretische Physik einen doppelten Geburtstag: die 60. Geburtstage von CZERNY und von FRIEDRICH HUND, der nur 13 Tage älter als CZERNY ist. Dieser, der nur ungern der Mittelpunkt einer Veranstaltung war, hätte wohl seinen »runden« Geburtstag am

liebsten übergangen. Aber auf die privaten Gefühle einer »öffentlichen Person« wird selten Rücksicht genommen, und so wurde eine richtige große Feier in Szene gesetzt, mit Festheft der Zeitschrift für Physik, Festkolloquium und großem Abendessen. Viele, die in der Physik Rang und Namen haben, waren dabei anwesend, darunter der Nobelpreisträger MAX VON LAUE aus Berlin, der 1914 der erste Professor für Theoretische Physik in Frankfurt am Main gewesen war, und ERWIN MADELUNG, der den Lehrstuhl von 1921 bis 1949 innehatte. MAX BORN, ebenfalls Nobelpreisträger, Nachfolger VON LAUES und Vorgänger MADELUNGS, konnte aus Gesundheitsgründen nicht teilnehmen.

Um die Zeit des Doppelgeburtstages 1956 entstand das folgende Bild der »Geburtstagskinder«:

Friedrich Hund und Marianus Czerny, 1954

Die Lobreden, die bei solchen Gelegenheiten gehalten werden, empfand CZERNY als liebenswürdige Übertreibungen. Ihn selbst befriedigten die Ergebnisse seiner wissenschaftlichen Tätigkeit in der Nachkriegszeit jedenfalls nicht. Viel später schreibt er in einem Brief an Prof. MÖNCH (Halle/Saale):

»Ich glaube klar sehen zu können, daß ich zu den vielen Leuten gehöre, die zwischen 25 und 35 ihre eigentliche schöpferische Zeit haben und später davon zehren. Das wurde bei mir noch dadurch gefördert, daß ich wegen der Kriegsein- und Nach-Wirkungen wohl 13 Jahre aus der wissenschaftlichen Arbeit herausgerissen wurde und das nicht mehr recht reparieren konnte...«

Resigniert beantragte er für das Ende seines 65. Lebensjahres die Emeritierung. Bei diesem letzten Schritt übte er Rücksichtnahme auf andere, wie er es sein Leben lang getan hatte: er teilte seinen Entschluß, am 31. März 1961 aus dem aktiven Dienst auszuscheiden, ein Jahr vor diesem Datum der Fakultät mit, damit die Berufung eines Nachfolgers rechtzeitig vorbereitet werden konnte. So dauerte die Vakanz nach seiner Emeritierung nur ein halbes Jahr.

Nach der Emeritierung (1961–1985)

Die Emeritierung bedeutete für CZERNY keine Trennung von dem Institut. Da seine Wohnung in unmittelbarer Nähe der Universität lag, konnte er weiterhin täglich ohne große Umstände seine alte Wirkungsstätte erreichen und, ohne Verantwortung zu tragen, seiner Lieblingsbeschäftigung nachgehen, dem Experimentieren. Als Institutsdirektor hatte er viel zuviel Zeit der Verwaltung widmen müssen; jetzt konnte er sich ganz dem Bereich zuwenden, der ihn am meisten am Herzen lag, dem Praktikum für Anfänger. Er hat es noch 15 Jahre lang mit Hingabe betreut. In dieser Zeit war er nicht etwa nur Anreger und Berater, sondern voll eingeplanter »Praktikumsassistent«, der die selbstverfaßten, in Buchform vorliegenden Versuchsanleitungen ständig verbesserte, mit neu aufgebauten Versuchen erweiterte und die Neuauflagen, 16 an der Zahl, immer wieder überarbeitete. Erst 1976, zu seinem 80. Geburtstag, hat er diese Tätigkeit aufgegeben.

Gesundheitlich ging es ihm in den ersten Jahren des Ruhestandes relativ gut. Zwar hatte er schon als 50jähriger unter Herzrhythmusstörungen gelitten, doch tröstete er sich damit, daß sein Vater dieselben Störungen gehabt habe und trotzdem 78 Jahre alt geworden sei. Tatsächlich hat sich dieses Leiden gebessert, nachdem ihn die Last der Verantwortung nicht mehr drückte.

Um 1970 begann sein Sehvermögen abzunehmen, und er mußte sich einer Staroperation unterziehen. Bei dieser Gelegenheit entdeckte er, daß er nach der Operation die starke Quecksilberlinie der Wellenlänge 366 nm sehen konnte, die normalerweise von der Augenlinse absorbiert wird. Über diese Erfahrung berichtete er in den »Physikalischen Blättern«. Hier fanden seine Messungen aus der Kriegszeit über die Ultrarotgrenze der Augenempfindlichkeit ihre Ergänzung im Ultravioletten.

Trotz der Sehbehinderung hat er noch veröffentlicht, meist über allgemeinere Themen, die aber immer einen Bezug zur Physik hatten. So schrieb er über »Abschlußerscheinungen« in der Physik. Er meinte, die Zeit nahe heran, in der die Physik keine grundsätzlich neuen Themen mehr zu bieten habe und damit so langweilig werde wie die Geographie nach dem Verschwinden der letzten weißen Flecke auf der Landkarte. Ein anderer Artikel handelt vom »Altern der Physiker«. Darin theoretisiert er über die »CZERNYsche Dreifelderwirtschaft«, d. i. ein Gedankenspiel darüber, wie man die Kreativität durch eine Art »Fruchtfolge auf den Feldern der Wissenschaft«, Forschen, Lehren und Schreiben, in drei Altersstufen über 30 Arbeitsjahre verteilt, am besten ausnutzen könne – skurril und lesenswert! Außerdem meinte er, jeder experimentierende Physiker sollte am Ende seiner beruflichen Tätigkeit einen Bericht, am besten ein ganzes Buch, über alle Versuche schreiben, die keinen Erfolg hatten! Solange die Zeitschriften nur über gelungene Experimente berichteten, würden Zeit und Geld immer wieder an dieselben aussichtslosen Versuche verschwendet.

Diese kurze Aufzählung gibt einen Einblick in CZERNYS charakteristische Art, eine Erkenntnis, skurril verfremdet, etwas überdreht zu formulieren, wodurch sie so klar zutage tritt wie menschliche Züge in einer Karikatur. Dann zieht er aus dem Erkannten eine verblüffende, gänzlich unkonventionelle Folgerung.

Daß er seine Gedankenspiele nicht gar zu ernst nahm, zeigt die Tatsache, daß er bis an sein Lebensende einen Zettel mit sich herumtrug, auf dem er, nebst vielen anderen »Lebensweisheiten«, folgende Zeilen von EUGEN ROTH notiert hatte:

»Ein Mensch, der sich zwar selber sagt,
Daß Altersweisheit nicht gefragt,
Läßt trotzdem noch einmal was drucken
Und hofft, die Welt wird es schon schlucken!«

CZERNY war ein Pessimist, also ein Mensch, der immer die negative Entwicklung einer Angelegenheit für sicher hält. Aber im Gegensatz zu allen anderen Pessimisten, die ich kenne, wollte er nicht recht behalten; im Gegenteil: er freute sich aufrichtig, wenn sich seine Vorhersage als falsch herausstellte. Er hoffte sogar, sie werde falsch sein; das meinte er wohl, als er sich einen »optimistischen Pessimisten« nannte.

Aus Gesundheitsgründen zogen CZERNYS 1978 in ein Münchener Seniorenheim, in die Nähe ihrer Tochter MARIANNE. Auch nach dem Umzug nahm CZERNY noch lebhaften Anteil an den Vorgängen im Institut, ließ sich von Besuchern berichten, telephonierte beinahe wöchentlich mit mir. Dabei brachte er immer wieder zum Ausdruck, wie sehr ihn die Entwicklung der Physik beunruhige. Für ihn hatte immer das individuelle Experiment, die Frage des Experimentators an die Natur, im Mittelpunkt gestanden. Jetzt entsetzte ihn der Gedanke, daß die Apparatur das Wichtigste geworden sei. Er meinte, die Apparate hätten ein Eigenleben bekommen wie der Besen von Goethes Zauberlehrling: das Geschöpf schicke sich an, den Schöpfer zu beherrschen.

In der Tat: Jeder von uns weiß, daß teure Apparaturen genutzt, also ständig eingesetzt werden müssen, so daß viel zu oft die individuelle Frage an die Natur ersetzt wird durch die Frage, welches Experiment sich mit welcher Apparatur durchführen lasse.

CZERNYS Ausrichtung auf das Experiment reichte fast bis ins Metaphysische! Er sagte einmal sinngemäß: »Ich verstehe, daß der Schöpfer dieser Welt die physikalischen Gesetze aufstellen konnte, obwohl die entsprechenden Phänomene noch gar nicht bekannt waren. Aber eines verstehe ich nicht: Wie konnte er die Gesetze der Supraleitung festlegen, obwohl es im ganzen Kosmos an keiner Stelle so tiefe Temperaturen gibt, daß Supraleitung auftreten könnte!« – Was für ein Bild: der Schöpfer als überdimensionaler Experimentalphysiker, der nur dann Naturgesetze aufstellt, wenn er sie vorher an irgendeiner Stelle im Weltall ausprobiert hat! Als CZERNY dies sagte, konnte er noch nicht ahnen, wie bald Stoffe entdeckt werden würden, die schon bei der Temperatur der flüssigen Luft supraleitend werden, also bei Temperaturen, die im Weltall allenthalben vorkommen.

Im Januar 1984 hat das Ehepaar CZERNY noch die Goldene Hochzeit feiern können; bald darauf starb Frau CZERNY. Am 10. September 1985 schlief auch MARIANUS CZERNY ein, im wahren Sinne des Wortes, ohne Aufsehen, wie er gelebt hatte, fünf Monate vor seinem 90. Geburtstag. Damit ist die Welt um eine originelle Persönlichkeit ärmer.

Literatur

Charakteristische Arbeiten von CZERNY

Messungen im Rotationsspektrum des HCl im langwelligen Ultrarot.
ZS. Physik, 34, 1925, 227.
Über Photographie im Ultraroten
ZS. Physik 53, 1929, 1.
Messungen am Steinsalz im Ultraroten zur Prüfung der Dispersionstheorie
ZS Physik 65, 1930, 600.
Physikalisches nach einer Star-Operation
Phys. Bl. 28, 1972, 20.
M. Czerny und H. Röder:
Fortschritte auf dem Gebiet der Ultrarottechnik.
Erg. d. ex. Naturw. 17, 1938, 70.

Willy Hartner
1905–1981

von
Matthias Schramm
Tübingen

WILLY HARTNER war der Johann Wolfgang Goethe-Universität in Frankfurt am Main in vielfacher Weise verbunden. Er hat an ihr studiert, seine Examina abgelegt, als wissenschaftlicher Mitarbeiter an ihr gewirkt. Er hat das Institut für Geschichte der Naturwissenschaften geschaffen, hat als Universitätslehrer an ihm eine reiche Wirksamkeit entfaltet und es zu einem über alle Grenzen der Sprachen und Nationen wirkenden Zentrum der Forschung gemacht. Er hat entscheidend zum Wiederaufbau seiner Universität nach dem zweiten Weltkrieg beigetragen, die zerrissenen Fäden zum Ausland wieder geknüpft und als Dekan der naturwissenschaftlich-mathematischen Fakultät, und schließlich als Rektor für sie gewirkt.

WILLY HARTNER, am 22. Januar des Jahres 1905 in Ennigerloh in Westfalen geboren, war der Sohn eines Chemieingenieurs. Nachdem er mit glänzenden Leistungen zunächst in München, dann in Bad Homburg das Gymnasium besucht hatte, riet die Familie ihm wie später seinem jüngeren Bruder Fritz zu einem Studium der Chemie. Die 1914 neu geschaffene Johann Wolfgang Goethe-Universität Frankfurt am Main, die trotz aller Schläge des ersten Weltkriegs und der Wirren der folgenden Jahre eine Blüte vor allem auch in den naturwissenschaftlichen Disziplinen erlebte, nahm ihn auf. WILLY HARTNER hat dann sein Chemiestudium ebenso rasch wie erfolgreich abgeschlossen. Man erwartete, daß er wie der Vater seine Fähigkeiten in den Dienst der Industrie stellen werde.

Doch er folgte seinen eigenen Neigungen und studierte nun, nachdem er dem Wunsch der Familie Genüge getan hatte, in Frankfurt am Main Astronomie. Als Vertreter dieses Fachs wirkte damals in Frankfurt am Main MARTIN BRENDEL, der in den Jahren 1898 bis 1911 Ansätze des schwedischen Himmelsmechanikers GYLDÉN weitergeführt und eine Theorie der kleinen Planeten entwickelt hatte. WILLY HARTNER erhielt durch BRENDEL eine gründliche Einführung in die klassischen und neueren Methoden der Himmelsmechanik und 1928 bereits, mit 23 Jahren konnte er eine Dissertation vorlegen, in der die Störungen der Planeten in den von GYLDÉN eingeführten Koordinaten berechnet wurden. Er promovierte mit dieser Arbeit am 10. Dezember desselben Jahres zum Doctor philosophiae naturalis.

Ein Problem der Himmelsmechanik beschäftigte damals die Physiker besonders: die Drehung des sonnennächsten Punktes der Merkurbahn um den Zentralkörper, ihre sogenannte Perihelbewegung. Ihr Betrag schien sich aus der klassischen Theorie nicht korrekt zu ergeben und nun beanspruchte die allgemeine Relativitätstheorie EINSTEINS, eben dies leisten zu können. Der Merkur, immer in nächster Nähe der Sonne, ist ein schwer zu beobachtender Himmelskörper und die Frage war strittig geblieben. WILLY HARTNER sollte im Auftrag der Notgemeinschaft Deutscher Wissenschaft das verfügbare Beobachtungsmaterial einer neuen Analyse unterwerfen, was umfangreiche Rechnungen für die erforderlichen Reduktionen mit sich brachte.

In Frankfurt am Main wurde damals die Mathematik von 5 Professoren vertreten: MAX DEHN, PAUL EPSTEIN, ERNST HELLINGER, CARL LUDWIG SIEGEL und OTTO SZÁSZ. Man fand sich jede Woche donnerstags in einem historisch-mathematischen Seminar zusammen. »Daran haben außer DEHN und EPSTEIN«, so hat CARL LUDWIG SIEGEL später darüber berichtet, »auch HELLINGER und ich selber leitend teilgenommen, aber DEHN war durch seine überragende und universelle Bildung gewissermaßen unser geistiges Oberhaupt, so daß wir in der Auswahl des Themas in den einzelnen Semestern seinen Ratschlägen folgten. Im Rückblick gehören jetzt diese gemeinsamen Seminarstunden im Freundeskreis zu den schönsten Erinnerungen meines Lebens. Auch damals freute mich diese Tätigkeit, zu der wir uns jeden Donnerstagnachmittag von vier bis sechs Uhr zusammenfanden; aber selbst später, nachdem wir in alle Welt zerstreut waren, wurde mir durch Enttäuschungen an anderen Orten klar, welch ein seltenes Glück es ist, wenn die Fachkollegen sich uneigennützig zu einer Gemeinschaft vereinigen, anstatt nur von ihrem Lehrstuhl aus zu dirigieren. Bei diesen Seminarsitzungen war der Grundsatz, die wichtigsten mathematischen Entdeckungen aller Zeiten an den Quellen im Original zu studieren, wozu jeweils ein Teilnehmer sich schon vorher über den betreffenden Text genau informiert hatte und dann nach der gemeinsamen Lektüre die Diskussion leiten konnte. So haben wir von den antiken Verfassern vor allem in mehreren Semestern eingehend EUKLID und ARCHIMEDES gelesen, und ein anderes Mal beschäftigte uns ebenfalls mehrere Semester lang die Entwicklung der Algebra und Geometrie seit dem Mittelalter bis zur Mitte des siebzehnten Jahrhunderts, wodurch wir insbesondere die Werke von Leonardo Pisano, Vieta, Cardano, Descartes und Desargues gründlich kennenlernten. Ergiebig war dann auch die gemeinsame Untersuchung der Ideen, aus denen im 17. Jahrhundert die Infinitesimalrechnung entstanden ist. Hierfür waren also unter anderem die Entdeckungen von Kepler, Huygens, Stevin, Fermat, Gregory und Barrow zu behandeln.«[1]

Unser Bildungssystem ist durch das Vorurteil belastet, naturwissenschaftlich-mathematische und sprachliche Begabung schlössen einander aus. WILLY HARTNER war mit seinen einzigartigen Fähigkeiten der lebendige Beweis des Gegenteils. Er hat mir berichtet, daß die Eltern spanisch sprachen, wenn etwas nicht für die Ohren der Kinder bestimmt war, und daß seine Mutter diese Sprache nahezu makellos beherrscht habe. Das war ihm Herausforderung genug, über den Lehrstoff des Gymnasiums hinaus auch diese Sprache zu lernen. Was die Johann Wolfgang Goethe-Universität ihm bieten konnte, das hat er voll ausgeschöpft. Es

1 Zur Geschichte des Frankfurter Mathematischen Seminars, Frankfurt am Main 1965, Frankfurter Universitätsreden, Heft 36, 10.

waren vor allem die orientalischen Sprachen, die ihn in ihren Bann zogen und ihm den Zugang zu jenen Quellen eröffneten, mit denen er sich Zeit seines Lebens beschäftigt hat. Er lernte Arabisch und meisterte das Chinesische, und das nicht nur in der Lesekenntnis, wie sie seinerzeit bei Philologen noch weithin vorherrschte, sondern auch im gesprochenen Wort. Freunde und Schüler lud er gern in chinesische Restaurants ein. Ich entsinne mich, wie er dort einmal dem Kellner in fließendem Chinesisch unsere Wünsche mitteilte, worauf dessen gelbe Hautfarbe einen Stich ins Grünliche bekam und er uns beschämt mitteilte, daß zwar sein Vater Chinese, doch seine Mutter Deutsche sei und zuhause so wenig Chinesisch gesprochen werde, daß er die Sprache kaum beherrsche.

WILLY HARTNER trat in immer engere Verbindung zu RICHARD WILHELM, der als Missionar in China gewirkt und nun als Apostel chinesischer Kultur in Frankfurt am Main das China-Institut gegründet hatte und die klassischen Texte der chinesischen Literatur deutschen Lesern in Übersetzungen erschloß. WILLY HARTNER trug mit kalendarisch-astronomischen Erläuterungen zu WILHELMS Übersetzungen bei. Sie gaben ihm Anlaß, sich eingehender mit einschlägigen Fragen zu beschäftigen und selbständige Studien vorzulegen. Von grundlegender Bedeutung wurde eine Untersuchung über die früheste in der chinesischen Literatur, im Shih-ching, erwähnte Finsternis. WILLY HARTNER konnte zeigen, daß die von der gelehrten chinesischen Tradition gegebene Datierung nicht stimmen kann, sondern mit Hilfe von Finsterniszyklen – falsch – rekonstruiert ist.[2] Für WILLY HARTNER waren Sprachen nie bloßes Mittel zur Arbeit an den Quellen. Er verstand es, im Sinne von FERDINAND DE SAUSSURE einen systematischen Zusammenhang zwischen allen Erscheinungen einer Sprache herzustellen. Beschäftigt haben ihn immer wieder Zählen, Zahlwort und Zahlsystem. Daß er dabei über die Literatursprachen hinaus auch nach völkerkundlichem Material griff, lag nahe, und dazu hat ihm das von LEO FROBENIUS geleitete Frankfurter Völkerkundeinstitut reiche Schätze bieten können. Was sich aus nicht-schriftlichen Quellen, aus archäologischen, völkerkundlichen, ikonographischen Materialien für die Geschichte der Mathematik und der Naturwissenschaften gewinnen läßt, das haben WILLY HARTNERS Untersuchungen uns immer wieder in der eindrücklichsten Weise gelehrt.

Erwähnung verdient schließlich sein ausgeprägtes Interesse an den nordischen Sprachen und ihrer Geschichte. WILLY HARTNER hat seit 1931 durch Jahrzehnte hindurch an der Frankfurter Johann Wolfgang Goethe-Universität als Lektor für nordische Sprachen gewirkt. Daß er dabei weit über das hinausgriff, was von einem Lektor üblicherweise erwartet wird, versteht sich von selbst. Seine Tochter RANDI AGNETE setzt heute fort, was der Vater begonnen hat.

WILLY HARTNER unternahm Reisen in die skandinavischen Länder, die ihm mit

2 Wichtigere Arbeiten *Willy Hartners* im Nachdruck und eine Biographie seiner Veröffentlichungen enthalten die beiden Bände Oriens-Occidens, ausgewählte Schriften zur Wissenschafts- und Kulturgeschichte, hrsg. von *Günther Kerstein, Friedrich Klemm* u. a., Hildesheim 1968 und Oriens-Occidens Bd 2, hrsg. von *Yasukatsu Maeyama*, ibid. 1984 (Collectanea 3, [1], 2).

ihren reichen kulturellen Traditionen zur zweiten Heimat wurden. Er hat im Jahre 1932 die Norwegerin ELSE ECKHOFF geheiratet. Beider Bekanntschaft reichte bis weit in die Schulzeit zurück. Alle, die in seinem Musik und Geselligkeit stets offenen Haus zu Gast sein durften, haben die Harmonie spüren können, die beider Gemeinsamkeit beherrschte und das Maß wechselseitiger Liebe geahnt, das daraus sprach.

Was im Jahre 1933 dann über Deutschland mit der nationalsozialistischen Herrschaft hereinbrach, mußte beide mit Entsetzen erfüllen. Die Johann Wolfgang Goethe-Universität Frankfurt am Main war eine städtische Gründung und jüdische Bürger hatten daran keinen geringen Anteil gehabt. Dem liberalen Geist, der diese Universität beherrschte, lagen antisemitische Umtriebe fern. Jüdische und jüdischen Familien entstammende hervorragende Gelehrte haben zum raschen Aufblühen der Neugründung so viel wie kaum anderswo beigetragen. Sie gerieten als erste in die Spirale des nun einsetzenden Terrors. Das »Gesetz zur Wiederherstellung des Berufsbeamtentums« vom 11. April des Jahres 1933 diente als erste Handhabe. Die Bücherverbrennung auf dem Römerberg gab einen Vorgeschmack dessen, was folgen sollte. Lehrer und Freunde WILLY HARTNERS mußten Schutz und Brot im Ausland suchen.

An eine Weiterführung des Plans einer Überprüfung der EINSTEINschen speziellen Relativitätstheorie anhand von Beobachtungen zur Drehung des Merkurperihels war nicht mehr zu denken. WILLY HARTNERS Haltung gegenüber der Herrschaft des Unrechts blieb nicht verborgen. Was er auch leisten mochte, er mußte fürchten, daß seine Universität ihm verschlossen bleiben würde.

Im Jahre 1935 erhielt WILLY HARTNER die Möglichkeit, als Gastprofessor für History of Science an der Harvard University tätig zu werden. Dort wirkte GEORGE SARTON, der die von ihm gegründete Zeitschrift Isis zu *dem* Forum des Fachs gemacht hatte. Er arbeitete an seiner berühmten Introduction to the History of Science[3]. Sein Ziel und seine Arbeitsweise waren auf die allumfassende Gesamtdarstellung ausgerichtet, während WILLY HARTNERS Vorgehen, in nahezu komplementärem Gegensatz zu SARTONS Verfahren, seinen Ausgang von der Analyse eines Einzelproblems nahm. Es entstand, unter Einschluß umfangreichen ikonographischen Materials die große Untersuchung über die Mondknoten, die in der astrologischen Literatur zu gewissermaßen planetarischem Rang erhoben schienen. Die damals entstandene Studie über Prinzip und Gebrauch des Astrolabs ist bis heute grundlegend für die Bedeutung dieses universell einsetzbaren Geräts geblieben, das mit Hilfe der stereographischen Projektion die Bewegungen der Himmelskugel in der Ebene nachzuvollziehen gestattet: eine Art von Rechenschieber für die Bewegung der Gestirne.

WILLY HARTNER hat an der Harvard University eine Fülle von Verbindungen geknüpft, die seiner Universität und seinem Fach später noch vielfach zugute gekommen sind. Englisch gehörte seinerzeit noch nicht zu den Sprachen, deren Kenntnis man von einem Gebildeten erwartete. ELSE HARTNER beherrschte die

3 Drei vols., Baltimore 1927–1947 (*Carnegie* Institution of Washington Publication No. 376).

Sprache damals wesentlich besser und hat ihrem Mann geholfen, daß er sie in Wort und Schrift bis in die feinsten Schattierungen zu verstehen und zu gebrauchen lernte. Auch damit sollte er später seiner Universität wichtige Dienste leisten.

Als WILLY HARTNER nach Frankfurt am Main zurückkehrte, war das deutsche Verhängnis noch weiter fortgeschritten. Am 15. September des Jahres 1935 waren die Nürnberger Gesetze erlassen worden. Ein zweiter Weltkrieg begann sich immer deutlicher abzuzeichnen. Im Jahre 1938 kam es zum staatlich organisierten Pogrom. An die Stelle des Rechtsstaats trat – letzte Schande für eine Kulturnation – die nackte Gewalt. Zu den Wenigen, die mutig, wo sie nur konnten, den Betroffenen geholfen haben, gehörte WILLY HARTNER. CARL LUDWIG SIEGEL hat es miterlebt. Hören wir, was er über das traurige Ende all dessen zu berichten hat, was ehemals so hoffnungsvoll begonnen hatte: »Der eigentliche Terror in großem Maßstab begann in Deutschland am 10. November 1938 mit der von höchster Stelle veranlaßten Judenverfolgung, wobei bekanntlich die Synagogen verbrannt und viele jüdische Geschäfte demoliert und sämtliche bereits vorhandene Konzentrationslager mit verschleppten Juden überfüllt wurden. Damals sind die Schergen Hitlers auch zu DEHN, EPSTEIN und HELLINGER gekommen, um sie wegzuschaffen. Nach anfänglicher Verhaftung wurde aber Dehn noch einmal in seine Wohnung zurückgeschickt, weil nirgends in Frankfurt am Main noch Platz für die Verwahrung weiterer Gefangener vorhanden war. Um nicht am nächsten Tag erneut eingefangen zu werden, begab sich DEHN mit seiner Frau nach Bad Homburg, wo sie beide bei unserem Freund und Kollegen WILLY HARTNER Asyl fanden. Man könnte jetzt wieder sagen, Herr Professor Hartner hätte mit der Aufnahme der Geflüchteten nur das für einen anständigen Menschen Selbstverständliche getan, aber damals waren die in diesem Sinn Anständigen in der Minorität und so gehörte Mut dazu, sich eines von den nationalsozialistischen Machthabern Verfolgten anzunehmen.«[4] Nur wer das Ausmaß der Gefahr kannte – und WILLY HARTNER kannte es genau – kann diesen Mut ermessen.

Das Unvorstellbare wurde unausweichlich. Der zweite Weltkrieg brach aus. Was tun? WILLY HARTNER hätte ihm entgehen können. Im Grunde stand ihm die Welt offen. Doch Norwegen? Wie lange konnte es sich dem Strudel der Ereignisse entziehen? Amerika? WILLY HARTNER hat sich für die Heimat entschieden. Manche mochten und wollten es nicht verstehen. Wir, und besonders die Universität müssen ihm danken, daß er bei uns geblieben ist.

WILLY HARTNER war Zeit seines Lebens von Leiden aller Art geplagt. Ich habe ihn niemals klagen hören, sondern nur wärmstes Mitgefühl für jeden bemerkt, der körperlich litt. Der Wehrdienst blieb ihm erspart. Er hat sich, allen Widerständen zum Trotz, im Jahre 1940 schließlich in der Mathematisch-Naturwissenschaftlichen Fakultät für sein Fach habilitieren können. Der seinen Plänen gewogene hilfsbereite Stadtkämmerer LEHMANN und der weitsichtige Oberbürgermeister KREBS zeigten auf dem Höhepunkt des Krieges, im Jahre 1943, Ein- und Voraus-

4 L. c., p. 14 sg.

sicht genug, um WILLY HARTNER die Gründung eines kleinen, städtischen Instituts für Geschichte der Naturwissenschaften zu ermöglichen. Im gleichen Jahr erschien seine große Untersuchung über Zahlen und Zahlensysteme bei Primitiv- und Hochkulturen, MAX DEHN und seiner Frau gewidmet. WILLY HARTNER hat hinfort eng mit dem Mineralogen JULIUS RUSKA zusammengearbeitet und mit ihm gemeinsam einen mustergültigen Katalog arabischer Handschriften zur Geschichte der Naturwissenschaften vorgelegt. RUSKA hatte seit 1922 in Heidelberg in einem kleinen Ein-Mann-Institut Erstaunliches zur Geschichte der arabischen Wissenschaften geleistet und wirkte später in Berlin. Er hat den Aufbau des neuen Instituts mit Rat und Tat unterstützt. WILLY HARTNER hat den Älteren nicht nur als Wissenschaftler hoch geschätzt. Fiel später einmal sein Name, so setzte WILLY HARTNER gern hinzu: »Ja, das war ein Ehrenmann!«

Das Schicksal des neugegründeten Instituts war infolge der Kriegseinwirkungen wechselhaft. Zunächst zusammen mit der Sternwarte untergebracht, wurde es durch die Bombenangriffe vom 18. und 20. Mai des Jahres 1944 zerstört, doch konnte der größere Teil der inzwischen zusammengetragenen Bibliothek gerettet werden. Später fand das Institut in der Feldbergstraße 47 eine Bleibe, bis es 1950 im Haupttrakt der Universität in zwei Magazinräumen der SENCKENBERG-Bibliothek einziehen konnte. Trotz widrigster Umstände hat WILLY HARTNER mit seinem kleinen Institut die fruchtbarste Tätigkeit entfaltet, zunächst von RUTH MARTIN als Sekretärin unterstützt, später mit Dr. HERTHA VON DECHEND zusammenarbeitend, die als Völkerkundlerin begonnen hatte. Über Jahre hinweg ist sie für das Gehalt einer Schreibkraft dem Institut Sekretärin, Assistentin und Bibliothekarin gewesen. Die einzigartige und alle engen Fachgrenzen sprengende Bibliothek, über die es heute verfügt, ist ihr Werk. Bis zum Tode WILLY HARTNERS hat sie mit ihm zusammengewirkt und später als Dozentin und Professorin im Institut geforscht und gelehrt. Als Gelehrte und Mensch hat sie ihre Studenten beraten und ihnen geholfen. Ohne sie hätten manche ihre Promotion nie geschafft – auch ich nicht.

Der zweite Weltkrieg hinterließ ein Feld der Trümmer, im buchstäblichen wie im übertragenen Sinn. WILLY HARTNER hat zu der kleinen Gruppe von Universitätslehrern gehört, deren Gegnerschaft zur nationalsozialistischen Gewaltherrschaft ihnen das Recht gab und die den Mut gefunden haben, für einen Wiederaufbau ihrer Johann Wolfgang Goethe-Universität zu streiten. Vertreter der amerikanischen Militärregierung hatten damals das einzige ihnen durch seine Tätigkeit in den Vereinigten Staaten bekannte Mitglied des Lehrkörpers, WILLY HARTNER aufgesucht, um mit ihm über die drängenden Fragen zu sprechen. Zu ihnen hatte der Dozent an der Harvard University Dr. E. Y. HARTSHORNE gehört, der nun als Universitäts-Offizier wirkte und der mit WILLY HARTNER aufs Beste zusammenzuarbeiten verstand. Die Johann Wolfgang Goethe-Universität Frankfurt am Main hat ihm viel zu verdanken. Er kannte die deutschen Verhältnisse aus eigener wissenschaftlicher Arbeit. 1935 hatte er eine Studie ›German Universities and National-Socialism‹, 1940 eine Arbeit mit dem Titel ›German Youth und the Nazi Dream of Victory‹ veröffentlicht. WILLY HARTNER wurde zum offiziellen Verbindungsmann zwischen der Militär-Regierung und dem Wiederaufbauausschuß der Johann Wolfgang Goethe-Universität bestellt. Leider fand das segensreiche Wirken HARTSHORNS viel zu früh ein jähes Ende, als er im August 1946 unter nie geklärten Umständen auf der Autobahn erschossen wurde.

WILLY HARTNER selbst hat über diesen Neubeginn berichtet: »Den ersten Schritt zur Wiederbelebung der geistigen Aktivität der Universität stellte die Erlaubnis dar, ein ›Forum Academicum‹ zu gründen, das unter dem Motto ›Deutschland, Europa und die Welt‹ Vorträge berühmter oder wichtiger Persönlichkeiten in der Johann Wolfgang Goethe-Universität veranstaltete. Die Aula war eigens zu diesem Zweck mit amerikanischem Heeresmaterial mit einem Notdach versehen worden und die Vorträge – oft vor 800 bis 1000 Menschen, die im eiskalten Raum dicht wie die Heringe in der Tonne standen – führten die durch die Nazi-Diktatur des offenen Diskutierens ganz entwöhnten Hörer erst allmählich dazu, frei ihre Meinung zu sagen. Prominente Redner kamen hier zu Wort wie HARTSHORNE selbst, HOHMANN, GERSTENMAIER, der Präsident der Georgetown University, Father WALSH, der Päpstliche Geschäftsträger bei der amerikanischen Militärregierung IVO ZEIGER, FRANZ BÖHM, der Straßburger Professor SAGAVE, der kurz zuvor aus dem Konzentrationslager entlassene Oberrabbiner Dr. NEUHAUS, der über den Talmud sprach und schließlich der berühmte Religionshistoriker VAN DER LEEUW, der nach der Befreiung Hollands zum Kultusminister ernannt worden und unabhängig genug war, auf die an ihn ergangene Bitte hin eigens einmal nach Frankfurt am Main zu kommen und hier über das Thema »Die Erziehung der europäischen Jugend zum Europäer- und Weltbürgertum« zu sprechen.«[5]

Es begann der eigentliche Wiederaufbau. Am 28. August des Jahres 1946 war WILLY HARTNER zum Ordinarius für sein Fach berufen worden. Wiederholt hat er in diesen Jahren seiner Fakultät als Dekan gedient. Er hat die Auslandsstelle der Johann Wolfgang Goethe-Universität geleitet und die zerrissenen Fäden nach außen neu geknüpft. Es kam zu einem regelmäßigen Austausch mit der Universität Chicago, an dem er an hervorragender Stelle teilgenommen hat. Wie er trotz der Belastung mit all diesen Aufgaben die Zeit gefunden hat, Sonderuntersuchungen zur Symbolik frühchinesischer Bronzen und zu Fragen des Kulturaustauschs zwischen China und Persien zur Mongolenzeit zu schreiben, wird ein Rätsel bleiben.

Alte Freundschaften lebten wieder auf. Vor allem denke ich an den unvergeßlichen ARTHUR BEER, hervorragenden Astronom, doch auch in Zusammenarbeit mit den Gelehrten des Warburg-Instituts in glänzender Weise an den Untersuchungen zur Geschichte seines Fachs beteiligt. Er arbeitete inzwischen an den Cambridge Observatories und hatte dank der ihm eigenen unerschöpflichen Tatkraft mit seinen Vistas in Astronomy ein Organ ganz neuer Art geschaffen: Der Kreis seiner Themen war überraschend weitgespannt, auch die Geschichte der Astrono-

5 Aus: Johann Wolfgang Goethe-Universität, Frankfurt am Main, Überblick über ihre Entstehung, Entwicklung und vorgesehenen Planungen von *Max Flesch-Thebesius*, 2. Auflage, Frankfurt am Main 1964, S. 40; vergl. p. 38. – Bei diesem ersten Schritt zum Wiederaufbau der Universität hat HANS DEICHMANN tatkräftig mit WILLY HARTNER zusammengearbeitet.

mie spielte darin eine bedeutende Rolle und vor allem arbeitete es prompt. WILLY HARTNER hat dazu u. a. seine Untersuchung des Merkur-Horoskops des MARCANTONIO MICHIEL von Venedig beigesteuert, in der er dem Wandel der für die Planetenbahnen vorgeschlagenen Konstruktionen vom Altertum bis zu KEPLER und seinen Ellipsen unter einem völlig neuen Gesichtspunkt nachgegangen ist.

Im Winter-Semester 1949/1950 habe ich an der Johann Wolfgang Goethe-Universität Frankfurt am Main studiert und zum ersten Mal WILLY HARTNER in einer Vorlesung gehört, über Probleme der antiken und mittelalterlichen Astronomie und insbesondere über GEMINUS. Es war das genaue Gegenteil dessen, was eine bestimmend gewordene Hochschuldidaktik heute den Studenten als Muster zumutet. Es ging WILLY HARTNER nicht um das zur technischen Perfektion gesteigerte Erreichen von Lernzielen und das kunstvolle Eintrichtern von Lehrstoffen. Die Aufzeichnungen, die er einem Aktendeckel entnahm, waren kein Vorlesungsmanuskript, so wie es heute in hektographierter oder xerokopierter Form an die Hörer ausgegeben wird. Es waren die Unterlagen für WILLY HARTNERS eigene Arbeit: lange Rechnungen, verwickelte Zeichnungen, sorgfältig übersetzte und kommentierte Auszüge aus den Quellen, Notizen zu Parallelen und weiterreichenden Zusammenhängen. WILLY HARTNER verstand es, die Hörer an seiner Forschung teilnehmen zu lassen. Bald waren die so sorgfältig zusammengestellten Unterlagen vergessen und er sprach völlig frei über das, was ihn bei seiner Arbeit gerade bewegte: Exkurs schob sich in Exkurs. Oft redete er gründlich über unsere Köpfe hinweg, vieles habe ich erst Jahre danach verstanden; und dennoch waren alle Hörer gefesselt von dem, was sie noch nie gehört oder gelesen hatten, ja auch gar nicht gelesen haben konnten, denn es waren ja Fragen, die WILLY HARTNER überhaupt erst gestellt hatte und an deren Lösung sie nun teilnahmen.

In seinen Seminaren hat WILLY HARNTER das fortgesetzt, was MAX DEHN mit seinen Kollegen ehemals begonnen hatte. Der Geist des historisch-mathematischen Seminars lebte weiter und wieder auf.

Für das akademische Jahr, das mit dem Wintersemester 1959/1960 begann, wurde WILLY HARTNER zum Rektor seiner Universität gewählt. Den vielfachen Folgeverpflichtungen konnte er sich nur dadurch entziehen, daß er während der anschließenden Jahre 1961 bis 1965 wiederholt als Gast an der Harvard University gewirkt hat. Es gelang ihm sogar, während dieser Zeit für die Neuausgabe der Encyclopaedia of Islam eine ganze Serie von einschlägigen Artikeln zu schreiben.

Je mehr die äußeren Verpflichtungen zurücktraten, desto mehr nahmen ihn die Probleme seiner Wissenschaft gefangen. Mit zunehmendem Alter hat er immer mehr veröffentlicht. Er hat Zeit seines Lebens dem Teufel des Widerspruchs nachgejagt, der sich in den Einzelheiten versteckt und sich dabei unabsehbare Schätze erschlossen. Was er uns allen davon zugänglich gemacht hat, konnte sie wohl kaum erschöpfen.

Die Geschichte der Wissenschaften hatte lange Zeit ihre Ausgangspunkte und ihre Maßstäbe aus den einzelnen Disziplinen genommen. Sie hatte zu ermitteln versucht, wann und von wem die großen Errungenschaften der Mathematik, der

Astronomie, der Physik erzielt worden waren und wie diese einzelnen Zweige Gestalt gewonnen hatten und zu selbständigen Fächern geworden waren. Was sich nicht dem Raster dieser Vorstellungen fügte, bei denen vor allem die technische Bedeutung für die einzelnen Zweige zählte, das fiel aus solcher Betrachtung heraus. Man maß ihm kein Gewicht bei, sah darin allenfalls kleinere oder größere Umwege, die wie die Astrologie oder Alchemie vom eigentlichen Ziel fortgeführt hatten. Nun brach sich eine neue, vertiefte Auffassung von der Geschichte der Wissenschaften Bahn: Anstelle der einzelnen Disziplinen traten die Kulturkreise in den Vordergrund, in denen jene Ergebnisse erzielt worden waren. Der Blick für den Zusammenhang zwischen den Einzelerscheinungen und ihre Bedeutung für die Gesamtentwicklung begann sich zu schärfen; und vor allem gewannen die Berührungsstellen zwischen den einzelnen Kulturkreisen, die Phänomene der Kulturübernahme, der Überlieferungsgeschichte und der Traditionen Gewicht für die Forschung.

WILLY HARTNER war der rechte Mann für diese Aufgaben. Er ist wieder und wieder der Rolle mathematischer Vorstellungen außerhalb der Fachmathematik nachgegangen und hat sie bis in die nichtschriftlichen Zeugnisse hinein verfolgt. Er hat es nicht verschmäht, die reichen Schätze zu heben, die im Wust des astrologischen Schrifttums und der von ihm abhängigen ikonographischen Traditionen begraben sind. Vor allem hat er die Rolle astronomischer Konstruktionen und Beobachtungen im alten Orient und in der Antike, bei ihrer Übernahme durch die arabische Welt und schließlich die Einflüsse untersucht, die sie auf die neue Wissenschaft des Westens ausgeübt haben. Wesentliches konnte er durch Vergleich mit den Verhältnissen in China erhellen.

Nur ein Werk sei noch genannt, die Monographie über die Goldhörner von Gallehus, die er im Jahre 1969 veröffentlicht hat. Er konnte zeigen, wie sich hier wie in einem Brennspiegel Reflexe antiker Traditionen mit nordischen Vorstellungen vereinigen und diese eigentümliche Verbindung aus astronomischer Theorie, Buchstabenmystik und Ikonographie in einem ganz neuen Licht erstrahlen lassen. Die Folgen für unser Verständnis der alten nordischen Kultur sind so umwälzend, daß sie lebhaften, doch kaum sachkundigen Widerspruch hervorgerufen haben. Ein Buch wie dieses hat nur er schreiben können, und er hat es mit guten Gründen gegen alle Einwände zu verteidigen verstanden.

WILLY HARTNER war ein zutiefst gütiger Lehrer und Mensch. Seine überragenden Fähigkeiten haben gerade zaghaftere Gemüter zunächst gelegentlich mit einer gewissen Scheu erfüllt. Doch man brauchte ihn nicht lange zu kennen, um zu bemerken, daß er wie kein anderer zur Hilfe bereit war, bei allen nur denkbaren Fragen und Schwierigkeiten. Kam er in sein Institut, so war er alsbald von Hilfesuchenden belagert. Oft waren es Ausländer, die glücklich waren, ihm in ihrer Muttersprache ihr Herz ausschütten zu können. War einmal niemand da, der seine Zeit mit Beschlag belegte, so kamen Anfragen, Bitten und Hilferufe per Telefon. Für mich selbst hat das eine eigentümliche Folge gehabt: Die schönsten und fruchtbarsten Gespräche mit ihm habe ich ebenfalls durchs Telefon geführt,

Willy Hartner, 1975

wenn er nach aller Tagesmühe abends einmal Zeit und Muse fand, mich anzurufen. Dann konnten wir in aller Ruhe miteinander sprechen.

An Ehrungen hat es nicht gefehlt. Von 1971 bis 1978 war WILLY HARTNER Président de l'Académie International d'Histoire des Sciences. 1971 wurde ihm die GEORGE SARTON Medal verliehen, die höchste Auszeichnung, die das Fach zu vergeben hat. Die Sowjetische Akademie der Wissenschaften ehrte ihn mit der HEGEL-Medaille. 1968 wurde er korrespondierendes Mitglied der spanischen Academia Real de buenas letras, 1975 auswärtiges Mitglied der Accademia Nazionale dei Lincei in Rom. 1980 hat die Königlich Dänische Akademie WILLY HARTNER in ihre Reihen aufgenommen. Er war Mitglied der Florentiner Colombaria, der Accademia Toscana di Scienze e Lettere. Seit 1935 war er Mitglied der Royal Astronomical Society, und ich entsinne mich noch, wie er sich besonders darüber gefreut hat, daß sie ihn 1965 zum Associate gewählt hat. 1975 wurde WILLY HARTNER Ritter der Ehrenlegion.

WILLY HARTNER war mehr als ein akademischer Lehrer. Er vermittelte – und wie hätte es anders sein können? – viel mehr. Von ihm habe ich gelernt, daß gradliniges Vorgehen ohne jeden Winkelzug das Klügste ist. Er demonstrierte es nicht theoretisch, sondern durch das Beispiel, das er selbst gab. Mit einer kurzen Bemerkung konnte er den Nagel auf den Kopf treffen und sich und dem Anderen lange Erörterungen ersparen. Als mir ein mit unseren Verhältnissen noch wenig vertrauter Student einmal allzu üppige Geschenke machte, habe ich ihn um seine Meinung gefragt. Er sah mich freundlich und mit einer Spur von Ironie an und meinte: »Nur immer korrekt in den Kleinigkeiten und dafür im Großen ein Schwein!« Ich mußte lachen und habe es mir gemerkt. Den Kollegen erging es ähnlich. Wußte niemand mehr aus und ein, so verstand er es, mit der Gabe ursprünglichen Humors, das Eis zu brechen; und sein Geheimnis war, daß er sich selbst in die von ihm bemerkte Komik einbezog und deutlich machte, wie fern ihm jede von Ehrgeiz zerfressene Pose eines Willens zur Macht lag.

Gradlinige Haltung in Fragen der Politik war ihm zur zweiten Natur geworden. In den kulturrevolutionären Tumulten der Jahre 1967 und 1968 hat er stets einen klaren Kopf bewahrt. Seine traurigen Erfahrungen mit ideologischer Unduldsamkeit ließen ihn allen Anfängen wehren. Er wußte, wovon er sprach, und unsere Universitäten stünden besser da, hätte man auf seine in Wort wie Schrift erteilten Mahnungen gehört. Auf dem Höhepunkt der Verwirrung hat er den Verantwortlichen in wohl formulierten Schriftsätzen vorgeschlagen, die damals für die akademischen Entscheidungsgremien vielgepriesene Drittelparität erst einmal in kleinem Maßstab am Institut für Sozialforschung sozusagen experimentell zu erproben. Er hat damit bei den Betroffenen wenig Beifall gefunden und ist nicht mehr in das Kuratorium des Instituts gewählt worden.

CONFUCIUS hat einmal auf die Frage, wie man dem Machthaber dienen solle, geantwortet: »Ihn nicht betrügen und ihm widerstehen.« WILLY HARTNER hat mir gesagt, daß dies auch seine Richtschnur gewesen sei. Man hat es ihm nicht nur gedankt. Die Jahre seiner Emeritierung waren dadurch überschattet, daß die Wiederbesetzung seiner Stelle verweigert wurde. Er hat sich um den Bestand seines Instituts gesorgt und unermüdlich weiter gelehrt. Das Schicksal hat ihn begünstigt und ließ seine Schaffenskraft mit dem Alter sich noch steigern. Trost war ihm, wie so oft schon, seine geliebte Musik und das eigene, unvergeßliche Spiel auf seiner schönen Bratsche. Am 16. Mai des Jahres 1981 wurde er durch ein Herzversagen jäh aus seinem Schaffen gerissen. Zwei Tage zuvor hatte er seine letzte Vorlesung gehalten.

Dankesschulden können und sollten nicht gegeneinander aufgerechnet werden. Doch WILLY HARTNER schuldet seiner Universität Dank und sie ihm.

Wolfgang Gentner
1906–1980

von
Ulrich Schmidt-Rohr
Heidelberg

WOLFGANG GENTNER war einer der großen Gelehrten unserer Zeit, der als Physiker zur Kernphysik, zur Geochronologie, zur Kosmophysik und zur Archäometrie wesentlich beigetragen hat. Er hat die Entwicklung der Kern- und Elementarteilchenphysik von Apparaturen im Labortischformat bis zu den großindustriellen Dimensionen der internationalen Beschleunigerlaboratorien an führender Stelle mitgestaltet.

WOLFGANG GENTNER wurde am 23. Juli 1906 als Sohn eines Fabrikdirektors in Frankfurt am Main geboren. Das Interesse des Schülers des humanistischen Kaiser Wilhelm-Gymnasiums wurde schon früh durch die Schülervorlesungen des Physikalischen Vereins und der Senckenberg-Gesellschaft auf die Physik gelenkt. Während seines ersten Studiensemesters an der Universität Erlangen starb sein Vater. Er kehrte deshalb zu seiner Mutter zurück und setzte sein Studium an der Johann Wolfgang Goethe-Universität Frankfurt am Main fort. Dort promovierte er 1930 bei FRIEDRICH DESSAUER. FRIEDRICH DESSAUER war Direktor des Instituts für die physikalischen Grundlagen der Medizin. Er galt als Pionier der Röntgenmedizin und Strahlenphysik und beriet in diesen Jahren als Reichstagsabgeordneter der Zentrumspartei Reichskanzler BRÜNING. Sein Einfluß auf den Stil der wissenschaftlichen Arbeit und die politische Position von GENTNER ist unübersehbar.

Die wissenschaftlichen Untersuchungen GENTNERS, meist zusammen mit BORIS RAJEWSKI und SCHWERIN, befaßten sich mit der Wirkung von kurzwelliger Strahlung und schnellen Elektronen auf Gewebe. Thema seiner Doktorarbeit war: Untersuchungen an einer Lenard-Coolidge-Röhre. Ihre maximale »Beschleunigungsspannung« betrug damals 220 kV! Als Detektor diente eine 3-Gitterionisationskammer. Die gemessenen praktischen Reichweiten füllten die Lücke zwischen den bekannten Reichweiten mittelschneller Kathodenstrahlen einerseits und β-Strahlen andererseits. Für seinen Lebensunterhalt während dieser Jahre mußte ein Stipendium der Freunde der Johann Wolfgang Goethe-Universität Frankfurt am Main reichen. In diese Zeit fällt auch die Eheschließung mit ALICE PFAEHLER und die Geburt ihres Sohnes RALPH.

Durch ein Empfehlungsschreiben von DESSAUER wurde GENTNER 1933 als Stipendiat der Oswalt-Stiftung der Johann Wolfgang Goethe-Universität Frankfurt am Main und der Carnegie-Stiftung am Radium-Institut der Universität Paris – damals noch unter der Leitung von Madame PIERRE CURIE – angenommen.

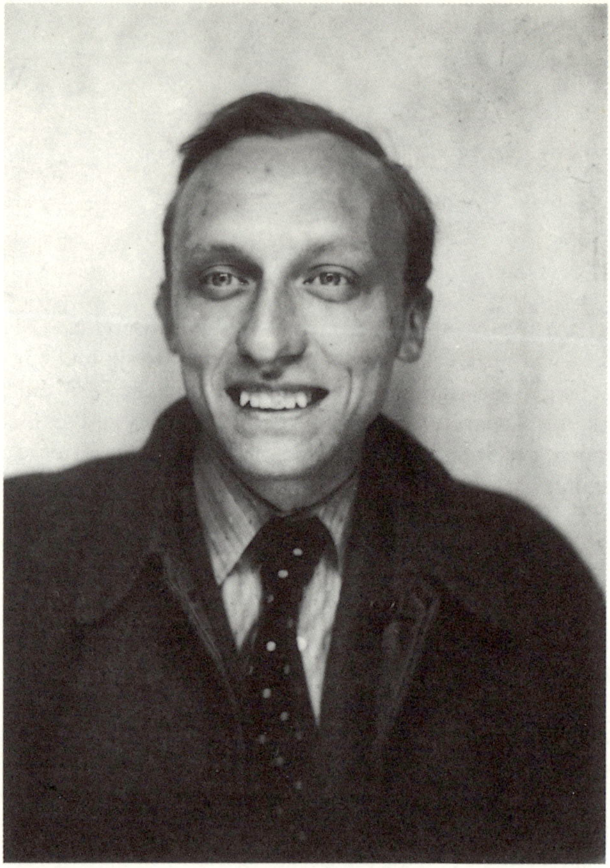

Wolfgang Gentner als Stipendiat der Oswalt-Stiftung, 1933

Experimente von LIESE MEITNER und HUPFELD bzw. MEITNER und PHILIPP einerseits sowie von IRENE CURIE und JOLIOT bzw. CHAO, GRAY und anderen hatten damals für den Durchgang harter γ-Strahlung durch Materie unterschiedliche und von der exponentiellen Intensitätsabnahme abweichende Resultate gebracht. GENTNER und JOLIOT erhielten deshalb den Auftrag, Klarheit in dieses unverstandene Phänomen zu bringen. Die Gammastrahlung von ThC″ aus einer 100 mC RdTh-Quelle wurde dazu durch 3 cm Blei gefiltert, an einer Aluminiumplatte gestreut und mit einem GEIGER-MÜLLER-Zählrohr nachgewiesen. Auch die energiereiche Gammastrahlung aus Ra α + Be und Po α + Be wurde damals schon verwendet. Das Ergebnis war, daß alle Daten durch Kombination von Photoeffekt, Comptonstreuung und Paarbildung erklärbar waren, wenn die Bremsstrahlung der Elektronen im Streukörper und die Vernichtungsstrahlung angemessen berücksichtigt wurden. Auf die Nachricht von CHADWICK und GOLDHABER hin, daß Deuteronen durch γ-Strahlung gespalten werden, untersuchte GENTNER mit seinen starken

Pariser Gammastrahlungsquellen – unabhängig von SZILARD und CHALMERS – den Wirkungsquerschnitt des Kernphotoeffektes am Beryllium.
Ende 1935, nach Ablauf seines Pariser Stipendiums, führten ihn seine Arbeitsthemen zu WALTHER BOTHE nach Heidelberg. BOTHE war zusammen mit HORN bei seinen Untersuchungen zum Durchgang harter Gammastrahlung durch Materie zu ähnlichen Ergebnissen wie GENTNER gekommen und untersuchte ebenfalls Neutronen aus Kernreaktionen.
GENTNER setzte seine Pariser Arbeiten in Heidelberg einerseits mit BOTHE, andererseits mit FLEISCHMANN nahtlos fort. Bei dem Versuch, die Energieabhängigkeit des Kernphotoeffektes am Be zu bestimmen und bei Überlegungen über die Fortsetzung dieser Arbeiten wurde klar, daß die Energie der ThC″ – und Ra – Gammastrahlung relativ zur Bindungsenergie der Neutronen im Kern zu klein ist und daß Gammastrahlungsquellen mit deutlich höherer Energie und mit deutlich größerer Intensität benötigt werden. BOTHE und GENTNER beschlossen daraufhin, einen Bandgenerator nach VAN DE GRAAFF zu bauen. Dieses mit den wesentlichen Merkmalen und Instrumenten moderner elektrostatischer Beschleuniger ausgestattete Gerät wurde von GENTNER unglaublich schnell aufgebaut. Seine Frau half dabei tatkräftig. Sie nähte das Band für den Ladungstransport. Schon im November 1936 war die Anregungsfunktion für $^{11}B(p,\gamma)^{12}C$ bis 500 keV Energie gemessen und im Sommer 1937 lagen umfangreiche Daten über den Kernphotoeffekt der 17 MeV $^{7}Li(p,\gamma)$ Strahlung an vielen mittelschweren und schweren Kernen vor. Der Wirkungsquerschnitt ergab sich um zwei Zehnerpotenzen größer als von BETHE und PLACZEK berechnet.
Die Entdeckung des Kernphotoeffektes an mittelschweren und schweren Kernen war der bedeutendste Erfolg des Botheschen Instituts in diesen Jahren. Dieser Erfolg verschaffte GENTNER in gewisser Weise eine Sonderstellung.
BOTHE pflegte einen barschen Umgangston, der Doktoranden und jüngeren Assistenten gegenüber oft dem eines Rekrutenfeldwebels nahe kam. Auch Kollegen gegenüber äußerte er sich manchmal wenig verbindlich. Das hatte seinen Ursprung wohl einmal in dem militärischen Ton, der in seinen Jugendjahren in Teilen der kaiserlichen Physikalisch Technischen Reichsanstalt üblich war. Zum anderen entsprang er der Haltung der Planckschen Schule. LISE MEITNER hat dazu festgestellt: »daß er nie etwas getan oder nicht getan hat, weil es ihm nützlich oder schädlich hätte sein können. Was er für richtig erkannt hat, hat er durchgeführt ohne Rücksicht auf seine eigene Person.« Diese Devise war für die Arbeit im Institut und die Position des Instituts unter den politischen Umständen der dreißiger und vierziger Jahre nicht unbedingt förderlich. GENTNER wirkte hier ausgleichend. Er wurde von BOTHE voll respektiert und konnte zum Wohl des Instituts und insbesondere der jüngeren Mitarbeiter die großzügige weltoffene Atmosphäre der Frankfurter und Pariser Laboratorien, die er in seinen Jugendjahren kennengelernt hatte, zur Geltung bringen.
Das Verhältnis zwischen der Universität und dem Kaiser-Wilhelm-Institut war 1937 so gespannt, daß eine Habilitation in Heidelberg ausgeschlossen war. GENTNER reichte deshalb seine Habilitationsschrift über »Die Absorption, Streuung

und Sekundärstrahlung harter γ-Strahlen« bei der naturwissenschaftlichen Fakultät der Johann Wolfgang Goethe-Universität Frankfurt am Main ein. Diese Schrift ist die beste deutschsprachige Darstellung dieses Anfang der 30er Jahre von vielen bekannten Physikern bearbeiteten Gebietes.

Die regelmäßigen Bahnfahrten zu seinen Vorlesungen nach Frankfurt am Main hat er dann aber als Belastung empfunden.

Der schnelle Erfolg beim Bau des Bandgenerators führte BOTHE und GENTNER Ende 1937 zu dem Plan, ein Zyklotron aufzubauen. Schon im November ging ein Bericht an den Präsidenten der Kaiser Wilhelm-Gesellschaft und BOTHE begann, bei der Helmholtz-Gesellschaft, dem Badischen Kultusministerium, den I.G. Farben, der Planck-Stiftung und verschiedenen Reichsstellen die erforderlichen finanziellen Mittel zu erbitten. Erste Zusagen führten schon im September 1938 zur Bestellung des Magneten bei SIEMENS. Die weitere Finanzierung erwies sich dann aber als äußerst problematisch.

In dieser Zeit setzte GENTNER seine Versuche zum Kernphotoeffekt fort. Zur Klärung der Energieabhängigkeit sollte neben der ^{7}Li(p,γ)- auch die ^{11}B(p,γ)-Reaktion eingesetzt werden, die erst bei höherer Protonenenergie genügend Intensität liefert. Dazu mußte die Energie des Bandgenerators erhöht werden. Nach Verdoppelung des Durchmessers des Hochspannungsterminals, dem Einbau einer vierten Beschleunigerröhre und der Verbreiterung des Ladebandes konnten schließlich knapp 1 MV erreicht werden. Als Ergebnis wurde schon 1938 die später für die Riesenresonanzen der Kerne wichtige Tatsache gefunden, daß sich der Wirkungsquerschnitt für den Kernphotoeffekt im Gegensatz zur Erwartung mit zunehmender γ-Energie zwischen 11 MeV und 17 MeV etwa verdoppelt. Außerdem konnte die Niveaufolge der von BOTHE und GENTNER vorher entdeckten Kernisomerie am ^{80}Br geklärt werden. Im Anschluß an diese Arbeiten konzentrierte sich GENTNER ganz auf die Probleme des geplanten Zyklotrons.

Wie schon beim Bau des Bandgenerators ging BOTHE auch beim Zyklotron nach der Devise vor, daß man sich nicht damit aufhalten dürfe, von anderen entwickelte Komponenten neu zu erfinden, und daß man sich ganz auf die kritischen Parameter konzentrieren sollte. Er setzte sich zum Ziel, »ein Zyklotron nach LAWRENCE« zu bauen. Ein »Zyklotron nach SIEMENS« konnte von ihm aus an anderer Stelle entwickelt werden. Nur wenige Parameter, wie z. B. das für BOTHES Magnetkonstruktionen charakteristische vorgezogene Joch wurden anders als bei LAWRENCE konstruiert, weil BOTHE bei seinen ionenoptischen Rechnungen die Bedeutung der azimutalen Symmetrie des Magnetfeldes erkannt hatte. Um möglichst viele Unterlagen für den Bau der Anlage zu erhalten und Erfahrung im Umgang mit Zyklotrons zu sammeln, wurde GENTNER Ende 1938 mit Mitteln der HELMHOLTZ-Gesellschaft nach Berkeley entsandt.

Das Radiation Laboratory in Berkeley hatte sich damals gerade zum internationalen Zentrum der kernphysikalischen Grundlagenforschung entwickelt, und GENTNER lernte dort viele der bedeutendsten Fachkollegen kennen. Die Nachricht von der Entdeckung der Kernspaltung durch OTTO HAHN und die Reaktion der ameri-

kanischen Physiker hinterließen bleibende Eindrücke. Besonders eng arbeitete er mit EMILIO SEGRÉ und COOKSEY zusammen.
Nach seiner Rückkehr nach Deutschland und dem bald folgenden Kriegsausbruch wurde GENTNER vom Heereswaffenamt zum sogenannten »Uranverein« eingezogen. Die Hochspannungsanlage, damals eine der intensitätsreichsten deutschen Neutronenquellen, wurde daraufhin zur Messung der Maximalenergie der Spaltungsneutronen und zur Bestimmung der Energie der Spaltprodukte eingesetzt. Als Neutronenquelle diente die $^{12}C(d,n)^{13}N$ bzw. $^{9}Be(d,n)^{10}B$ Reaktion. Die Neutronenenergie konnte durch Ausmessen der α-Spuren aus $^{14}N(n,\alpha)$ mit Photoplatten bestimmt werden. Für die Messung der Spaltprodukte war von FLAMMERSFELD und PETER JENSEN eine Doppelionisationskammer gebaut worden. Diese Arbeit stand am Anfang der bald enger werdenden Zusammenarbeit zwischen GENTNER und PETER JENSEN, die zu freundschaftlicher Verbundenheit führte. In diese Zeit fällt auch die Geburt seiner Tochter DORIS.
Nach dem Waffenstillstand zwischen Deutschland und Frankreich im Sommer 1940 erhielten BOTHE und GENTNER den Auftrag, das Pariser Zyklotron, dessen Bau JOLIOT in Angriff genommen hatte, zu inspizieren. Es zeigte sich, daß alle wesentlichen Teile montiert waren. Der Sender, der die Hochspannung für die Dee-Elektroden liefern sollte, war aber nicht funktionsfähig.
Im September 1940 erhielt GENTNER den offiziellen Auftrag, eine Gruppe deutscher Physiker und Techniker zusammenzustellen und das Pariser Zyklotron in Gang zu setzen. Es mußte ein neuer Sender gebaut werden, dessen Teile aus Deutschland bezogen wurden. DR. DÄNZER aus Frankfurt am Main war der Fachmann, der diese Aufgabe kompetent erledigte.
GENTNER konnte in dieser Zeit viel für seine französischen Kollegen tun. In dem für die Kriegszeit typischen Gewirr von Dienststellen der Wehrmacht, der Partei und der zivilen Verwaltung operierte er souverän. Es gelang ihm, sowohl JOLIOT wie auch LANGEVIN, die beide in dieser Zeit verhaftet wurden, aus dem Gefängnis zu befreien. Ende des Winters 1941/42 konnte dann das Zyklotron zum ersten Mal in Gang gesetzt und ein Deuteronenstrahl von 7 MeV ausgelenkt werden. Mit seiner starken Neutronenstrahlung wurden Uran- und Thoriumpräparate bestrahlt, die Gentner dann zu OTTO HAHN nach Berlin brachte. Im Frühjahr 1942 wurde GENTNER nach Denunziation durch einen etwas jüngeren deutschen Kollegen aus Paris abkommandiert. Man warf ihm zu entgegenkommendes Verhalten den Franzosen gegenüber vor. Er erreichte aber noch, daß WOLFGANG RIEZLER aus Bonn als sein Nachfolger eingesetzt wurde. RIEZLER setzte seine Arbeit mit Mut und Takt fort.
Der nächste Auftrag des Heereswaffenamtes betraf den Aufbau des Heidelberger Zyklotrons. BOTHE war es im Laufe des Jahres 1941 gelungen, die erforderlichen Geldmittel und Bescheinigungen zusammenzubringen und alle wesentlichen Teile endgültig zu bestellen. So konnte sofort mit dem Aufbau der Stromversorgungen und des Senders begonnen werden. Anfang März 1943 wurde der Magnet angeliefert und schon im Dezember wurden zum ersten Mal Deuteronen beschleunigt. Dieser unglaublich knappe Terminplan zeigt, mit welch

ungewöhnlichem Arbeitseinsatz und mit wieviel Geschick damals gearbeitet wurde.

Die Aufträge des Heereswaffenamtes hatten zur Folge, daß GENTNER 1941 als Dozent mit Lehrauftrag an der Universität Heidelberg zugelassen wurde. Er scheute sich nicht, dort für die Relativitätstheorie und die Quantenmechanik einzutreten, die damals in der Hochburg der »deutschen Physik« verpönt waren. Für das Sommersemester 1944 kündigte er sogar mit MAIER-LEIBNITZ eine Vorlesung mit dem Titel: »Der Durchgang von Röntgen- und Gammastrahlen durch Materie« an, obwohl die Verwendung des Begriffs Röntgenstrahlen statt x-Strahlen im Philipp Lenard-Institut als Sakrileg galt. GENTNERS Ernennung zum außerordentlichen Professor erfolgte 1945.

Die Verbindung mit der Johann Wolfgang Goethe-Universität Frankfurt am Main riß aber nicht ganz ab. HERMANN DÄNZER hatte nach dem Erfolg in Paris auch in Heidelberg die schwierige Aufgabe der Inbetriebnahme des Senders übernommen und überzeugend gelöst.

Am Zyklotron standen 1944 die Herstellung radioaktiver Isotope und die Nutzung der sehr großen Neutronenintensitäten im Vordergrund. Bei dem Versuch, den Strahl abzulenken, stellte sich heraus, daß man die erreichbare Ablenkspannung überschätzt hatte und daß nur ein Deuteronenstrahl von 7 MeV bei stark abgesenktem Magnetfeld ausgelenkt werden konnte. Daraufhin wurde eine Reihe von originellen Sonden mit verschiedenen Geometrien gebaut, die sich durch ein großes Schieberventil am Kammerfenster einschleusen und in den Strahl schieben ließen.

Die Einweihungsfeier für das Zyklotron am 2. Juni 1944 war eine der typischen Institutsfeiern, wie sie in den 40er und 50er Jahren in den damals noch kleinen physikalischen Instituten üblich waren. Im familiären Stil gab es Wurf-, Vakuum- und Präparatwettbewerbe, an denen auch die Ehefrauen teilnahmen. GENTNER war in Heidelberg und Freiburg einer der großen Meister dieser Feiern.

Ende des Jahres 1944 machten sich die berüchtigten Feinlecks im Rotguß der Zyklotronkammer mehr und mehr bemerkbar, die in zermürbender Kleinarbeit bekämpft werden mußten. Die Besetzung Heidelbergs durch amerikanische Truppen setzte dann dem Institutsbetrieb ein vorläufiges Ende.

Damit fand auch die fast zehnjährige Zusammenarbeit mit WALTHER BOTHE ihren Abschluß, die sich als so fruchtbar erwiesen hat, weil GENTNER mit seinem Blick für das Wesentliche, mit seiner Großzügigkeit und seiner auf solider Gesundheit gegründeten Arbeitskraft BOTHE in glücklicher Weise ergänzte.

Schon bald nach Kriegsende erhielt GENTNER eine Anfrage aus Hamburg, ob er bereit wäre, dort die Leitung des physikalischen Instituts zu übernehmen. Die Verhandlungen zogen sich lange hin, bis er schließlich einen Ruf auf das Ordinariat für Experimentalphysik an der Universität Freiburg erhielt, den er annahm.

GENTNER hat mit gutem Grund später häufig davon gesprochen, wie risikoreich die Arbeit auf dem esoterischen Gebiet der Kernphysik der 30er Jahre gewesen ist und daß er und seine Kollegen sich damals immer sagen mußten: »Die Hochschullaufbahn endet auf einem Ordinariat oder im Straßengraben«. Sein Mut zum Risiko und seine Arbeitsleistung hatten ihm jetzt glanzvolle Zukunftsperspektiven eröffnet.

GENTNERS Vorgänger STEINKE war ein Schüler von HESS. Er hatte in Freiburg mit Ionisationskammern an Hand von Dauerregistrierungen den Tages- und Sternzeitgang der kosmischen Ultrastrahlung bestimmt. Aus politischen Gründen war er nach 1945 nicht zu halten. Sein Institut war durch Bomben völlig zerstört. GENTNER ließ sich in zwei stehengebliebenen Hälften des recht neuen pharmazeutischen Instituts an der Katharinenstraße nieder, die er relativ schnell in einen benutzbaren Zustand versetzte. Weitere Neubauten folgten. Von BOTHES Assistenten ging PETER JENSEN mit ihm nach Freiburg und setzte mit Hilfe von Gastaufenthalten in ausländischen Laboratorien seine Arbeiten zum Kernphotoeffekt und zur (n,2n) Reaktion fort.

Von Freiburg aus wurden die Kontakte zu den Pariser Kollegen wieder enger geknüpft. JOLIOT-CURIE war in Frankreich zum Hochkommissar für Atomenergie ernannt worden. Er veranlaßte, daß GENTNER die Verwaltung der Forschungsinstitute in der französischen Besatzungszone übertragen wurde. Von 1947 bis 1949 war GENTNER außerdem Prorektor der Universität Freiburg.

Das Hauptproblem der Hochschullehrer dieser Zeit war, an die vielen Studenten angemessene Diplom- und Doktorarbeiten zu vergeben. GENTNER verfolgte dabei zwei Richtungen. Von SITTKUS, CITRON u. a. wurden Arbeiten über die kosmische Strahlung und die Elementarteilchen in Gang gebracht, die später in das Programm von CERN einmündeten. GENTNERS persönliches Interesse konzentrierte sich aber mehr auf die Altersbestimmung von Gesteinsproben, die radioaktive Isotope enthalten. Dieses Gebiet hatte der Physikochemiker V. HEAVESY in Freiburg viele Jahre lang bearbeitet. Es konnte ohne starke Radiumquellen oder größere Teilchenbeschleuniger mit einer hochentwickelten Zähltechnik und Massenspektrographen erfolgreich angegangen werden. Als wichtigstes Untersuchungsobjekt erwiesen sich bald die Proben aus dem benachbarten Kalibergwerk Buggingen.

Die Kalium-Uhr war vom Prinzip her seit Anfang des Jahrhunderts bekannt. Es war aber nicht gelungen, den K-Einfang des ^{40}K zum ^{40}A physikalisch nachzuweisen. Die geologischen Verhältnisse der Bugginger Kalisalze gestatteten es GENTNER und seinen Mitarbeitern, den Argongehalt und das Alter unter Berücksichtigung von Diffusion und Luftverunreinigungen recht genau zu bestimmen. Die ^{40}K-^{40}A-Uhr war damit geeicht. Aufgrund der Verbreitung von Kalium und der leichten Meßbarkeit der Argonisotope mit Massenspektrometern stand damit die bei weitem wichtigste Methode der radioaktiven Altersbestimmung geo- und kosmophysikalischer Objekte zur Verfügung. Sie wurde in einem langjährigen Programm von GENTNERS Schülern, insbesondere von ZÄHRINGER und FECHTIG, auf Gesteinsproben, Meteorite, Tektite und Mondproben vielfältig angewandt.

Bei häufigen Besuchen in der Schweiz, in Paris und in den U.S.A. wurden dann die ersten Gespräche zur Gründung eines europäischen Laboratoriums für Hochenergiephysik geführt. GENTNER war neben HEISENBERG von Anfang an Vertreter der Bundesrepublik Deutschland und nahm seit 1951 an allen wichtigen Besprechungen teil. Nach Gründung des CERN-Rates im Februar 1952 begannen gleich die Planungen für das Synchrozyklotron und das Protonensynchrotron, bei denen GENTNER zusammen mit CITRON und SITTKUS wichtige Teilaufgaben bearbeitete. GENTNERS wichtigste Stütze in seinem Amt als Vorsitzender der Schutzkommission des Bundesministers des Inneren war damals SITTKUS, der seine umfangreichen Kenntnisse zum Strahlenschutz bei den CERN-Planungen einbringen konnte. Von großer Bedeutung für die Bauplanung waren neben GENTNERS Weitblick seine Erfahrungen aus dem Wiederaufbau der Universität Freiburg. Es war charakteristisch für ihn, daß er weit voraus an Dinge dachte, die erst Jahre später ins allgemeine Bewußtsein rückten. So hielt er schon 1952 in Heidelberg, zum Erstaunen von BOTHE und den BOTHE-Schülern, einen Vortrag über Mondkrater.

Sehr bald nach der offiziellen Gründung des CERN-Laboratoriums in Genf im Jahre 1954 wurde GENTNER zum Direktor der Abteilung Synchrozyklotron und Direktor der Forschung des CERN ernannt. Parallel zur Anfrage vom CERN hatte er von der Stuttgarter Landesregierung als erster die Leitung des Kernforschungszentrums Karlsruhe angeboten bekommen, dessen Bau damals gerade beschlossen worden war. Er lehnte mit der Begründung ab, daß er lieber auf dem Gebiet der reinen Grundlagenforschung arbeiten wolle.

In Genf herrschte damals Pionieratmosphäre. Von einem kleinen Raum in einer Baracke am Rande des Flughafens aus dirigierte GENTNER die vielen tatendurstigen jungen Physiker und Ingenieure, die aus allen Teilen Europas nach Meyrin gekommen waren. Das Problem der noch nicht überwundenen Ressentiments aus der Kriegszeit und der verschiedenen Nationalitäten meisterte er souverän.

Das Synchrozyklotron lieferte schon am 1. August 1957 den ersten Strahl. GENTNERS Name ist der erste in der Liste der Physiker, die im Protokollbuch den Vermerk der erfolgreichen Inbetriebnahme unterschrieben haben.

Die Position beim CERN erforderte viele Reisen und in der Anfangszeit auch unzählige Fahrten zwischen Freiburg und Genf. GENTNER, nach dem Krieg einer der ersten mit eigenem sportlich aufgemachtem Auto, war ein routinierter Autofahrer. Regelmäßig – noch ohne Autobahn – am frühen Morgen loszufahren und Genf vor 9 Uhr zu erreichen, stellte aber selbst für ihn auf die Dauer eine zu große physische Belastung dar. Er mietete schließlich ein Haus am Ufer des Genfer Sees, dessen Veranda in den Abendstunden oft den gesellschaftlichen Mittelpunkt für CERN und seine Besucher bildete. Bei günstigem Wetter schied man mit dem unvergeßlichen Eindruck der Strahlen der untergehenden Sonne auf Mont Blanc und See.

Nach BOTHES Tod im Februar 1957 stand die Zukunft seines Heidelberger Instituts längere Zeit zur Diskussion. Stimmen, die vorher für Schließung plädiert hatten, traten schließlich in den Hintergrund, weil die Physiker der Heidelberger Universität die wissenschaftliche Leistungsfähigkeit des Instituts zur Geltung brachten. Das umgebaute Zyklotron war seit 1956 in Betrieb und es liefen weltweit anerkannte Arbeiten über die Nichterhaltung der Parität in der schwachen Wechselwirkung. RUDOLF MÖSSBAUERS Experimente, die zur Entdeckung des nach ihm benannten Effektes führten, waren schon im vollen Gang.

Ende 1957 nahm der Präsident der Max-Planck-Gesellschaft, OTTO HAHN, Verhandlungen mit GENTNER auf, die im Mai 1958 zum Senatsbeschluß zur Gründung eines Max-Planck-Instituts für Kernphysik führten. Am 1. Oktober 1958 wurde GENTNER zum Direktor des Max-Planck-Instituts für Kernphysik ernannt. Die Universität berief ihn gleichzeitig auf ein Ordinariat.

Schon während des Krieges hatten BOTHE und GENTNER Pläne für ein neues Kaiser-Wilhelm-Institut mit größeren Teilchenbeschleunigern ausgearbeitet. GENTNER griff diese Ideen wieder auf und trat in langwierige Verhandlungen mit der Stadt Heidelberg über ein geeignetes Baugelände. Überlegungen, das Institut eventuell in Freiburg zu errichten, führten im Juli 1959 zum Beschluß des Heidelberger Gemeinderates, ein weitläufiges Gelände am Abhang des Königstuhles 200 m über der Stadt zur Verfügung zu stellen. In engem Kontakt mit den Kernphysikern der Universität, insbesondere mit O. HAXEL und J. H. D. JENSEN, nahm GENTNER als ersten Schritt die Aufstellung eines Tandem-Beschleunigers mit einer Maximalspannung von 6 MV in Angriff. Außerdem wurde ein besonderes Gebäude für Kosmophysik vorgesehen, um mit radioaktiven Methoden Altersbestimmungen an Meteoriten durchzuführen. Zu beiden Arbeitsgebieten kamen jüngere Physiker aus Freiburg mit GENTNER nach Heidelberg. Sie hatten mit STIERLIN an den Freiburger Bandgeneratoren Kernreaktionen leichter Kerne untersucht oder an Massenspektrometern gearbeitet.

Mit dem Aufbau der Kosmophysik begannen ZÄHRINGER und FECHTIG schon 1958 im alten Institut an der Jahnstraße.

Praktisch gleichzeitig mit dem Max-Planck-Institut für Kernphysik wurden die Kernforschungszentren in Karlsruhe und Jülich aufgebaut. Es war die Zeit, in der die kernphysikalische Forschung in der Bundesrepublik geordnet werden mußte. Das war auch Anlaß für das Manifest der Göttinger 18 zur Atomwaffenproduktion. GENTNER gehörte wie J. H. D. JENSEN nicht zu den Göttinger 18. Wenn auch mit dem Anliegen der Erklärung solidarisch, lehnte er die implizit damit verbundene moralische Entrüstung über die Handlungsweise amerikanischer Kollegen ab. Er meinte, daß sich die Kernphysiker nicht einfach aus diesem Problem davonstehlen könnten. Man müsse sich klar darüber sein, daß die großzügige finanzielle Förderung der Kernphysik, die in den 50er Jahren zu ihrer explosionsartigen Entwicklung mit großen Beschleunigern und Forschungsreaktoren führte, nicht aufgrund öffentlichen Interesses an der Grundlagenforschung sondern wegen der Bedeutung von Kernwaffen und Kerntechnik in Gang gekommen sei.

Mitte 1959 gab GENTNER seine Position beim CERN ab und konzentrierte sich auf den Aufbau des neuen Max-Planck-Instituts. Die Anerkennung als Wissenschaftler und seine einmalige Erfahrung im Bau von Instituten und der Organisation moderner physikalischer Forschung führten dazu, daß die neuen Labor- und Werkstattgebäude funktionsgerecht und außerordentlich schnell aufgebaut wurden. Schon im Oktober 1961 begann die wissenschaftliche Arbeit am Tandembeschleuniger und Ende 1963 konnte das Hauptgebäude, das Walther-Bothe-Laboratorium, bezogen werden. In dem vierköpfigen Planungsstab, dem neben dem renommierten Architekten LANGE der erfahrene Ingenieur WEIMER angehörte, dominierten GENTNERS Argumente, Ideen und Vorschläge bis in die Fragen der Bautechnik.

Als zweiten Schritt hatte GENTNER den Aufbau eines Synchrozyklotrons für Protonen von einigen 100 MeV ins Auge gefaßt. Dieser Plan stieß Ende 1963 auf den entschiedenen Widerstand HEISENBERGS und des Präsidiums der Max-Planck-Gesellschaft und mußte deshalb fallen gelassen werden. Der weitere Aufbau von nicht zu aufwendigen Beschleunigern für schwere Ionen wurde dagegen gutgeheißen. GENTNERS wissenschaftliches Interesse konzentrierte sich daraufhin stärker auf die Kosmophysik und die Arbeiten am CERN, mit dem er immer in engem Kontakt blieb. Dort war er von 1969–71 Vorsitzender des Wissenschaftsausschusses und von 1972–74 Präsident des Rates.

Durch Vermittlung von DR. COHN und AMOS DE SHALIT in Genf hatten GENTNER und OTTO HAHN schon 1959 eine Einladung erhalten, das Weizmann-Institut in Rehovot zu besuchen. Während dieses Besuchs wurden der Austausch junger Wissenschaftler aus Israel und Deutschland und gemeinsame wissenschaftliche Arbeiten vereinbart. Mit Hilfe der Stiftung Volkswagenwerk gelang es GENTNER bald, ein ständiges Komitee für die Zusammenarbeit zwischen dem Weizmann-Institut und der Max-Planck-Gesellschaft zu gründen. ADENAUER sorgte bei seinem Besuch in Israel dann dafür, daß dieses Unternehmen ab 1963 unter dem Namen MINERVA vom deutschen Wissenschaftsministerium großzügig unterstützt wurde. GENTNER richtete als Vorsitzender des MINERVA-Komitees in Heidelberg ein Sekretariat ein und organisierte regelmäßige Treffen in Israel und Deutschland. Das Weizmann-Institut ernannte ihn 1965 zum Ehrenmitglied und 1975 zum einzigen deutschen Mitglied des Board of Governors. Nach seinem Tod wurde ein GENTNER-Lehrstuhl am Weizmann-Institut eingerichtet und die regelmäßigen MINERVA-Symposien erhielten den Namen GENTNER-Symposien.

Eine weitere wissenschaftliche Institution, um die sich GENTNER Mitte der 60er Jahre verdient gemacht hat, ist die Heidelberger Akademie der Wissenschaften. Die Akademie hatte ihn schon 1957 vor seiner Übersiedlung nach Heidelberg zum ordentlichen Mitglied gewählt und ihm 1964 das Amt des Präsidenten übertragen. Ihr Ziel, neben interfakultativen und interuniversitären Gesprächen interdisziplinär wissenschaftliche Untersuchungen durchzuführen, wurde 1965 durch drastische Etatkürzungen im Kultusministerium des Landes und im Bundesforschungsministerium in Frage gestellt. Der größte Teil der Mittel in den meist langzeitigen Projekten wurde für das Personal eingesetzt. Dessen Besoldung war plötzlich nicht mehr gesichert. Außerdem hatte die Raumnot der Akademie einen bedrohlichen Zustand erreicht. GENTNER fand Hilfe bei der Stiftung Volkswagenwerk und dem Stifterverband. Er erreichte, daß die Akademie die Rechte einer Körperschaft des öffentlichen Rechts erhielt und daß die Etatisierung beim Land gesichert wurde.

In der zweiten Hälfte der 60er Jahre konnte GENTNER auch vielen Freunden beim Aufbau wissenschaftlicher Institutionen behilflich sein. Mit seinen Kenntnissen über die Organisation der französischen Wissenschaftsverwaltung half er MAIER-LEIBNITZ bei der Gründung des Instituts Laue-Langevin in Grenoble, und er

Wolfgang Gentner, 1965

unterstützte SCHMELZER bei den Vorarbeiten und dem Aufbau der Gesellschaft für Schwerionenforschung in Darmstadt. Zusammen mit BERNARDINI war er 1968 in Florenz Mitbegründer der Europäischen Physikalischen Gesellschaft.

Sein wissenschaftliches Interesse galt in diesen Jahren in erster Linie den Einschlagkratern. Schon 1959 hatten J. ZÄHRINGER und H. FECHTIG Messungen an Tektiten gemacht. Bei der Klärung des Diffusionsmechanismus von Argon, der für die Kalium-Argon-Uhr wichtig ist, wurden besonders sorgfältig die Moldavite untersucht. Dies sind Tektite aus Böhmen, die als reine Glasmasse keine Gitterstruktur besitzen. Mineralogische Untersuchungen von Proben aus dem Meteoritenkrater von Arizona und vom Nördlinger Ries hatten zu dieser Zeit die Diskussion der 30er Jahre über den meteoritischen oder vulkanischen Ursprung des Rieskraters neu belebt. LIPPOLT untersuchte daher Glasproben aus einem Steinbruch am Ostrand des Rieses und ermittelte ein Alter von etwa $15 \cdot 10^6$ Jahren. Das stimmte innerhalb kleiner Fehler mit dem Alter der Moldavite überein.

Dieses Ergebnis, dem viele weitere Untersuchungen bis zum Ende des Jahrzehnts folgten, machten GENTNER zum bedeutendsten Vertreter der Meteoritenkraterhypothese.
Um die Herkunft der Tektite aus Einschlagkratern von Meteoriten zweifelsfrei zu beweisen, nahm er 1963 die Strapazen einer Expedition zum Bosumtwi-See 300 km landeinwärts von der Küste Ghanas auf sich. Messungen von ZÄHRINGER und WAGNER an dem gefundenen Kraterglas bestätigten die für die Tektite der Elfenbeinküste ermittelten Alter. Damals wurde auch schon die später viel verwendete Spaltspurenmethode zur Altersbestimmung eingesetzt.
Nach der Apollo-Mission war es naheliegend, die über irdische Einschlagkrater gewonnenen Erkenntnisse auf die Mondkrater und später auch auf die Kraterbilder von Mars und Merkur anzuwenden. GENTNER sprach Anfang der 70er Jahre bei vielen Gelegenheiten darüber, meist unter dem Titel: »Die Narben im Antlitz der Himmelskörper.« Im Laufe der Jahre nahmen die historischen Einleitungen in seinen Vorträgen einen immer größeren Raum ein. Sie leiteten über zur Archäometrie, seinem letzten Forschungsgebiet.
GENTNER hatte sich schon einige Zeit mit der Archäometrie befaßt und hatte nach geeigneten Partnern Umschau gehalten, als er 1974 begann, zusammen mit WAGNER und MÜLLER Spurenelemente und isotopische Zusammensetzung in altgriechischen Silbermünzen zu untersuchen. Der Vergleich mit Gesteinsproben, die auf oft mühevollen Exkursionen in alten Bergwerken gesammelt wurden, zeigte die Herkunft des Münzsilbers. Die Kombination von Neutronenaktivierungsanalyse, Bleiisotopenanalyse, Thermolumineszenzdatierung und Radiokohlenstoffdatierung führten bald zu überraschenden Ergebnissen über das Alter des Bergbaus in Europa. Mit nahezu 5000 Jahre alten Blei-Silber-Gruben wurde die früheste bisher bekannte Blei-Silber-Gewinnung entdeckt.
Den größten Teil seiner Arbeitskraft beanspruchte in diesen Jahren aber das Amt des Vizepräsidenten der Max-Planck-Gesellschaft. GENTNER war schon von 1967–70 Vorsitzender der physikalisch-chemisch-technischen Sektion der Max-Planck-Gesellschaft gewesen und hatte dabei für langanstehende Probleme einiger Max-Planck-Institute überzeugende und realisierbare Lösungsvorschläge vorgelegt. In diese Zeit fällt z. B. die Gründung des Max-Planck-Instituts für Astronomie in Heidelberg.
Das Ende seiner Amtszeit als Sektionsvorsitzender wurde dann durch zwei Operationen überschattet, die ihn jeweils viele Monate von seinem Institut fernhielten. Die eine betraf die Linsen seiner Augen. Dort hatten sich die berüchtigten Katarakte gebildet, die etwa 25 Jahre nach starker Neutronenbestrahlung auftreten. Sie hatten ihren Ursprung in seiner Pariser Zeit. Durch ein Fenster in der Kammer des Zyklotrons hatte er dort häufig nach der Position des umlaufenden Strahls gesehen.
Anfang 1972 war er aber soweit wiederhergestellt, daß er das Amt des Vizepräsidenten der Max-Planck-Gesellschaft in freundschaftlicher Zusammenarbeit mit LÜST übernehmen konnte. So bestimmte er in den schwierigen Jahren der Konsolidierung nach mehr als 10 Jahren stürmischer Expansion die Geschicke der Max-

Planck-Gesellschaft mit. Seine Fähigkeit, Kontakte zu knüpfen und Freundschaften zu pflegen, half ihm dabei genauso wie die bewundernswerte Bereitschaft seiner Frau ALICE, private Anliegen und dienstliche Verpflichtungen in Einklang zu bringen.

GENTNER wurde eine große Zahl hoher Ehrungen zuteil. Er war Mitglied vieler wissenschaftlicher Akademien und des Ordens Pour le mérite für Wissenschaft und Künste. Ausgezeichnet wurde er mit dem Großen Verdienstkreuz mit Stern der Bundesrepublik Deutschland, dem Officier de la Légion d'Honneur, dem Ernst-Helmut-Vits-Preis, der Cothenius-Medaille in Gold und dem Otto Hahn-Preis der Stadt Frankfurt.

Er starb am 4. September 1980 in Heidelberg.

Hermann Dänzer

1904–1987

von
Jörg Kummer
Frankfurt

HERMANN DÄNZER war nach CARL DÉGUISNE und MAX SEDDIG der 3. Inhaber des Lehrstuhls und Direktor des Instituts für Angewandte Physik der 1914 gegründeten Johann Wolfgang Goethe-Universität Frankfurt am Main.
In dieser Stadt kam HERMANN DÄNZER am 21. Oktober 1904 zur Welt. Auch seine Mutter BERTHA war gebürtige Frankfurterin. Sein Vater, AUGUST DÄNZER, Telegraphensekretär bei der Post, stammte aus Braubach am Rhein.
Schon während der Schulzeit an der Helmholtz-Oberrealschule wies die Begabung des jungen HERMANN DÄNZER deutlich in zwei Richtungen: seine Vorliebe galt einerseits der Physik und Mathematik, andererseits der Musik. Regelmäßig besuchte er die Schülervorlesungen, die die Professoren WACHSMUTH und DÉGUISNE im Physikalischen Verein für die Oberschüler Frankfurter Gymnasien hielten und experimentierte zu Hause mit einfachsten Mitteln, spielte aber auch gern und intensiv Klavier und Orgel. So war es nur allzu natürlich, daß er sich nach dem Abitur (1923) sogleich für diese drei Fächer an der Universität seiner Heimatstadt immatrikulierte. Die glänzenden Beurteilungen auf DÄNZERS z. T. noch erhaltenen Seminar- und Praktikumsscheinen in Physik und Mathematik (besonders bei Prof. SIEGEL) spiegeln seinen großen Studieneifer wider. Schon nach fünf Semestern konnten seine Physikprofessoren WACHSMUTH und MADELUNG ihm die Fähigkeit zur selbständigen wissenschaftlichen Arbeit bescheinigen und ihn zur Doktorarbeit zulassen. Er fertigte sie bei dem Spektroskopiker MEISSNER an, der gerade von Zürich als a.o. Professor an das Frankfurter Physikalische Institut berufen worden war. Die Dissertation, mit der er, 24jährig, am 17. Dezember 1928 promovierte, zeigt schon die glückliche Verbindung von DÄNZERS experimentellen und theoretischen Fähigkeiten. Er wies, wie sein Doktorvater MEISSNER später urteilt »sehr selbständig zum ersten Mal experimentell die Absorption Hertz'scher Wellen in ionisierten Gasen nach« und bestimmte die Lebensdauer der freien Elektronen mit einer Methode von MEISSNER und GRAFFUNDER. »Besonders zu erwähnen ist bei dieser Gelegenheit der von ihm erdachte und seither vielfach benutzte Bolometer-Empfänger«.
Nach kurzer Assistentenzeit bei dem theoretischen Physiker ERWIN MADELUNG[1] legte DÄNZER im Mai 1930 das Staatsexamen für das Lehramt an Höheren Schulen mit den Hauptfächern Physik und Mathematik und dem Zusatzfach Musik ab. Nach der Referendarzeit (teils am Frankfurter Lessing-Gymnasium, teils an

1 *Madelungs* Assistent, Dr. *Lanczos*, war beurlaubt. Dessen Vertretung nahm vor *Dänzer* Herr Dr. *Bethe* wahr.

der Sachsenhäuser Oberrealschule) folgte im Februar 1932 das Assessorenexamen. Die Tätigkeit als Lehrer an der Staatlichen Oberschule in Schlüchtern (deren gesamter Musikunterricht ihm sofort auferlegt wurde) währte nur ein halbes Jahr: zu groß war die Versuchung, einer Aufforderung des Biophysikers FRIEDRICH DESSAUER zu folgen, ab Ostern 1933 mit einem (wenn auch kargen) Stipendium der »Notgemeinschaft der Deutschen Wissenschaft« versehen, in seinem »Institut für die physikalischen Grundlagen der Medizin« unter Anleitung des Privatdozenten BORIS RAJEWSKY an Forschungsaufgaben zu arbeiten[2]. Dabei beschäftigte DÄNZER sich mit zwei biophysikalischen Problemen: der biologischen Wirkung ionisierender Strahlung und den physikalischen Fragen, die mit der Kurzwellentherapie in Verbindung stehen.

Zwei Arbeiten, die erste gemeinsam mit BORIS RAJEWSKY, erschienen 1934 zur biologischen Strahlenwirkung. Hierin wurde DESSAUERS statistische »Treffertheorie« durch die Berücksichtigung der Erholung des bestrahlten biologischen Objektes erweitert. In zwei Beiträgen »Über das Verhalten biologischer Körper im Hochfrequenzfeld« machte DÄNZER im ersten die auf elektrotechnische Bedürfnisse zugeschnittene Theorie der dielektrischen Verluste von WAGNER für die Kurzwellentherapie nutzbar und wandte sie auf spezielle Probleme (Blutkörperchen, Bakterien, Zellgewebe) an. Der experimentelle 2. Teil stellte eine wesentliche Ergänzung der Arbeiten von SCHAEFER und GRAUL im Dessauerschen Institut über die Frequenzabhängigkeit der Leitfähigkeit des Blutes dar.

Mit dem Problem der Wärmeentwicklung im Gewebe durch Kurzwellen beschäftigte sich DÄNZER nochmals in einer Arbeit »Zur Theorie der Kondensatorfeldmethode«, welche von ESAU und SCHLIEPHAKE in die Medizin eingeführt worden war. Seine Überlegungen führen auf eine im wesentlichen schon von PÄTZOLD gegebene einfache Beziehung für eine günstige Wahl der Kurzwellenfrequenz, doch geht, wie MEISSNER urteilt, »die Dänzer'sche Darstellung, entsprechend ihrer breiteren theoretischen Grundlage, viel tiefer«.

1935 kam DÄNZERS Buch »Grundlagen der Quantenmechanik« heraus, das sich – so wieder MEISSNER – »wegen seines Aufbaus und seiner klaren und in die Tiefe gehenden Darstellungsweise bald großer Beliebtheit erfreut. Man merkt dem Buch an, daß es aus dem inneren Drang geschrieben wurde, anderen *die* Freude zu bereiten, die der Verfasser beim eingehenden Studium der Quantenmechanik selbst empfunden hat. Er kennt auch aus der noch nicht lange zurückliegenden Zeit des eigenen Erarbeitens des neuen Gedankengutes die besondere Schwierigkeiten bereitenden Punkte, weshalb diese auch immer klar herausgearbeitet sind. Das Buch weist Herrn DÄNZER, der sich durch seine anderen Forschungsarbeiten als selbständiger Wissenschaftler ausgewiesen hat, das Zeugnis eines auch didaktisch sehr begabten Physikers aus«.

Inzwischen war am Physikalischen Institut eine Assistentenstelle frei geworden, die sein Doktorvater MEISSNER ihm vom 1. November 1934 an übertrug.

2 Dieses von *Dessauer* ins Leben gerufene Institut ging 1937 im neuen, unter der Leitung von *Boris Rajewsky* stehenden Kaiser Wilhelm-Institut für Biophysik auf (ab 1948 Max-Planck-Institut für Biophysik).

Um mit Experimenten zur künstlichen Kernumwandlung beginnen zu können, widmete DÄNZER sich nun dem Aufbau einer Hochspannungsanlage, über die er im Oktober 1935 zum ersten Mal, gemeinsam mit HASSELBECK, berichtete und die er dann weiter ausbaute. Sie basiert auf der Resonanzüberhöhung der Spannungen im Serienschwingkreis und lieferte im Frühjahr 1936 bis zu 750 000 Volt.
Im Juni 1936 sprach die Naturwissenschaftliche Fakultät DR. DÄNZERS Habilitation aus. Für die öffentlichen Lehrproben im Dezember wählte sie aus seinen Vorschlägen die drei Vorträge über »Wandlungen im Physikalischen Weltbild« aus. Bereits die erste Vorlesung: »Experimentelle Grundlagen: Compton- und Photoeffekt, Beugung von Materiewellen« am 9. Dezember 1936 fand ein so positives Urteil, daß er von der Abhaltung der 2. und 3. Lehrprobe befreit wurde. So konnte ihm schon im Januar 1937 die Dozentur für das Fach Physik verliehen und er einen Monat später zum Oberassistenten ernannt werden.
Die Vertreibung seines verehrten Chefs MEISSNER durch den NS-Staat zu Ende des Sommersemesters 1937 wurde für DÄNZER ein einschneidendes und bedrükkendes Erlebnis.
Intensiv widmete er sich nun der Vorlesungstätigkeit und, zusammen mit MEISSNERS Nachfolger, Prof. CZERNY, der Betreuung der noch von Prof. MEISSNER angeregten Doktorarbeiten. Zwei Veröffentlichungen aus dem Jahre 1939 belegen seine Beschäftigung mit der Theorie der paramagnetischen Relaxation und dem Verhalten magnetischer Momente im magnetischen Drehfeld.
Ein Jahr nach Kriegsausbruch, im Oktober 1940, wurde DÄNZER von der Forschungsabteilung des Heereswaffenamtes nach Berlin abgeordnet. Dort wirkte er zunächst als Assistent in dem bekannten Praktikum von Prof. WESTPHAL an der Technischen Hochschule und nahm zugleich Verbindung mit den Berliner Physikern auf. Doch schon bald wurde er, zusammen mit WOLFGANG GENTNER, beauftragt, am College de France im Institut von Prof. JOLIOT (bei dem GENTNER als früherer Stipendiat sich als Vertrauter fühlen durfte), das Zyklotron in Gang zu setzen, was schon nach einem halben Jahr gelungen war.[3]
Danach wurde HERMANN DÄNZER 1941 Prof. W. BOTHE in Heidelberg als Mitarbeiter zugeteilt, der ihn damit betraute, die Vorarbeiten zum Bau eines Betatrons zu leisten. Gleichzeitig kam er seinen Vorlesungspflichten in Frankfurt am Main so lange nach, bis die Reisen nach Frankfurt am Main infolge der Kriegsereignisse unmöglich wurden.
Bis dahin stand DÄNZER weiterhin in enger kollegialer und wissenschaftlicher Verbindung zu dem von BORIS RAJEWSKY geleiteten Kaiser Wilhelm-Institut für Biophysik in Frankfurt am Main. In der Regel verbrachte er jede Woche 1–2 Tage im Institut. Er war u. a. beteiligt an den dort laufenden Arbeiten zum damals

3 Während ihrer Tätigkeit in Paris wußten *Gentner* und *Dänzer* zu verhindern, daß wertvolle Laboratoriumseinrichtungen aus französischen Forschungsinstituten, insbesondere das Pariser Zyklotron, nach Deutschland abtransportiert wurden. Auch setzten sie sich für den von der Gestapo verhafteten französischen Kollegen Prof. *Langevin* ein und erwirkten, daß er wieder aus dem Gefängnis entlassen und nur einer Aufenthaltsbeschränkung unterworfen wurde. (*Langevin* stand unter dem Verdacht, an der Widerstandsbewegung teilzunehmen).

besonders aktuellen Problem des Strahlenschutzes bei Neutronen. Eine umfangreiche Arbeit »Zur Theorie der Neutronenschutzwände« (zusammen mit RAJEWSKY und MUTH) war 1944 bei den »Reichsberichten für Physik« im Druck. Die für Anfang 1945 vorgesehene Veröffentlichung konnte jedoch nicht mehr erfolgen. Im Rahmen dieser Arbeiten wurde für den praktischen Neutronenschutz ein Spezialbeton für Schutzwände entwickelt, der durch Beimischung geeigneter borhaltiger Zuschlagstoffe (»Pandermit«, »Rasorit«) einen erhöhten Gehalt an gebundenem Wasser und nahezu 11 Gew. Proz. B_2O_3 enthielt. Solche Betonwände sollten die bis dahin zur Neutronenabschirmung ausschließlich verwendeten »Wasserwände«, deren betriebsmäßige und bautechnische Nachteile einleuchtend sind, ersetzen. Der Borgehalt des »P-Betons« minimierte die Entstehung der bei der Absorption langsamer Neutronen durch H-Atome auftretenden unerwünschten energiereichen 2MeV-Gammastrahlung.

Neben einer Arbeit zum Zyklotron (1942) erschien eine Studie über die Ausbeute an Röntgenstrahlen bei Höchstspannung (1943). Die beiden Beiträge »Theorie des Betatrons« und »Das Betatron als biophysikalische Strahlenquelle« wurden erst nach Kriegsende in den von den Amerikanern herausgegebenen »FIAT-Reviews of German Science 1939–1946« veröffentlicht.[4]

Am 31. Mai 1941 verheiratete sich HERMANN DÄNZER mit der aus Oberschlesien stammenden Lehrerin JOHANNA BRZOSKA. 1942 wurde der Sohn HERMANN, 1944 die Tochter HANNE geboren.

Im August 1943 wurde Herr DR. DÄNZER auf Antrag von Prof. CZERNY und aufgrund vorzüglicher Gutachten zum außerordentlichen Professor ernannt.

Nach Kriegsende war Herrn DÄNZERS Lehrtätigkeit für 1 ½ Jahre unterbrochen. In dieser Zeit entstand sein Buch »Einführung in die Theoretische Kernphysik«. Trotz aller Bemühungen der Fakultät und einer Eingabe der Studenten der Naturwissenschaften beim Hessischen Kultusministerium gelang es nicht, für HERMANN DÄNZER eine beamtete Professur einzurichten. So verließ er nach erneuter einjähriger Lehrtätigkeit Frankfurt: die Universität Mainz hatte ihn vom Wintersemester 1948/49 an als planmäßigen außerordentlichen Professor gewinnen können.

Unter zwei Berufungen, die DÄNZER 1951 auf Ordinariate in Darmstadt und Frankfurt erhielt, entschied er sich für den Lehrstuhl und das Institut für Angewandte Physik der Universität seiner Heimatstadt, welches er dann 22 Jahre lang bis zu seiner Emeritierung leitete.

Zunächst war viel Aufbauarbeit nötig: das Haus wies noch erhebliche Kriegsschäden auf. Im Parterre beherbergte der Westflügel noch das ausgebombte Institut für Physikalische Chemie, der Ostflügel die Abteilung Elektrotechnik, sodaß DÄNZER nur wenige Labors zur Verfügung hatte. Die noch vorhandene Ausrüstung war veraltet, der Etat knapp, es gab nur wenige Stellen für Assistenten und technisches Personal. Der Abteilung für Wissenschaftliche Photographie unter GÜNTER HAASE verhalf DÄNZER 1962 zu offiziell anerkannter Selbständigkeit, die

4 FIAT = Field Intelligence Agency of Technology.

de facto unabhängige Abteilung Elektrotechnik ging nach der Berufung von OTTO SCHÄFER auf den Lehrstuhl für Regelungstechnik in Aachen (1957) im Institut auf.

DÄNZERS Können als Experimentator und Theoretiker, sein Ideenreichtum und nicht zuletzt sein enormes didaktisches Geschick, das es ihm ermöglichte, auch schwierige Zusammenhänge klar und verständlich darzustellen, zog eine große Zahl von Studenten an. Seine Vorlesung »Höhere Experimentalphysik« galt bei ihnen als »Hohe Schule des physikalischen Denkens«. Er verstand es glänzend, die eigene Begeisterung für eine Theorie, eine mathematische Methode oder ein originelles Experiment weiterzuvermitteln.

Gerade in der Anfangszeit stand räumlicher Beschränkung und knappen Mitteln eine große Zahl von Bewerbern aus der Kriegsgeneration für Diplom-, Staatsexamens- und Doktorarbeiten gegenüber. Mit großem Einfallsreichtum fand Herr

Hermann Dänzer, 1973

DÄNZER für jeden ein Thema oder Wege, ein vorgeschlagenes Experiment durchführen zu können.
Seine ersten Assistenten erinnern sich noch daran, wie er manchmal mit einer ganzen Gruppe »Neuer« durch den Maschinensaal zog und sich von alten Geräten, Motoren und elektrischen Maschinen zu einem Thema inspirieren ließ: so wurde z. B. ein Gasmotor, der das Bombardement des Hauses überlebt hatte, genutzt, um Phasenverschiebungen zwischen Druck und Temperatur messen zu können. Joch und Wicklung einer uralten Gleichstrommaschine ließ er zu einem Magneten umbauen und aus einem langen Stück lichten Wasserrohrs wurde eine akustische Verzögerungsleitung.
Die Vielfalt der vergebenen Themen entsprach dem Spektrum eigener Arbeiten aus Atom-, Kern- und Biophysik, Akustik, Elektrodynamik und Elektrotechnik. Mit der Idee und der Theorie des Wendellinearbeschleunigers (unabhängig von JOHNSEN und unabhängig von WALKINSHAW) setzte Herr DÄNZER die bis heute im Institut andauernde erfolgreiche Beschäftigung mit Hochfrequenz-Beschleunigerstrukturen in Gang. Auch die gegenwärtigen Forschungsarbeiten zur Signaltheorie haben ihren Ursprung in seinem Interesse an statistischen Prozessen. Schließlich interessierte den Organisten DÄNZER der Mechanismus der Schwingungserzeugung in Orgelpfeifen. Zu dessen Aufklärung hat er wichtige Beiträge geliefert.
Gelegentlich, wenn etwas Neues in der Physik bekannt wurde, wie Laser oder MÖSSBAUER-Effekt, zog er sich einige Tage zurück. Kam er dann wieder ins Institut, so meinte er, es sei doch alles ganz einfach. Er hatte eine, seine, Theorie gemacht und ein Modellexperiment im Kopf (welches meist eine Staatsexamensarbeit hergab).
HERMANN DÄNZER hat viel darüber nachgedacht, was »Verstehen der Wirklichkeit« eigentlich bedeutet. In den physikalischen Modellvorstellungen hat er Analogien zu symbolischen Aussagen im religiösen Bereich gesehen und im historischen Übergang vom anschaulichen zum abstrakten physikalischen Modell eine Parallele zur »Brechung eines religiösen Mythos« in der Theologie von PAUL TILLICH.
Mit derselben Hingabe, die er physikalischen oder philosophischen Fragen widmete, konnte er sich auch einem BACH'schen Orgelwerk zuwenden und anderen seine Freude an Komposition und Klang weitergeben.
Wichtig war ihm alljährlich die Zeit zum Nachdenken über seine Ansprache bei der Instituts-Weihnachtsfeier sowie zum Orgelüben für deren musikalischen Teil in der Aula. Man merkte ihm an, daß er glücklich war, wenn seine Studenten und Mitarbeiter ihm auch bei der Orgelmusik zuhörten und ihm gedanklich folgten (und mit ihm diskutierten), wenn er über die Ethik ALBERT SCHWEITZERS, oder die Theologie BULTMANNS, TILLICHS oder ROBINSONS oder über die »hinweisende Kraft« biblischer Aussagen sprach; er war glücklich, weil er seinen Schülern gern mehr als »nur« Physik mitgeben wollte.
Seminare in seinem Haus in Oberreifenberg, Wanderungen im Taunus und Besichtigungen von Industrielabors und Barockkirchen förderten den Zusammen-

halt. Doch waren DÄNZERS Schlichtheit, seine Menschlichkeit und sein Verständnis für andere, besonders die jungen Menschen, die wahre Grundlage für das gute Klima im Institut.
Nach seiner Emeritierung wurden ihm nach und nach Musik und religiöse Fragen wichtiger als die Physik. Doch beschäftigte ihn noch stark die EINSTEINsche Relativitätstheorie, über die er anläßlich seines goldenen Doktorjubiläums, 74jährig, lebendig wie eh und je, im Physikalischen Kolloquium vortrug.
Nach schwerer Krankheit konnte er an seinem 80. Geburtstag noch einmal viele dankbare Schüler um sich versammeln. Am 25. Juni 1987 starb er im Alter von fast 83 Jahren.

Erwähnte wissenschaftliche Arbeiten von Prof. Dr. Hermann Dänzer

Über die Absorption Hertz'scher Wellen in ionisierten Gasen. Annalen der Physik 2, 1929 (Dissertation).
Eine Erweiterung der statistischen Theorie der biologischen Strahlungswirkung, Teil I und II (Teil I gemeinsam mit B. Rajewsky) Zeitschrift für Physik 89, 1934.
Über das Verhalten biologischer Körper bei Hochfrequenz I und II. Annalen der Physik, 20 und 21, 1934/35 sowie als Buchbeitrag in: Ergebnisse der biophysikalischen Forschung in Einzeldarstellungen. Verlag Georg Thieme.
Zur Theorie der Kondensatorfeldmethode. Zeitschrift für Hochfrequenztechnik und Elektroakustik 45, 1935.
Eine einfache Methode zur Erzeugung hoher Wechselspannungen (gemeinsam mit Hasselbeck). Annalen der Physik 25, 1936.
Grundlagen der Quantenmechanik. Verlag Theodor Steinkopff, Dresden und Leipzig 1935.
Zur Theorie des Verhaltens magnetischer Momente im magnetischen Drehfeld. Annalen der Physik 35, 1939.
Ein Studienmodell des Zyklotrons. Annalen der Physik 41, 1942.
Über die Ausbeute an Röntgenstrahlen bei Höchstspannungsanlagen. Annalen der Physik 43, 1943.
Bericht über die Arbeiten am Pariser Zyklotron (gemeinsam mit Bothe, Gentner, Hartwig und Rachwitz). Reichsberichte für Physik 1944 (nicht mehr erschienen).
Bericht über Arbeiten an einer Elektronenschleuder (gemeinsam mit Bothe, Gentner und Schniedl). Reichsberichte für Physik 1944.
Zur Theorie der Neutronenschutzwände. Teil I: Allgemeine Theorie, Teil II: Numerischer Teil (gemeinsam mit Rajewsky und Muth). Reichsberichte für Physik (Teil II nicht mehr erschienen).
Theorie des Betatrons. FIAT Review of German Science, Band Nuclear Physics and Cosmic Rays, Part II.
Das Betatron als biophysikalische Strahlenquelle. FIAT Review Band Biophysik, Part II.
Strahlenschutz. FIAT Review Band Nuclear Physics and Cosmic Rays, Part II.
Einführung in die theoretische Kernphysik. Verlag Braun, Karlsruhe 1948.
Über die Wirkungsweise und den Aufbau von Protonen-Wendellinearbeschleunigern mit variabler Endenergie (gemeinsam mit Herminghaus und Klein). Ztschr. für Naturforschung 21a, Suppl.-Heft, 1961.
Über elektrische und akustische Einschwingvorgänge. Annalen der Physik 10, 1952.
Über die Strömungsverhältnisse an der Lippenöffnung von Orgelpfeifen. Zeitschrift für Physik 144, 1956.

Über die stationären Schwingungen der Orgelpfeifen. Zeitschrift für Physik 162, 1961.
Zur Theorie des Lasers. Biophysik 2, 1964.
Die Rolle des Modells und des bildhaften Denkens in der naturwissenschaftlichen Forschung. Physikalische Blätter 16, 1960.
Der Begriff des Symbols in der Theologie Paul Tillichs und das Physikalische Modell. Physikalische Blätter 19, 1963.
Das Symboldenken in der Atomphysik und in der Theologie. Universitas 22, 1967.

Den Abschnitt über Herrn Dänzers Verbindung zum Kaiser Wilhelm-Institut während der Kriegsjahre und seine Arbeiten zur »Theorie der Neutronenschutzwände« verdanke ich Herrn Prof. Dr. Muth, dem em. Direktor des Max-Planck-Instituts für Biophysik der Universität des Saarlandes, Homburg/Saar.

Bernhard Mrowka

1907–1973

von
Dieter Langbein
Frankfurt

BERNHARD MROWKA erblickte das Licht der Welt am 3. Mai 1907 in Königsberg, Ostpreußen. Er war das erste von drei Kindern seines Vaters FRIEDRICH MROWKA, der als Mittelschullehrer wirkte und schon 1914, also bereits in den ersten Monaten des ersten Weltkriegs, fiel. Der Sohn BERNHARD MROWKA besuchte von 1913 bis 1915 das Königliche Friedrichskollegium in Königsberg und von 1916 bis 1925 das Humanistische Reformgymnasium in Lyck, Masuren. Nach der Reifeprüfung nahm er das Studium der Mathematik, Physik und Chemie auf, das ihn zunächst für drei Semester nach Marburg führte (SS 1925 bis WS 1926/27). Im Sommersemester 1927 setzte Mrowka sein Studium in München fort, wo er Gelegenheit nahm, bei ARNOLD SOMMERFELD Theoretische Physik zu hören. Danach ging er nach Königsberg. Er wurde Schüler von RICHARD GANS, unter dessen Anleitung er 1931 zum Dr. phil. promovierte. Die Dissertation »Zur Theorie der Spektrallinienverbreiterung nach der Wellenmechanik« war typisch für die Theoretische Physik der damaligen Zeit, als man versuchte, die neu entstandene Quantentheorie systematisch voranzutreiben.

Das Thema Quantentheorie ließ MROWKA auch in der Folgezeit nicht los, als er von 1931 bis 1934 Assistent bei RICHARD GANS am II. Physikalischen Institut in Königsberg war. In dieser Zeit entstanden mehrere Arbeiten zur Polarisierbarkeit des Wasserstoffatoms und -moleküls sowie zum Diamagnetismus. Die Arbeiten dieser Periode wurden 1934 in einem Artikel »Beiträge zur Theorie des Atommagnetismus« von GANS und MROWKA zusammengefaßt. Im Vorwort zu diesem Artikel heißt es:

> Aufgabe der vorliegenden Abhandlung soll es sein, in einige Fragen des Magnetismus Ordnung zu bringen. Deshalb enthalten einige Teile nichts Neues, sondern stellen Bekanntes in anderer Form dar, üben in einigen Punkten Kritik und bemühen sich, das Gemeinsame sowie das Verschiedenartige der elektronentheoretischen Behandlungsweise und der wellenmechanischen Methode herauszuarbeiten. Der Kenner der Materie wird das Neue leicht herausfinden, ohne daß es in dieser Einleitung eines besonderen Hinweises bedürfte.

Nur wenig später erscheint, ebenfalls in den Schriften der Königsberger Gelehrten Gesellschaft, ein weiterer Artikel gemeinsam mit GANS »Beitrag zur Störungstheorie in der Wellenmechanik«. Neben die von SCHRÖDINGER entwickelte Störungstheorie wird die Option gestellt, geeignete Lösungen der Wellengleichung systematisch zu erraten und durch Anpassung weniger Parameter zu optimieren. Im Artikel selbst heißt es:

Stellen sich aber der Lösung der Diffentialgleichung unüberwindliche Schwierigkeiten in den Weg, so ist das Variationsprinzip doch besser als gar nichts, vorausgesetzt, daß die physikalische Intuition bei der Wahl der Ausgangsfunktion einen glücklichen Griff hat tun lassen.

Der Nutzen dieser Vorgehensweise wird an mehreren Beispielen belegt. Der Verfasser erinnert sich gerne, daß MROWKA dieses Prinzip auch in späteren Jahren stets hochgehalten hat und daß wir manches Problem auf diese Weise in den Griff bekamen. MROWKA warnte jedoch zugleich auch mit seinem Ausspruch: »Mit vier Parametern kann man jedes Problem lösen, mit fünfen sogar den Teufel in den Himmel rechnen.«

Im Jahre 1934 wechselte MROWKA von Königsberg zu FRIEDRICH HUND an das Institut für Theoretische Physik in Leipzig. Dort entstanden gemeinsam mit HUND zwei uns später wohlbekannte Arbeiten über das Diamantgitter. Es wurde gezeigt, daß man durch geschickte Ausnutzung der Symmetrien sowohl von der Näherung stark gebundener Elektronen her (Blochsche Näherung) als auch von der Näherung nahezu freier Elektronen her (Brillouinsche Näherung) zum gleichen Ergebnis gelangte, daß nämlich beim Diamantgitter gerade vier Energiebänder zusammenhängen, die von den vier Elektronen pro Atom besetzt werden. Sie bewirken eine feste Bindung, aber keine elektrische Leitfähigkeit.

Es erscheint lohnend, die Lage der Elektronenterme in den wichtigsten Kristallgittern nicht nur durch numerische Rechnung, die ja immer grobe Vernachlässigungen und starke Vereinfachungen machen muß, sondern auch durch qualitative Schätzungen und Interpolationen von verschiedenen Ausgangspunkten her zu untersuchen. Man kann so durch Vergleich der Rechnung mit den allgemeineren aber ungenaueren qualitativen Methoden ein Urteil gewinnen, welche Züge des Rechenergebnisses wirkliche Bedeutung haben und welche nur von der besonderen Art der Annäherung hervorgerufen werden, und auch ein Urteil über die Genauigkeit der qualitativen Überlegungen. Diese Aufgabe soll hier am Diamantgitter unternommen werden.

Mit Hilfe der in diesem Artikel eingeführten Methoden konnte in der Folgezeit die elektronische Bandstruktur zahlreicher weiterer Kristallgitter aufgeklärt werden.

Die physikalisch fruchtbare Zeit in Leipzig (dort lehrte damals auch HEISENBERG) wurde unterbrochen durch die Ablehnung MROWKAS, der vom Nationalsozialistischen Regime geforderten politischen Betätigung der künftigen Hochschuldozenten nachzukommen. Er weigerte sich, dem NS-Dozentenbund beizutreten und wurde stattdessen im Jahre 1936 wissenschaftlicher Mitarbeiter am Forschungsinstitut der AEG in Berlin-Reinickendorf. Leiter dieses Instituts war damals RAMSAUER, der von dort aus u. a. den Widerstand gegen die sogenannte Deutsche Physik betrieb. Auch MROWKAS Königsberger Lehrer GANS hatte als rassisch Verfolgter eine Ausweichposition am Forschungsinstitut der AEG gefunden. Letzterer konnte sich während des Krieges nach Argentinien absetzen, wo er bereits während seiner Königsberger Zeit gewirkt hatte. In MROWKAS Berliner Zeit fallen weitere Arbeiten zur Theorie der Metalle und zur Elektronenemission. Im Jahresbericht des AEG-Forschungsinstituts von 1936/37 erscheint gemeinsam mit KOL-

B e u r t e i l u n g
über den Marine-Baurat d.Res. Dr. Bernhard M r o w k a
für die Zeit vom 28.3.1943 bis 30.1.1944.
als Assistent in der Sperrwaffenentwicklung beim Sperrversuchskommando.

1. Rangdienstalter: 1.10.1940.
2. Zeitpunkt der Übernahme der oben angegebenen Stellung: 1.10.40.
3. Bestrafungen: Keine.
4. Für welche Stellungen geeignet: Als Referent oder als wissenschaftlicher Leiter in Entwicklungsstellen.
5. Zur Beförderung geeignet: Ja.
6. Wird Stellung ausgefüllt: Ja.
7. -----
8. -----
9. Allgemeines Urteil:
   a) Mrowka versteht es, die mitgebrachten guten physikalischen und mathematischen Kenntnisse nutzbringend für die Sperrwaffe zu verwenden. Seiner Veranlagung nach wird er an Stellen, an denen die Theorie vorherrscht, die besten Ergebnisse erzielen, wird sich jedoch auch mit praktischem Versuchs- und Betriebsdienst gut abfinden können. Seine gleichbleibende ruhige Höflichkeit, sowie seine Geduld sind hervorzuheben.
   Mrowka ist gern gesehener Kamerad und besitzt gute militärische Formen.
   b) Starke Seiten: Klares logisches Denkvermögen. Anlage für mathematische Arbeiten.
   c) Schwache Seiten: Nicht hervorgetreten.
   d) Er ist überdurchschnittlich veranlagt.

Einverstanden!
Vizeadmiral und Inspekteur der Sperrwaffen.

Fregattenkapitän und Kommandeur des Sperrversuchskommandos.

Beurteilung Bernhard Mrowkas, 1944

LATH eine Übersichtsarbeit über Theorie und Technik der Elektronenemmission. MROWKA übernimmt kurz darauf auch die Aufgabe, einen zusammenfassenden Artikel zum Stark-Effekt über das Hand- und Jahrbuch der chemischen Physik (Band 10) zu schreiben.

Gleich zu Beginn des Zweiten Weltkriegs wird MROWKA zum Kriegsdienst zunächst beim Heer einberufen. Er nimmt an der Invasion im Süden Norwegens teil. Er erzählte uns später, wie er vor der Universität von Oslo habe patrouillieren müssen und keinen Studenten habe hereinlassen dürfen. Er hätte viel lieber das Gegenteil getan. Im Winter 1940 wird MROWKA vom Heer zur Kriegsmarine versetzt. Das Glück im Unglück will es, daß er zum Minensuchdienst kommt, wo er Menschenleben retten kann, anstatt sie zu vernichten. Es geht darum, die Gewässer von Magnetminen zu räumen, indem die Sperrbrecher genannten Schiffe starke Magnetfelder vor sich herschieben, die die Minen vorzeitig zur Explosion bringen sollen. Unter ständiger wechselseitiger Verbesserung der Minen und der Suchmethoden hatte sich die Statistik herausgebildet, daß im Schnitt etwa jede siebte Mine dennoch das Schiff traf. MROWKA erzählte uns später gerne, wie seine Kameraden jeweils sechs Minen völlig sorglos hochgehen ließen und erst danach auf äußerste Vorsicht umschalteten. MROWKA war, wie das abgebildete Zeugnis beweist, beim Minensuchdienst offensichtlich an die richtige Stelle geraten.

Nach dem Krieg geriet MROWKA in englische Gefangenschaft, wurde aber schon bald wissenschaftlich überhört und noch 1945 als wissenschaftliches Mitglied zum Deutschen Minenräumdienst in Kiel entlassen. Unter seiner Leitung wurde danach die Ems von Minen geräumt.

1946, in schwerer Zeit, wurde BERNHARD MROWKA Assistent von ERWIN MADELUNG am Institut für Theoretische Physik in Frankfurt am Main. Es galt, das Institut zunächst notdürftig wieder aufzubauen. Bereits 1947 erhielt MROWKA auch den Lehrauftrag zur Vertretung von MADELUNG in den Vorlesungen über Theoretische Mechanik und Elektrodynamik. Im Jahre 1948 habilitierte er mit der Arbeit »Zur Theorie anisotroper thermischer Elektronenemmission.« Nach den bis dahin entwickelten Theorien wurde die Anisotropie der thermischen Elektronenemission als reiner Oberflächeneffekt angesehen, der auf einer orientierungsabhängigen elektrischen Doppelschicht beruhen sollte. MROWKA dagegen schreibt:

> Bei dieser Behandlung wird aber offenbar ein Volumeneffekt übersehen, denn man weiß, daß sich die Elektronen im Metallinnern in einem wegen der Gitterstruktur antisotropen Potential befinden und daher ihre Bewegung anisotrop ist. Es ist zu vermuten, daß die daraus folgende anisotrope Geschwindigkeitsverteilung bei allen Arten von Elektronenemission ebenfalls zu anisotroper Emission führen kann. Dies für die thermische Elektronenemission zu untersuchen, soll das Ziel dieser Arbeit sein.

Er nimmt damit das Channeling vorweg, dem heute nicht nur bei der Elektronenemission, sondern ganz allein bei der Streuung von Teilchen an einem Kristallgitter Rechnung getragen wird. MROWKA kommt zu dem Schluß, daß der bis dahin als universell angenommene Emissionsstrom von der scheinbaren Masse der Elektronen im Energieband abhängt und daß sich die Austrittsarbeit durch Zu-

stände, die aufgrund ihrer Orientierung nicht zur Emission beitragen, um einige Zehntel Volt verschieben kann.
Im Jahre 1949 vertritt MROWKA zusätzlich in Marburg SIEGFRIED FLÜGGE während eines Amerika-Aufenthalts. Während dieser Zeit der Doppelbelastung treten die ersten Anzeichen seiner späteren schweren Krankheit auf. MROWKA ging überdies mit der ihm eigenen Sorgfalt zusammen mit MADELUNG die Neuauflage von dessen Buch »Die mathematischen Hilfsmittel des Physikers« durch und verfaßte hierbei insbesondere den Abschnitt über Störungstheorie.
Der Verfasser begann das Studium der Mathematik und Physik an der Johann Wolfgang Goethe-Universität Frankfurt am Main im Sommersemester 1951. Zum ersten Kontakt mit MROWKA kam es während der Theoretischen Mechanik mit Übungen im Sommersemester 1952, der letzten Vorlesung von MADELUNG. Die Vorlesungen wurden damals von den Dozenten noch persönlich korrigiert. Gemeinsam mit FRIEDRICH HUND, der im Wintersemester 1952/53 nach Frankfurt am Main kam, hat BERNHARD MROWKA wesentlich dazu beigetragen, daß ich vom Hauptfach Mathematik zum Hauptfach Physik, genauer zur Theoretischen Physik wechselte. Es war mir eine starke, positive Erfahrung und ich habe es nie bereut.
BERNHARD MROWKA wurde 1952 zum Diätdozenten und 1954 zum außerplanmäßigen Professor an der Johann Wolfgang Goethe-Universität Frankfurt am Main ernannt. Seine Vorlesungen umfaßten sämtliche Kursvorlesungen der Theoretischen Physik und zahlreiche Spezialvorlesungen zur Festkörperphysik und Feldtheorie. Die Zusammenarbeit mit HUND entwickelte sich wie schon zwanzig Jahre vorher in Leipzig ausgezeichnet. Die Themen ergänzten sich nahtlos, so daß eine für Diplomanden und Doktoranden äußerst fruchtbare Atmosphäre entstand (wovon der Verfasser ausgiebig profitierte). In den Jahren 1951 und 1954 entstehen zwei weitere Arbeiten MROWKAS zur Darstellung der Quantentheorie. Zitieren wir ihn selbst:

Bei den Mathematikern ist es durchaus üblich, auch schon einmal bewiesene Sätze mit neuen Methoden nochmals zu beweisen, um dabei tiefere Einsichten in die Zusammenhänge zu gewinnen oder die Didaktik zu fördern. In der Physik sollte es bei einigermaßen jungen Gebieten ebenfalls nützlich sein, ähnlich zu verfahren. Dies möge es rechtfertigen, wenn im folgenden dargestellt wird, wie eine von MADELUNG kürzlich angegebene Ableitung der SCHRÖDINGER-Gleichung sich zu einem besonders klaren und systematischen Weg zum Verständnis der komplizierten Wellengleichungen verallgemeinern läßt.
Die Aufgabe ist: Es soll eine möglichst einfache mathematische Theorie gefunden werden, die den folgenden unmittelbar aus der Erfahrung an atomaren Systemen gewonnenen Prinzipien gerecht wird, und die als Axiome am Anfang stehen:

1. *Komplementarität*, d. h. die Erfahrung, daß die gleichzeitige genaue Messung gewisser Größen prinzipiell unmöglich ist, z. B. von Ort und Impuls oder von verschiedenen Komponenten des magnetischen Moments.
2. *Materieinterferenz*, d. h. die Beobachtung von interferenzartigen Erscheinungen bei Experimenten mit materiellen atomaren Systemen.
3. *Korrespondenz*, d. h. die Erfahrung, daß die klassische Mechanik um so genauer gilt, je größer ein System ist.

Bernhard Mrowka, 1956

4. LORENTZ-*Invarianz*, d. h. man erwartet auch beim atomaren System Gesetze, die in jedem bewegten Bezugssystem gleich lauten, wenigstens bei gleichförmiger Bewegung. Die relativistische Quantenmechanik muß ferner im Grenzfall kleiner Geschwindigkeiten in die unrelativistische übergehen, analog zu den Verhältnissen in der Makromechanik.

Nach dem Ursprung und Zusammenhang dieser Prinzipien soll nicht weiter gesucht werden, sondern es soll nur eine Theorie entwickelt werden, die diesen experimentellen Erfahrungen gerecht wird und dies mit möglichst einfachen Mitteln erreicht. Die Struktur der Prinzipien gibt dann bereits den Weg zur mathematischen Form der Theorie, wie jetzt gezeigt werden soll.

Nach der Berufung von HUND nach Göttingen übernimmt MROWKA vom Wintersemester 1956/57 bis zum Sommersemester 1959 die komissarische Leitung des Instituts für Theoretische Physik in Frankfurt. Er wird in diesen Jahren zunehmend an den Rollstuhl gefesselt, was ihn jedoch nicht daran hindert, seinen Verpflichtungen in vollem Umfang nachzukommen. Die Assistenten, die ihm bei der Vorlesung behilflich sind (darunter der Verfasser), erhalten einen präzise vorbereiteten Zettel, von dem sie nur auf das richtige Stichwort die richtige Formel an die richtige Stelle der Tafel schreiben müssen. Das war Tafeldisziplin, wie sie im Buche steht. (Viewgraphs gab's damals noch nicht). Auch betreut MROWKA weiterhin zahlreiche Diplomarbeiten und Dissertationen. In den Jahren von 1952 bis 1972 werden unter seiner Anleitung insgesamt elf Diplomarbeiten und drei Dissertationen (JANOUSSIS, ZYBELL, CHUNG) angefertigt. Die Themenstellungen umfassen wiederholt die Strahlungsfelder verschiedener Antennenformen (PATALONG 1952, WENDE 1953), die Strahlung von Elektronen (SCHNEIDER 1953), Beiträge zur Theorie der Festkörperelektronen und zur magnetischen Widerstandsänderung (JANOUSSIS 1958, 1962, BENDA 1966, CHUNG 1972), Untersuchungen zur Neutronenstreuung (CHUNG 1962, ERB 1966), zur Bindung des Wasserstoffmoleküls (VON TRZEBIATOWSKI 1965), zur Theorie des gedämpften harmonischen Oszillators (ROTH 1964) und zum relativistischen Hamiltonoperator (ZYBELL 1967).

Bereits kurz nach Kriegsbeginn im Jahre 1940 heiratete BERNHARD MROWKA seine Frau MONIKA, geb. BERGIUS. Ihnen wurden zwei Kinder, MICHAEL und LISETTE geboren. Seine liebe Frau MONIKA umsorgte ihn nach Auftreten seiner Krankheit stets aufopfernd aus dem Hintergrund. Im MROWKAschen Haus im Kettenhofweg fanden regelmäßig gastliche Zusammenkünfte statt. Der Verfasser und seine Frau erinnern sich gerne an mehrere Adventskaffees, bei denen lebhaft nicht nur über Physik, sondern auch über Literatur und anderes diskutiert wurde.

Im Jahre 1966 wurde MROWKA wissenschaftlicher Rat und Professor an der Johann Wolfgang Goethe-Universität Frankfurt am Main. Er kämpfte weiterhin mit unermüdlicher Energie gegen seine schwere Krankheit und verließ uns am 5. März 1973 wenige Monate nach Erreichung seines wohlverdienten Ruhestandes Ende September 1972.

Wolfgang Gleißberg

1903–1986

von
Wilhelm H. Kegel
Frankfurt am Main

1. Die frühen Jahre (1903–1933)

WOLFGANG GLEISSBERG wurde am 26. 12. 1903 in Breslau geboren. Nach dem Abitur im Jahre 1922 studierte er zunächst in Berlin und dann ab dem Sommersemester 1923 in Breslau Mathematik, Astronomie und Physik, mit besonderem Engagement sowohl in der Astronomie als auch in der Mathematik. 1926 wurde er Assistent am Mathematischen Seminar, das damals unter der Leitung von ADOLF KNESER und HANS RADEMACHER stand. (KNESER leitete 1925/26 vertretungsweise auch die Breslauer Sternwarte [1], bis diese dann im Herbst 1926 von ERICH SCHÖNBERG übernommen wurde [2].) Im Sommer 1927 wechselte GLEISSBERG auf eine Assistentenstelle der Sternwarte über, die er bis 1933 innehatte. Seine Dissertation *»Die Bewegung einer rollenden Kreisscheibe als Problem der Variationsrechnung«*, mit der er 1930 zum Dr. phil promoviert wurde, stammte aber aus dem Bereich der Mathematik. In dieser Zeit entstand auch noch eine weitere rein mathematische Arbeit aus dem Gebiet der Zahlentheorie [3].

In den ersten Jahren an der Sternwarte beschäftigte sich GLEISSBERG hauptsächlich mit Problemen der klassischen Astronomie. Er beteiligte sich an größeren Beobachtungsprogrammen, vor allem an astrometrischen Messungen und deren Auswertungen. Hier sind insbesondere Beobachtungen von Sternbedeckungen durch den Mond zu nennen, die eine sehr genaue Bestimmung der Mondbahn erlauben [4].

Später begann er, sich für mehr astrophysikalische Fragestellungen zu interessieren. In einer Arbeit aus dem Jahre 1931 [5] beschäftigt er sich mit der Masse-Leuchtkraft-Relation für homologe Sterne. A. S. EDDINGTON hatte für sein Standardmodell unter der vereinfachenden Annahme, daß das Verhältnis Gas- zu Gesamtdruck in einem Stern konstant ist, eine Masse-Leuchtkraft-Relation abgeleitet. H. VOGT hat dann für homolog aufgebaute Sterne gezeigt, daß diese einschränkende Annahme für die Gültigkeit der EDDINGTON'schen M-L-Relation nicht notwendig ist. GLEISSBERG hat im Anschluß an die Untersuchungen von VOGT notwendige und hinreichende Bedingungen angegeben und gezeigt, daß sich nur in einem Spezialfall eine Modifizierung der EDDINGTON'schen Beziehung ergibt.

Weiterhin hat er sich in mehreren Arbeiten mit dem Problem der interstellaren Verfärbung der Sterne beschäftigt. Ausgehend von einer Arbeit von SCHÖNBERG glaubte er, zeigen zu können, daß die interstellare Verfärbung auf RAYLEIGH-

Streuung beruht, d. h. daß der interstellare Absorptionskoeffizient proportional zu λ^{-4} ist [6]. (Heute wissen wir auf Grund sehr viel detaillierterer Beobachtungen, daß die interstellare Extinktion im sichtbaren Spektralbereich in etwa proportional zu λ^{-1} ist.)
Die politischen Ereignisse des Jahres 1933 führten zu einem tiefen Einschnitt im Leben WOLFGANG GLEISSBERGS und insbesondere auch in seiner wissenschaftlichen Laufbahn. Da er einen jüdischen Großvater hatte, wurde er im Sommer 1933 vom Ministerium seines Amtes enthoben [7]. Er konnte aber noch bis Ende des Jahres an der Sternwarte arbeiten. In offensichtlich richtiger Einschätzung der politischen Situation hat er sich daraufhin entschlossen, Deutschland zu verlassen.

2. Die Jahre im türkischen Exil (1933–1958)

An der 1933 neu gegründeten (d. h. grundlegend reformierten) Universität in Istanbul fand GLEISSBERG eine neue Wirkungsstätte. Er wurde dort 1934 Mitarbeiter am Institut für Astronomie. Leiter des Instituts war ERWIN FINDLAY FREUNDLICH, der Deutschland ebenfalls hatte verlassen müssen. (Bis 1933 war er der Leiter des von ihm 1920 gegründeten EINSTEIN-Instituts in Potsdam gewesen [8]).
In das Jahr 1934 fällt auch GLEISSBERGS Heirat mit CHARLOTTE MICHAEL, die ihm aus Breslau ins türkische Exil gefolgt war. Aus dieser Ehe ging eine Tochter hervor.
Die moderne Entwicklung der Wissenschaften in Europa war bis zu Beginn dieses Jahrhunderts an der Türkei weitgehend vorübergegangen. Erst als das Land sich unter ATATÜRK (d. h. ab 1923) nach Westen zu öffnen begann, wurde auch versucht, den Anschluß auf wissenschaftlichem Gebiet zu erreichen. In diesem Zusammenhang wurde die Universität Istanbul 1933 grundlegend reformiert, was einer Neugründung praktisch gleich kam. Die in Deutschland 1933 einsetzende politische Verfolgung ermöglichte es, für die neue Universität in Istanbul eine größere Zahl deutscher Gelehrter zu gewinnen. So waren bei der Wiedereröffnung der Universität im Herbst 1933 von den 87 Professoren etwa 30 Deutsche [8]. Die Zahl wuchs später bis auf knapp 100 an [8, 9]. (Von den 1933 nach Istanbul berufenen Professoren kamen 8 allein aus Frankfurt am Main [8].)
Vor FREUNDLICH und GLEISSBERG stand eine enorme Aufbauarbeit. Eine Astronomie in modernem Sinne gab es zu der Zeit in der Türkei nicht. Das bedeutete, sie mußten das Fach Astronomie nicht nur in Forschung und Lehre vertreten, sondern es in der Türkei überhaupt erst heimisch machen. Als erstes mußten die materiellen Voraussetzungen geschaffen werden, d. h. es mußte ein Institutsgebäude erstellt, Instrumente angeschafft und eine Bibliothek aufgebaut werden. Dazu kamen die sprachlichen Schwierigkeiten. All diese Probleme sah der junge

GLEISSBERG offensichtlich als eine große Herausforderung an, der er sich mit großem Engagement stellte.
Er bemühte sich gleich zu Anfang intensiv darum, die türkische Sprache zu lernen und war schon nach zehn Monaten in der Lage, seine Vorlesungen auf Türkisch zu halten. Ein weiteres sprachliches Problem lag darin, daß die türkische Sprache über keine astronomischen Fachausdrücke verfügte. In Zusammenarbeit mit türkischen Kolleginnen und Kollegen wählte GLEISSBERG aus dem türkischen Sprachschatz geeignete Wörter für die fehlenden Fachausdrücke. In einigen Fällen bildete er auch neue Wörter aus türkischen Wortstämmen. In der türkischen Fachliteratur haben sich diese Fachausdrücke inzwischen weitgehend eingebürgert [9]. (GLEISSBERG gehörte auch, als einziger Ausländer, einer Sprachkommission an, deren Aufgabe es u. a. war, arabische Fachausdrücke durch türkische Wörter zu ersetzen.)
Es gab natürlich auch kein Astronomielehrbuch in türkischer Sprache. FREUNDLICH und GLEISSBERG schrieben daher ein Lehrbuch, das in Zusammenarbeit mit dem späteren Physikprofessor FAHIR YENICAY ins Türkische übersetzt wurde [10].
Kurz nach der Fertigstellung der neuen Sternwarte nahm FREUNDLICH 1937 einen Ruf an die deutsche Universität in Prag an. Als sein Nachfolger kam HANS ROSENBERG nach Istanbul. (ROSENBERG war bis 1934 o. Professor für Astronomie an der Universität Kiel und danach Gastprofessor an der University of Chicago gewesen [11].) Nach ROSENBERGS plötzlichem Tod im Jahre 1940 übernahm 1942 der englische Astronom THOMAS ROYDS für fünf Jahre die Leitung der Sternwarte. Wegen der häufigen Wechsel in der Leitung entstand im wesentlichen nur durch GLEISSBERG eine gewisse Kontinuität in der wissenschaftlichen Arbeit. Im Jahre 1948 wurde GLEISSBERG zum Professor und gleichzeitig zum Direktor der Sternwarte ernannt. Diese Funktion hatte er bis zu seiner Rückkehr nach Deutschland im Jahre 1958 inne. Damit ist GLEISSBERG neben dem Chemiker FRIEDRICH BREUSCH der einzige unter den nicht-habilitierten deutschen Emigranten, dem ein berufliches Weiterkommen in der Türkei ermöglicht wurde [8]. Im Jahre 1954 wurde er dann zum o. Professor ernannt. – Neben seinen Verpflichtungen in Istanbul hat er im Sommersemester 1953 auch noch Vorlesungen in Ankara gehalten.
Die Heranbildung wissenschaftlichen Nachwuchses war für GLEISSBERG ein ganz wesentlicher Aspekt seiner Tätigkeit in Istanbul. Als er 1958 nach Deutschland zurückkehrte, war es für ihn eine große Befriedigung, feststellen zu können, daß die wissenschaftliche Arbeit an der Istanbuler Sternwarte jetzt ohne ausländische Hilfe weitergeführt werden konnte [9].
GLEISSBERGS Engagement für den Aufbau der Astronomie in Istanbul fand auf türkischer Seite große Anerkennung. Das kam u. a. in der Verleihung der Ehrendoktorwürde der Universität Istanbul im Jahre 1981 zum Ausdruck.
GLEISSBERGS wissenschaftliche Arbeiten in Istanbul schlossen sich zunächst an die seiner Breslauer Zeit an. In den Jahren 1935–38 erschienen einige Publikationen zur Frage der interstellaren Verfärbung. Im Gegensatz zum Zeitpunkt seiner früheren Untersuchungen lagen inzwischen für eine größere Zahl von Sternen

Farbmessungen bei verschiedenen Wellenlängen vor, so daß GLEISSBERG individuelle Extinktionskurven konstruieren konnte.[1] Es zeigte sich, daß die interstellare Extinktion näherungsweise umgekehrt proportional zur Wellenlänge ist. Damit war die frühere Hypothese, daß es sich um RAYLEIGH-Streuung handelt, widerlegt. Im Anschluß an Arbeiten von SCHALÉN interpretierte er die interstellare Verfärbung als Folge von Absorption durch kleine Eisenpartikel mit Durchmessern im Bereich 0.02 bis 0.1 µm. Diese Interpretation erlaubte es, unter Zugrundelegung der MIE'schen Theorie aus dem Farbexzeß auf die absolute Extinktion zu schließen [12]. (Die Kenntnis der absoluten Extinktion ist notwendig, um bei verfärbten Sternen aus einem Vergleich von scheinbarer und absoluter Helligkeit die Entfernung bestimmen zu können.)

Daneben galt sein Interesse Fragen des inneren Aufbaus der Sterne. Er hat eine Reihe mathematischer Sätze bewiesen, die bestimmte, aus den Zustandsgrößen gebildete, Funktionen betreffen. So hat er z. B. zeigen können, daß die Bedingung des hydrostatischen und Strahlungsgleichgewichts äquivalent mit der Forderung ist, daß ein bestimmtes Integral sein Minimum annimmt [13]. Weiterhin zeigte er, daß bestimmte Funktionen monoton mit dem Radius zunehmen, während andere, ganz ähnlich konstruierte Funktionen monoton abnehmen [14]. Derartige Sätze, die es erlauben, den Verlauf der Zustandsgrößen mit dem Radius zumindest qualitativ abzuschätzen, waren damals von erheblicher Bedeutung, da die numerische Integration der Aufbaugleichungen nicht so einfach durchzuführen war wie heute. Ähnliche Sätze wurden auch von E. A. MILNE und von S. CHANDRASEKHAR abgeleitet.

Nachdem der Aufbau der Sternwarte abgeschlossen war und systematische Beobachtungsprogramme durchgeführt werden konnten, publizierte GLEISSBERG in den Jahren 1939–1944 eine ganze Reihe von Beobachtungsarbeiten aus dem Gebiet der Positionsastronomie mit Schwerpunkt auf der Beobachtung von kleinen Planeten (Asteroiden) und Kometen.

Ein von GLEISSBERG in der Türkei neu aufgegriffenes Arbeitsgebiet, das ihn bis zum Ende seines Lebens beschäftigt hat, war die Sonnenaktivität. Hier galt sein besonderes Interesse der Frage nach der zeitlichen Variation der Fleckenhäufigkeit. Er war der erste, der nachgewiesen hat, daß dem bekannten 11- bzw. 22jährigen Zyklus ein 80jähriger überlagert ist. Er versuchte – wie auch andere Autoren – darüber hinaus weitere, kürzere und längere, Periodizitäten nachzuweisen (s. z. B. [15]). Das Hauptproblem bei derartigen Untersuchungen liegt in dem beschränkten Datenmaterial, das zur Verfügung steht. Dies gilt insbesondere für den Nachweis sehr langer Perioden [16]. Auf Grund seiner Ergebnisse versuchte GLEISSBERG dann, längerfristige Vorhersagen der Fleckenhäufigkeit und damit allgemein der Sonnenaktivität zu machen (s. z. B. [17, 18, 19]). Da die Sonnenak-

1 In der Astronomie bezeichnet man als »Farbe« eines Sterns den Logarithmus des Verhältnisses der Intensitäten in zwei verschiedenen Wellenlängenbereichen. Vergleicht man die Farbe eines entfernten Sterns mit der eines nahen, unverfärbten Sterns des gleichen Spektraltyps, so erhält man den Farbexzess, der auf der wellenlängenabhängigen Extinktion im interstellaren Medium beruht.

Wolfgang Gleißberg, 1970

tivität einen großen Einfluß auf den Sonnenwind und auch auf die Ionosphäre der Erde hat, haben solche Vorhersagen auch Bedeutung für die Planung von Raumfahrtunternehmungen sowie für den Funkverkehr auf der Erde. Eine erste Arbeit aus diesem Themenkreis [20], der eine große Zahl weiterer Untersuchungen folgte, erschien im Jahre 1937. Einen Überblick gibt die Monographie *Die Häufigkeit der Sonnenflecken* aus dem Jahr 1952 [18].

3. Die Rückkehr nach Deutschland und die Jahre in Frankfurt (1958–1986)

Im April 1947 erhielt GLEISSBERG den Ruf auf eine Professur für Astronomie an der Mathematisch-Naturwissenschaftlichen Fakultät der Universität Berlin. Zu

diesem Zeitpunkt konnte er sich aber noch nicht entschließen, nach Deutschland zurückzukehren.
Der spätere Kontakt nach Frankfurt am Main, wo GLEISSBERG ab 1958 eine neue Wirkungsstätte fand, ergab sich über WILLY HARTNER, der sich nach 1952 mehrere Male zu Studienzwecken in Istanbul aufhielt.
Nachdem im Jahre 1935 der alte BRENDEL'sche Lehrstuhl (s. den Beitrag über BRENDEL in diesem Band) gestrichen worden war, wurde das Fach Astronomie an der Universität Frankfurt nur noch im Rahmen eines Lehrauftrages bis 1942 vertreten. Nach dem Krieg bemühte sich die Naturwissenschaftliche Fakultät, und hier insbesondere W. HARTNER, der Direktor des Instituts für Geschichte der Naturwissenschaften, darum, das Fach Astronomie wieder in das Lehrprogramm aufzunehmen. Zwar war das Universtitätsinstitut Sternwarte 1936 etatmäßig gestrichen worden, aber die wertvolle Bibliothek und einige Instrumente waren noch vorhanden und konnten als Grundstock für einen neuen Anfang dienen. Dem Versuch der Naturwissenschaftlichen Fakultät im Jahre 1946, den ehemaligen BRENDEL'schen Lehrstuhl wieder einzurichten, war kein Erfolg beschieden. Dagegen wurde ein Antrag, dem Astronomen KARL SCHILLER einen Lehrauftrag zu erteilen, genehmigt. SCHILLER war bis Juni 1945 an der Sternwarte in Leipzig tätig gewesen. Als die Amerikaner sich aus Thüringen zurückzogen, ging er in den Westen. Er wohnte dann in der Nähe von Frankfurt am Main und suchte nach einer astronomischen Betätigung. In Frankfurt am Main hat er sich sehr für den Wiederaufbau der Astronomie engagiert. Im Sommer 1947 hat WILLY HARTNER das Kuratorium der Johann Wolfgang Goethe-Universität gebeten, ihn von der kommissarischen Leitung der Sternwarte zu entbinden und diese K. SCHILLER zu übertragen. Dieser hat die Sternwarte (später – wohl zur Abgrenzung von der Volkssternwarte des Physikalischen Vereins – Astronomisches Institut genannt) bis 1960 ehrenamtlich geleitet. Daß dies nur als provisorische Lösung anzusehen war, ergibt sich allein schon daraus, daß SCHILLER, als er die Leitung übernahm, bereits 65 Jahre alt war. Ab 1954 wurde SCHILLER in seiner Lehrtätigkeit von WERNER LOHMANN vom Astronomischen Recheninstitut in Heidelberg unterstützt, der ebenfalls einen Lehrauftrag erhielt.
In der Situation, daß einerseits die Fakultät das Fach Astronomie im Lehrplan erhalten wollte, andererseits hierfür keine Professur zur Verfügung stand, war es als glücklicher Umstand zu betrachten, daß GLEISSBERG, als er sich 1957 entschlossen hatte, nach Deutschland zurückzukehren, den Wunsch äußerte, sich in Frankfurt an der Universität zu betätigen. Da er auf Grund der Wiedergutmachungsregelungen ein Gehalt aus Bundesmitteln erhielt, konnte seine Mitarbeit ohne Schaffung einer neuen Stelle gewonnen werden.
Zum Sommersemester 1958 erhielt GLEISSBERG in Frankfurt einen Lehrauftrag für Astronomie. Noch im selben Jahr wurde er zum Honorarprofessor ernannt. Zum 1. Juni 1960 übernahm er von K. SCHILLER, der zu diesem Zeitpunkt 78 Jahre alt war, die Leitung des Astronomischen Instituts.
Neben seiner Tätigkeit in Frankfurt hielt GLEISSBERG auf die Bitte von E. F. FREUNDLICH hin (der nach dem Krieg in Mainz lehrte) in den Jahren 1959 bis

1962 auch noch Vorlesungen in Mainz. – Für das Sommersemester 1965 und das Wintersemester 1965/66 ließ er sich von seinen Verpflichtungen in Frankfurt beurlauben, um eine Lehrstuhlvertretung an der Universität Ankara zu übernehmen. – Schließlich ist zu erwähnen, daß er sich sehr aktiv an dem Vortragsprogramm des Physikalischen Vereins beteiligte.

Die wissenschaftliche Arbeit am Astronomischen Institut litt stark unter dem Mangel an Stellen. Als GLEISSBERG 1958 nach Frankfurt kam, gab es keine etatisierte Stelle. Das Institut erhielt 1961 zwei Stellen für wissenschaftliche Hilfskräfte [21], denen 1963 eine halbe Stelle für eine Sekretärin folgte [27] , erst 1971 wurde dem Institut eine Stelle für einen wissenschaftlichen Mitarbeiter zugewiesen [23]. GLEISSBERGS Bemühungen um die Wiedereinrichtung des ehemaligen BRENDEL'schen Lehrstuhls blieben jedoch ohne Erfolg [22, 24, 25], so daß das weitere Schicksal des Instituts unklar war, als er 1977 aus Alters- und Gesundheitsgründen [26] die Leitung des Astronomischen Instituts niederlegte und auch seinen Lehrauftrag nicht mehr wahrnehmen konnte.

GLEISSBERGS wissenschaftliches Interesse richtete sich in seinen Frankfurter Jahren weiterhin hauptsächlich auf Fragen der Sonnenaktivität und hier insbesondere auf die zeitliche Variation der Häufigkeit der Sonnenflecken und ihre Vorhersagbarkeit sowie solar-terrestrische Beziehungen. Auf dem letztgenannten Teilgebiet entstand eine Zusammenarbeit mit dem Institut für Geophysik.

Daneben beschäftigte er sich aber auch mit z. T. recht anders gearteten Fragestellungen. So erschien 1968 eine Arbeit aus dem Gebiet der Archäoastronomie, in der er (zusammen mit HANS WALTENBERG) der Ausrichtung des archaischen und des hellenistischen Tempels in Didyma (Türkei) eine astronomische Deutung gab [27].

Nach seinem Ausscheiden aus dem Astronomischen Institut verfolgte GLEISSBERG weiterhin mit regem Interesse den Fortgang der Sonnenforschung und korrespondierte mit Kollegen im In- und Ausland. Am 23. August 1986 starb er in seinem Haus in Oberursel-Oberstedten.

Es ist ganz wesentlich dem von WOLFGANG GLEISSBERG bis ins hohe Alter gezeigten persönlichen Engagement für die Astronomie – ebenso wie dem von KARL SCHILLER – zu verdanken, daß dieses Fach nach dem Krieg an der Johann Wolfgang Goethe-Universität wieder Fuß fassen konnte.

Quellennachweis

a) Zitierte Literatur

[1] Vierteljahresschrift der Astron. Ges. 61 (1926) 103.
[2] Vierteljahresschrift der Astron. Ges. 62 (1927) 66.
[3] Gleißberg, W.: Math. Z. 28 (1928) 372.
[4] Vierteljahresschrift der Astron. Ges. 63 (1928) 140; 64 (1929) 178.
[5] Gleißberg, W.: Astron. Nachr. 243 (1931) 307.
[6] Gleißberg, W.: Astron. Nachr. 246 (1932) 329; 248 (1933) 317; 249 (1933) 373.

[7] Vierteljahresschrift der Astron. Ges. 69 (1934) 264.
[8] Widmann, H.: *Exil und Bildungshilfe*, Verlag P. Lang 1973.
[9] Gleißberg, W.: Sterne und Weltraum 6 (1967) 275.
[10] Freundlich, E. F., Gleissberg, W.: *Astronomi* (türkisch) Istanbul 1937.
[11] Schmidt-Schönbeck, C.: *300 Jahre Physik und Astronomie an der Kieler Universität*, Verlag F. Hirt, Kiel, 1965.
[12] Gleißberg, W.: Zs. f. Astrophys. 13 (1937) 255.
[13] Gleißberg, W.: Monthly Notices R.A.S. 98 (1937) 164.
[14] Gleißberg, W.: Astron. Nachr. 267 (1938) 121.
[15] Gleißberg, W.: Zs. f. Astrophys. 55 (1962) 153.
[16] Berry, P. A. M.: Vistas in Astron. 30 (1987) 97.
[17] Gleißberg, W.: Astrophys. J. 110 (1949) 90.
[18] Gleißberg, W.: *Die Häufigkeit der Sonnenflecken*, Akademie-Verlag, Berlin 1952.
[19] Gleißberg, W.: Sterne und Weltraum 10 (1971) 95.
[20] Gleißberg, W.: Astron. Nachr. 263 (1937) 13.
[21] Mitteil. der Astron. Ges. 15 (1962) 37.
[22] Mitteil. der Astron. Ges. 17 (1964) 148.
[23] Mitteil. der Astron. Ges. 31 (1972) 278.
[24] Mitteil. der Astron. Ges. 16 (1963) 100.
[25] Mitteil. der Astron. Ges. 41 (1977) 78.
[26] Mitteil. der Astron. Ges. 44 (1978) 79.
[27] Waltenberg, H., Gleißberg, W.: Sterne und Weltraum 7 (1968) 217.

b) *Weitere Quellen*

Frau C. Gleißberg verdanke ich viele wertvolle Hinweise. Sie stellte auch das hier veröffentlichte Foto ihres Mannes zur Verfügung.

Rainer Bass
1930–1981

von
Klaus Bethge und Klaus Stelzer
Frankfurt am Main

REINER BASS wurde in Stuttgart am 30. Juli 1930 als zweites Kind des Ehepaares Dr. Ing. ALFRED BASS und seiner Frau GERTRUD geboren. Er wuchs in Stuttgart auf und besuchte das dortige Eberhard-Ludwigs-Gymnasium, an dem er 1948 die Abiturprüfung bestand. Seinen Neigungen zu den Naturwissenschaften entsprechend, begann er an der Technischen Hochschule in Stuttgart das Studium der Physik, das er bei KNESER 1954 mit einer Arbeit über »Elastische Eigenschaften von Eiskristallen« mit dem Prädikat »Mit Auszeichnung« abschloß. In den folgenden Jahren beschäftigte er sich bevorzugt mit Fragen aus der Festkörperphysik.

Zur Erweiterung seiner Ausbildung ging er nach England an das Imperial College der University of London zu LAMB und untersuchte bei ihm molekulare Relaxationsprozesse. Mit Untersuchungen über den Zusammenhang zwischen »Ultraschallabsorption und Schwingungswärme verflüssigter Gase« erwarb er 1958 den Doktorgrad Ph. D. der Fakultät für Ingenieurwesen der Universtität London und das Diploma of the Imperial College.

Zurückgekehrt nach Stuttgart beschäftigte er sich in den anschließenden Monaten mit dem Abschluß einer weiteren Dissertation »Theorie der mechanischen Relaxation des Eises«, die auch in seinen Londoner Jahren entstanden war und mit der er im Mai 1958 bei DEHLINGER in Stuttgart zum Dr. rer. nat. (mit Auszeichnung) promoviert wurde. Zwei Promotionen in einem Jahr zeigen die Begabung von REINER BASS, exzellente experimentelle Arbeit mit profundem theoretischen Können zu verbinden sowie seine außerordentliche Arbeitskonzentration.

SCHOPPER konnte im Frühjahr 1958 BASS als Wissenschaftlichen Mitarbeiter für das neu gegründete Institut für Kernphysik in Frankfurt gewinnen; zunächst mit einer Beurlaubung für 1 ½ Jahre als Research Associate an die Rice-Universität in Houston (Texas). Sorgfältig planend, wie es seiner Wesensart entsprach, hat sich BASS bei BONNER mit der Meßtechnik und mit Fragestellungen der damaligen Kernphysik, insbesondere der Physik mit schnellen Neutronen, vertraut gemacht. Vor seiner Rückkehr aus Houston im April 1960 schreibt er an SCHOPPER: »Ich würde jetzt gerne, unserer Vereinbarung entsprechend, eine Assistentenstelle an Ihrem Institut übernehmen. Ich lege dabei Wert auf die Möglichkeit späterer Habilitation – entsprechende wissenschaftliche Leistung vorausgesetzt –.« Eine klare Bedingung, die voll erfüllt wurde.

Auf ihn aufmerksam gemacht wurde SCHOPPER durch seinen Freund, den damaligen Stuttgarter Assistenten, SASCHA MAGUN. Im sogenannten »Eisverein«, einer von MAGUN betreuten Gruppe von Diplomanden im Institut von HANS-OTTO KNESER, dem Nachfolger ERICH REGENERS. Einmal traf SCHOPPER dort mit BASS zusammen, als er mit MAGUN aus dem Eiskeller, einem großen Kühlraum, kam. Hier wurden auf einer Drehbank aus großen, teils natürlichen Eiskristallblöcken – am Morteratsch-Gletscher im Engadin war Gletscher-Eis entnommen worden – Eiszylinder herausgedreht, an denen Schwingungs- und Dämpfungseigenschaften gemessen wurden. Auf die Frage, wie ihm diese Untersuchungen gefielen, lautete die überraschend knappe, klare Antwort: »Die Atmosphäre, in der ich Physik treibe, ist sehr anregend; die Temperatur unfreundlich niedrig.« Schon diese Antwort war sehr charakteristisch, wie uns erst später bewußt wurde.

Kernphysikalische Untersuchungen mit schnellen Neutronen boten sich als Forschungskonzept für das Frankfurter Institut an, da seine Teilchenbeschleuniger – eine 1MV-Kaskade und ein inzwischen installierter 6 MV-Van de Graaff-Beschleuniger – einen großen Energiebereich der Neutronen bis 14 MeV mit wenigen Lücken zu überdecken gestatten, einen Energiebereich, der durch den 50 kW Forschungsreaktor im Institut bis in das Gebiet thermischer Neutronen erweitert wurde.

BASS hatte in den USA begonnen, Kernreaktionen mit schnellen Neutronen zu untersuchen; sie waren auch Gegenstand der anschließenden Forschungsarbeiten in den folgenden Jahren in Frankfurt am Main. Seine Aktivitäten trugen wesentlich dazu bei, daß seit Inbetriebnahme des 6 MV-Van de Graaff Beschleunigers international anerkannte Arbeiten im Institut für Kernphysik entstanden. Diese Untersuchungen galten der Aufklärung des Mechanismus der Compoundkernreaktionen und der Struktur der über (n,p) und (n,α)-Reaktionen erzeugten Nuklide der s,d-Schale im Massenbereich A = 20-40, von Zuständen, die im Schalenmodell der Kerne beschrieben werden können, die aber schon mit der Anregung kollektiver Freiheitsgrade gemischt sind.

Hierzu hat BASS eine neue weitanerkannte experimentelle Untersuchungsmethode eingeführt, bei der die zu untersuchenden Nuklide in die Szintillatorsubstanz des Detektors direkt eingebaut sind und neben der Spektroskopie der bei der Reaktion emittierten geladenen Teilchen auch die sekundäre Gamma-Strahlung mit hoher Energieauflösung gemessen wird. Die Ergebnisse seiner Arbeiten wurden in zahlreichen Publikationen veröffentlicht, an denen auch stets die von ihm betreuten Doktoranden und Diplomanden teil hatten. Er hat die Ergebnisse dieser Arbeiten zusammenfassend in seiner Habilitationsschrift 1966 dargestellt.

Im Mai 1966 heiratete er seine Schülerin Dr. FATMA M. SALEH, deren Dissertation die Untersuchung von (n,pγ) und (n,α,γ) Reaktionen zum Gegenstand hatte. Diese familiäre Bindung führte ihn häufiger nach Ägypten, dessen Kunst und Geschichte bald zu seinen besonderen Interessen außerhalb der Physik wurde.

Auch hier erinnert sich Herr SCHOPPER: BASS war 1965 für einige Wochen einer Einladung an ein Forschungsinstitut in Cairo gefolgt, an dem Frau SALEH nach Abschluß ihrer Dissertation arbeitete. Einige Monate nach seiner Rückkehr

(1966) lud er meine Frau und mich für den Abend zu sich ein: »Er habe geheiratet und möchte uns seine Frau präsentieren.« Wir wurden dort von FATMA SALEH begrüßt! Auf unsere überraschten Gesichter reagierte BASS mit der trockenen Bemerkung: »Ich habe es letzte Woche auch erst durch ein Telegramm von ›Frau BASS‹, kurz vor ihrer Ankunft in Frankfurt erfahren.« (Das Telegramm, das ihn mit der Unterschrift FATMA BASS über die Änderung seines Zivilstatus durch erfolgreich abgeschlossene Ferntrauung und über die Ankunft seiner Frau in Frankfurt am Main informierte, hatte er bei der Rückkehr von einem Vortrag in Zürich eine Stunde vor der Ankunft der Lufthansa-Maschine aus Cairo, zu Hause vorgefunden.)

Da die Beschleuniger primär geladene Teilchen liefern, lag es nahe, auch Reaktionen mit geladenen Projektilen zu untersuchen, bei denen mit verschiedenen Teilchen gezielt Zustände im gleichen Endkern angeregt werden. Speziell interessierte ihn der Zwei-Nukleon-Transfer vom Typ (^{3}He,p) und (^{3}He,n), dessen Stärke Aufschlüsse über Paarungs-Vibrationen in den Kernen liefert.

Mit großem intuitiven Geschick hat er Aspekte zur apparativen Entwicklung der Spektroskopie der bei den Reaktionen emittierten Gamma-Strahlung bearbeitet. Speziell die Messung von Teilchen-Gamma-Korrelationen sowie von Lebensdauern angeregter Kernzustände über die Doppler-Verschiebungsmethode (DSAM) wurden weiterentwickelt, Methoden, die auch anderen Arbeitsgruppen des Instituts zugute kamen. Besonders zu erwähnen ist hier die Entwicklung eines symmetrischen Vierkristall-Compton-Polarimeters, mit dem die Linearpolarisation und damit die Parität der Gamma-Strahlung mit hoher Effizienz gemessen werden kann. Dieses Gerät erlaubt es, in Verbindung mit einer Messung von Gamma-Winkelverteilungen, kernspektroskopische Parameter unabhängig von Modellannahmen zu bestimmen.

Die seit 1969 im Aufbau befindliche Forschungsanlage der Gesellschaft für Schwerionenforschung (GSI) in Darmstadt zog auch BASS in seinen Bann. Er wandte sich dem neuen Gebiet, dem der Physik mit schweren Ionen, zu. In Vorlesungen der Jahre 1970/71, die von den an dem neuen Arbeitsgebiet interessierten Physikern der Universitäten Darmstadt, Gießen, Marburg und Frankfurt am Main besucht wurden, gab er nach dem damaligen Stand einen vielbeachteten Überblick über die mit schweren Ionen möglichen Forschungsgebiete. Das akademische Jahr 1971/72 verbrachte er als Gastprofessor an der Duke-University in Durham N.C.

Für die vorgesehenen experimentellen Arbeiten bei der GSI waren neue Apparaturen und Meßeinrichtungen zu entwickeln. In Zusammenarbeit mit der GSI und der Universität Marburg entwickelte er ein fokussierendes Flugzeitspektrometer, mit dem die Reaktionsprodukte von Schwerionenreaktionen mit sehr guter Massen-, Ladungs-, und Energie-Auflösung spektroskopiert werden können. Mit diesem Spektrometer wurden in den Jahren 1978 bis 1981 bei der GSI die Streuung schwerer Ionen und der Massen- und Ladungstransfer bei schweren Stoßsystemen, (^{40}Ar + ^{208}Pb), (^{208}Pb + ^{58,64}Ni) untersucht. Die Ergebnisse der Messungen ließen eine Zerlegung der Prozesse nach verschiedenen Reaktionsmechanismen

Rainer Bass, 1975

zu: elastische Streuung, quasielastischer Wenig-Nukleon-Transfer und tiefinelastische Streuung mit massivem Massen- und Ladungs-Transfer.

Es spricht für die schon bei seinen frühen Arbeiten zu erkennende Fähigkeit, Experiment und Theorie gleichzeitig zu bearbeiten, daß sich BASS parallel zu den experimentellen Entwicklungen theoretisch mit der Frage der Fusion schwerer Kerne befaßte. Diese Überlegungen führten zum »BASS-Modell«. Wesentliche Charakteristika dieses, auf klassischen Überlegungen beruhenden Modells, sind ein aus dem Tröpfchenmodell abgeleitetes, quasielastisches Zweikörperpotential und die Annahme schwacher Dissipation bei großen Abständen außerhalb des Halbdichte-Abstands der schweren Ionen des Stoßsystems. Das Modell kann Fusionswirkungsquerschnitte zuverlässig vorhersagen und auch bestimmen, von welchen Massen-Kombinationen der Stoßpartner an eine Fusion nicht mehr möglich ist. Wie aus zahlreichen Zitaten in der internationalen Literatur hervorgeht, hat sich dieses »BASS-Modell« zu einem Standard-Modell für die Berechnung von Fusions-Wirkungsquerschnitten entwickelt. Außer der Fusion bei Energien oberhalb der klassischen Coulomb-Schwelle lassen sich auch Sub-Cou-

lomb-Fusion und die elastische Streuung durch das mit dem Modell deduzierte Schwerionen-Potential universell beschreiben.
Schließlich kehrte BASS mit einigen seiner Arbeiten bei der GSI auch zu seinem alten Arbeitsgebiet, dem der Neutronenphysik, zurück. Zusammen mit der Arbeitsgruppe von KLAUS STELZER im Institut für Kernphysik hat er im Jahre 1978 damit begonnen, die Neutronenemission bei Schwerionenreaktionen zu untersuchen. Dabei standen Fragen zum Reaktionsmechanismus (Äquilibrium- oder Precompound-Emission) im Vordergrund, doch auch nach den Multiplizitäten der emittierten Strahlung und auf diejenigen der Energie- und Drehimpulsbilanz bei hohen Drehimpulsen wurden Antworten gesucht. Auf diesem Arbeitsgebiet entwickelte sich eine enge Zusammenarbeit mit Mitgliedern des Weizmann-Instituts, Rehovot, vor allem mit FRAENKEL, die ihren Niederschlag fanden in Veröffentlichungen zur Neutronenemission in schweren Stoßsystemen bei Energien kurz oberhalb der Coulombschwelle bis zu Energien weit oberhalb der Barriere (12 MeV/u).
Neben den Arbeiten bei der GSI hat BASS auch die Anwendung kernphysikalischer Methoden zur Materialanalyse, die mit den Frankfurter Beschleunigern möglich sind, gefördert und damit der heutigen Materialforschung in Frankfurt wichtige Impulse gegeben.
Charakteristisch für den Arbeitsstil von BASS war die konsequente Verfolgung eines wissenschaftlichen Konzepts, das aus sorgfältigem Studium vorhandenen Wissens entwickelt und durch adäquate, dafür geschaffene, apparative Methoden experimentell bearbeitet werden kann. Dabei geht es um spezifische Informationen und deren Vergleich mit Modellvorstellungen. Romantische und heuristische Elemente traten in seinen Überlegungen dagegen weit zurück. Ebenso klar und faktenbezogen war seine Fähigkeit, seine Ergebnisse in Wort und Schrift darzustellen. Er war ein strenger Lehrer seiner Studenten und hat ihnen nichts erlassen. 50 von ihm betreute Diplomarbeiten und 20 Dissertationen sprechen für sein Engagement als Forscher und Lehrer.
Sehr deutlich zeigt sich sein Wesenszug auch in der Entstehung seiner Monographie »Nuclear Reactions with Heavy Ions«, die 1980 im Springer-Verlag, Heidelberg erschienen und international Anerkennung gefunden hat. Aus Vorlesungen in den Jahren 1970 und 1971 entstanden, war zunächst an einen Studientext gedacht, der den an Schwerionenphysik und an der Arbeit der GSI interessierten Physikern einen Zugang zu dem in der Schwerionenphysik Bekannten bieten sollte. Das auf Vorschlag des Verlages zur ausführlichen Monographie ausgearbeitete Werk, dem Umfang nach ein Buch, das eigentlich nur in der Zusammenarbeit mehrerer Autoren geschaffen werden kann, ist im BASS'schen Sinne eine konsequente homogene Darstellung, aus einem Guß gewachsen, sorgfältig und in jedem Satz überprüft. Die damit verbundene Arbeitslast, die Belastung durch gleichzeitige Lehrtätigkeit und die Ausbildung von jungen Physikern in Diplom- und Doktorarbeiten haben seine konzentrierte und bewundernswerte Arbeitskraft bis zum Äußersten beansprucht.
Dafür fand er großes Verständnis bei seiner Familie. Beide, FATMA BASS und ihr

gemeinsamer Sohn STEFFEN ASHRAF standen ihm bei seiner Arbeit stets mit aller Hilfe zur Seite.
FATMA unterstützte auch seine Liebe für kulinarische Genüsse durch ihre bewundernswerte Kochkunst. Die Gastfreundschaft des Hauses BASS führte Kollegen und Mitarbeiter häufig zusammen.
Neben all diesem hat er seine Arbeitskraft voll und ganz dem Institut und Verpflichtungen im Fachbereich gewidmet. Dem Fachbereich Physik stand er bis zum 30. September 1981 als Dekan zur Verfügung. Seine faire und überlegte Denkweise hat in Einzelgesprächen sowie in der Diskussion in Gremien stets eine Atmosphäre sachlicher Ausgewogenheit erzeugt.
REINER BASS ist stetig seinen wissenschaftlichen Weg gegangen; er hat mit seinen Arbeiten internationales Ansehen erlangt und er hat unserer Kenntnis von der Natur Neues und Beständiges hinzugefügt.
Die Mitarbeiter des Instituts haben ihn in den 20 Jahren gemeinsamer Tätigkeit kennengelernt – als einen engagierten Forscher von hohem Verstand, von unbestechlicher Gründlichkeit und erstaunlicher Schaffenskraft, – als einen anspruchsvollen Lehrer seiner Studenten, einen Redner von bestechender Klarheit und schließlich, nicht zuletzt – als einen liebenswerten Kollegen und als einen – ein wenig in sich gekehrten – aufrechten Mann, der uns, und vor allem sich selbst, nichts schenkte.
Zwei Tage nach Beendigung der Dekanatsjahre wurde er mitten aus der Arbeit und voller neuer Pläne am 2. Oktober 1981 im Schwimmbad, in dem er sich nun häufiger wieder zur Erholung aufhalten wollte, abberufen.

Literatur

Festkörperphysik
R. Bass and I. Lamb
Ultrasonic relaxation and the vibrational specific heat of carbon dioxide, sulfur hexafluoride, nitrons oxide, cyclopropane and methyl chloride in the liquid state.
Proc. Roy. Soc. (London) A 247 (1958) 168
R. Bass
Zur Theorie der mechanischen Relaxation des Eises
Z. Physik *153* (1958) 16

Kernphysik in Frankfurt
R. Bass, U. Fanger and Fatma M. Saleh
Cross sections for the reactions ^{39}K (n,p)^{39}A and ^{39}K(n, α)^{36}Cl
Nucl. Phys. *56* (1964) 569
R. Bass
Fusion of heavy nuclei in a classical model
Nucl. Phys. *A 231* (1974) 45
R. Bass
Nuclear Reactions with Heavy Ions
Monographie (Reihe Texts and Monographs in Physics)
Springer Verlag Berlin, Heidelberg, New York 1980

R. Bass, J. Idzko, K. Stelzer, Th. Weber
Symmetrical Four-Crystal Compton Polarimeter for Gamma Rays
Nucl. Instr. Methods 128 (1975) 185–187
C. R. Gould, R. Bass, J. v. Czarnecki, V. Hartmann, K. Stelzer, R. Zitzmann, Y. Eyal
Neutron Multiplicities in Inelastic Collisions of ^{132}Xe with ^{197}Au
Z. Physik *A 294* (1980) 323
I. Tserruya, A. Breskin, R. Chechik, Z. Fraenkel, S. Wald, N. Zwang, R. Bock, M. Dakowski, A. Gobbi, H. Sann, R. Bass, G. Kreyling, R. Renfordt, K. Stelzer, U. Arlt
Preequilibrium Neutron Emission in Deep-Inelastic Collisions of ^{86}Kr on ^{166}Er at 11.9 MeV/Nucleon
Phys. Rev. *C 26* (1982) 2509
R. Sapotta, R. Bass, V. Hartmann, H. Noll, R. E. Renfordt and K. Stelzer
Mass and Charge Transfer in the Heavy Ion Reactions ^{208}Pb + ^{58}Ni and ^{208}Pb + ^{64}Ni
Phys. Rev. *C 31* (1985) 1297–1314

Heinz Bilz

1926–1986

von

Ulrich Schröder

Regensburg

»Jede Naturwissenschaft wäre wertlos, deren Behauptungen nicht in der Natur beobachtend nachgeprüft werden könnten; jede Kunst wäre wertlos, die die Menschen nicht mehr zu bewegen, ihnen den Sinn des Daseins nicht mehr zu erhellen vermöchte.« Diese Worte WERNER HEISENBERGS, die HEINZ BILZ als Schlußworte in seinem Vortrag zum 80. Geburtstag von HERMANN DÄNZER zitiert, können auch zur Charakterisierung der Arbeiten und der Vorstellungen von HEINZ BILZ herangezogen werden. HEINZ BILZ gehörte zu jenen theoretischen Physikern, die eine enge Zusammenarbeit mit den Experimentalphysikern suchen und deren Stärke die Deutung, Erklärung und auch die Anregung von Experimenten ist. Dazu kam jedoch auch in gleicher Weise die Auseinandersetzung mit den philosophischen Grundlagen seines Fachs und die Reflexion über die Auswirkungen physikalischer Erkenntnisse auf Fragen der Philosophie und der Theologie. Sein Einblick in philosophische Probleme waren ebenso wie seine Liebe zur und sein Wissen über Musik oft Ausgangspunkt anregender Gespräche für viele seiner Freunde.

HEINZ BILZ wurde am 18. Mai 1926 in Berlin geboren. Er besuchte die Volksschule und anschließend das Fichte-Realgymnasium in Berlin-Wilmersdorf bis zum Abitur im Februar 1944. Dann wurde er zum Reichsarbeitsdienst eingezogen und kam im Juli 1944 zur Kriegsmarine. Nach Kriegsende war er drei Monate in englischer Gefangenschaft in Kiel. Nachdem er ein Jahr lang als Praktikant bei der Firma BBC in Großauheim gearbeitet hatte, begann er im April 1947 sein Studium an der Johann Wolfgang Goethe-Universität Frankfurt am Main. Am 6. Mai 1954 erwarb er das Diplom mit einer Arbeit über »Materie-Erzeugung in der Feldtheorie«. Die Diplomarbeit war unter Anleitung von FRIEDRICH HUND entstanden, bei dem er auch am 23. Juli 1958 mit einer Arbeit über »Elektronenzustände in Hartstoffen« promovierte. Schon während seiner Promotion war er mit der Verwaltung einer Assistentenstelle betraut worden, nach der Promotion war HEINZ BILZ zunächst ein weiteres Jahr Assistent im Institut für theoretische Physik und wechselte dann im Herbst 1959 in das physikalische Institut als Assistent zu MARIANUS CZERNY.

Am 11. April 1961 ging HEINZ BILZ nach Freiburg. Er wurde dort Assistent bei HANS MARSCHALL, arbeitete wissenschaftlich jedoch eng mit LUDWIG GENZEL zusammen, den er aus dem Frankfurter Institut her kannte und der nach Freiburg berufen worden war. Thema der Untersuchungen war die Gitterdynamik und die Infrarot-Absorption fester Körper, ein Forschungsgebiet, das HEINZ BILZ immer wieder beschäftigt hat und zu dem er wichtige Beiträge geleistet hat. Ausgehend von Verbesserungen der Störungstheorie von BORN und HUANG begannen er und seine Mitarbeiter, die vorliegenden experimentellen Ergebnisse zu analysieren und die Theorie der Infrarot-Absorption mit dem Formalismus der GREENschen Funktion zu formulieren. Es war das Ziel dieser Untersuchungen, eine einheitliche Theorie für die dominierenden Prozesse, die bei Ionenkristallen durch die Anharmonizität des Potentials und bei kovalenten Kristallen durch nichtlineare Dipolmomente gegeben waren, zu entwickeln. Noch bevor die Ergebnisse der einzelnen Publikationen in der geplanten Habilitationsschrift zusammenhängend aufgeschrieben worden waren, kam der Ruf auf einen Lehrstuhl für theoretische Physik an der Johann Wolfgang Goethe-Universität Frankfurt am Main; am 14. Februar 1964 wurde HEINZ BILZ zum ordentlichen Professor und Direktor des Instituts für theoretische Physik ernannt.

In Frankfurt am Main wurden die Untersuchungen zur Infrarot-Absorption fortgesetzt und auf Kristalle mit Störstellen ausgedehnt. Hinzu kam, daß es seit Anfang der sechziger Jahre möglich geworden war, Phonondispersionszweige durch Streuung von Neutronen zu vermessen. Damit waren die Frequenzen der Gitterschwingungen nicht nur für den Wellenvektor $q = 0$, sondern auch in den Hauptsymmetrierichtungen der Brillouinzone experimentell bekannt, und es konnten die Vorstellungen von den Kräften zwischen den Atomen im Kristall durch das Experiment überprüft werden. Es zeigte sich bald, daß die Polarisierbarkeit der Ionen berücksichtigt werden mußte, um die gemessenen Daten erklären zu können, und daß mit dem von DICK und OVERHAUSER 1958 vorgeschlagenen Schalenmodell die experimentellen Daten gut verstanden werden konnten. Dieses Schalenmodell beschreibt die adiabatische Elektron-Ion-Wechselwirkung durch lokalisierte Ladungen und sie verknüpfende kurzreichweitige und langreichweitige Kräfte. Dadurch werden die langreichweitigen induzierten Dipolkräfte zwischen den Ionen auf einfache Weise erklärt und auf wenige physikalisch sinnvolle Parameter zurückgeführt. HEINZ BILZ griff diese Entwicklung in dreierlei Hinsicht auf. Zum einen wandten er und seine Mitarbeiter das Schalenmodell konsequent auf die Untersuchung von Kristallen mit Störstellen an. Dabei wurde auch das Störatom als polarisierbares Teilchen aufgefaßt, dessen Polarisierbarkeit natürlich von der des Wirtskristalls verschieden war. Zum anderen galt es, die Physik des Schalenmodells zu verbessern. Dazu wurden neben der Dipolanregung des einfachen Schalenmodells weitere elektronische Freiheitsgrade in die Theorie eingefügt. Der wesentliche Schritt bestand aus der Überlegung, daß bei Gitterschwingungen lokale Verformungen der elektronischen Ladungsdichte entstehen, die es modellhaft zu beschreiben galt. Hierzu wurden die möglichen Deformationen in Form von Multipolen diskutiert, so wurden die »breathing«-(Monopol-) oder die Quadrupolfreiheitsgrade eingeführt. Diese Freiheitsgrade wurden wie die Dipolanregungen adiabatisch behandelt, damit konnten ihre Wechselwirkungen auf effektive Ion-Ion-Wechselwirkungen umgerechnet werden. Drittens widmete sich HEINZ BILZ den Anharmonizitäten der Wechselwirkungen in diesen Modellen, anharmonische Anteile der Kräfte im

Schalenmodell wurden untersucht und ihr Einfluß auf die Infrarot- und Ramanspektren berechnet.
Die physikalischen Überlegungen, die diesen Vorstellungen zugrunde liegen, waren typisch für das Denken von HEINZ BILZ. Sein Bestreben war es immer, formale Entwicklungen, wie es im Rahmen der Gitterdynamik die Kraftkonstantenmodelle mit einer großen Zahl von Kraftkonstanten zwischen weit entfernten Ionen sind, durch Modelle mit physikalisch sinnvollen Wechselwirkungen zu ersetzen. Die Übereinstimmung seiner Vorstellungen mit der physikalischen Wirklichkeit hat er dabei in einem zweiten Schritt überprüft: Falls die eingeführten Deformierbarkeiten der physikalischen Realität entsprachen, mußten sie sich auch in den Ramanspektren zeigen, diese Fragen wurden in mehreren Arbeiten untersucht und positiv entschieden. Seine Vorstellungen über die Bedeutung der Modelle für die Physik hat HEINZ BILZ in der Einführung zu seinem Artikel im Handbuch der Physik so formuliert [1]: »Models can often give a qualitatively and sometimes quantitatively correct description of certain processes in terms of a few parameters. They provide, therefore, an orientation for microscopic approaches. Furthermore, the parameters of workable models often show systematic trends when classes of similar crystals are compared. From this we can derive certain »rules« or phenomenological concepts which are a familiar aspect of chemistry and physics. Because in physics one undertakes the study of increasingly complex systems, such models and rules are indispensable, even if only as temporary tools.« Die hier ausgesprochenen Gedanken werfen Licht auf die Art und Weise, wie HEINZ BILZ Probleme anging. Zunächst hat er versucht, den physikalischen Zusammenhang zu verstehen und möglichst einfach und durchsichtig zu beschreiben. Daneben hat er dann diese Ansätze als Leitlinien für eine genauere exakte Theorie benutzt, die zahlreichen Arbeiten zur mikroskopischen Theorie der Gitterdynamik geben hierüber Auskunft.
Im Wintersemester 1968/69 folgte HEINZ BILZ einer Einladung von JOSEPH L. BIRMAN und verbrachte ein Freisemester als Gastprofessor an der New York University. Direkt im Anschluß daran, zum Sommersemester 1969, nahm er einen Ruf an die Technische Universität München an. Schon 1971 wurde er an das neu gegründete Max-Planck-Institut für Festkörperforschung in Stuttgart berufen und am 1. Februar 1972 zum wissenschaftlichen Mitglied und Direktor des Instituts ernannt.
Schon in München, in gesteigertem Maße in Stuttgart, ergab sich aus der Zusammenarbeit mit den Experimentalphysikern ein intensives Studium des Ramaneffektes. Der theoretische Ansatz war wieder eine genaue Diskussion und Erweiterung des Schalenmodells, verbunden mit mikroskopischen, quantenmechanischen Überlegungen. Für die Erklärung der Ramanspektren der Erdalkalioxide war die wesentliche und neue Idee, die noch in vielfacher Hinsicht fruchtbar werden sollte, die Einführung einer intra-ionischen Anharmonizität, die sich in einem anharmonischen Teil des Schale-Kern-Wechselwirkungspotentials ausdrückte. Zur Erklärung der Ramanspektren der kovalenten Halbleiter mußte zunächst die gesamte Gitterdynamik neu diskutiert werden. Die Berechnung der

Heinz Bilz, 1984

Elektronenzustände in Halbleitern und der daraus folgenden Ladungsverteilung hatten es nahe gelegt, eine »bond charge« zwischen den Atomen zu betrachten. Diese Idee wurde von HEINZ BILZ und seinen Mitarbeitern in einer Reihe von Arbeiten zu einem gitterdynamischen Modell ausgearbeitet und dann weiter ausgebaut. Daß dieses Modell den physikalischen Sachverhalt besser als bis dahin entwickelte Modelle beschreiben konnte, zeigte sich unter anderem darin, daß zur Erklärung der Dispersionskurven nur sehr wenige (und physikalisch sinnvolle) Parameter benötigt wurden. Die weiteren Arbeiten in dieser Reihe galten dann den III-V- und II-VI-Halbleitern mit Übergangscharakter von kovalenter zur ionischen Bindung. Auch hier war es nötig, zunächst das Schalenmodell zu modifizieren (»valence-overlap shell model«); dann wurden mit diesem Modell die Ramanspektren berechnet, die ebenfalls mit dem Ansatz einer intra-ionischen Polarisierbarkeit gut beschrieben werden konnten.

Als weiterer Beitrag zur Modelltheorie der Gitterdynamik möchte ich noch die Untersuchungen zu den Phononanomalien der Übergangsmetalle hervorheben. Diese Anomalien erweckten sicher auch deshalb bei HEINZ BILZ eine große Aufmerksamkeit, weil er damit zu den Substanzen seiner Doktorarbeit zurückkehrte, wobei diesmal die Elektron-Phonon-Wechselwirkung die Brücke schlug von den in der Doktorarbeit berechneten Elektronenzuständen zu den Gitterschwingungen. Dieses Problem ging er auf mehreren Ebenen mit seinen Mitarbeitern an: zunächst durch eine Modifikation des Schalenmodells (Doppel-Schalen-Modell) und dann auf mikroskopischer Basis, wobei auch die Supraleitung dieser Materialien in die Untersuchung einbezogen wurde.
Durch alle Arbeiten seiner Arbeitsgruppe zieht sich wie ein roter Faden die Untersuchung der Anharmonizitäten. Auch die Beschäftigung mit den harmonischen Modellen der Gitterdynamik war immer zugleich Ausgangspunkt zu Überlegungen, welche Auswirkungen anharmonische Anteile der Kräfte des Modells haben würden. Als besonders fruchtbarer Gedanke erwies sich dabei die oben schon erwähnte intra-ionische Anharmonizität für die Berechnung der Ramanspektren. Die Erkenntnis, daß es insbesondere die Kristalle mit doppelt negativ geladenen Sauerstoffionen waren, bei denen die Diskussion dieser Anharmonizität gute Ergebnisse lieferte, war dann Ausgangspunkt einer systematischen Untersuchung des Sauerstoffions. So war schon länger bekannt, daß die Polarisation des Sauerstoffions ungewöhnlich war, außerdem gab die Tatsache zu denken, daß das freie Sauerstoffion nicht stabil war. Bei der systematischen Untersuchung dieser Zusammenhänge erregte es die Aufmerksamkeit von HEINZ BILZ, daß ein sehr großer Teil der Ferroelektrika Kristalle mit Sauerstoffionen sind und daß daher das Sauerstoffion für den ferroelektrischen Phasenübergang eine entscheidende Rolle spielen könnte. Dieser Gedanke führte zu einer mikroskopischen Theorie der Ferroelektrika, die sich als sehr erfolgreich erweisen sollte. Der entscheidende Ansatz ist die Einführung einer Anharmonizität 4. Ordnung neben den harmonischen Gliedern im Wechselwirkungspotential zwischen Rumpf und Schale

$$V_{cs} = \frac{1}{2} g_2 w^2 + \frac{1}{4} g_4 w^4,$$

wobei $\vec{w}$ die Koordinate für die Verschiebung der Schale gegen den Rumpf ist. Mit einer thermodynamischen Mittelung ergibt sich in quasi-harmonischer Näherung dann eine temperaturabhängige Kraftkonstante

$$g(T) = g_2 + 3g_4 \langle w^2 \rangle$$

für die Kräfte zwischen Rumpf und Schale. Bei der ferroelektrischen transversalen Mode gibt es eine Balance zwischen den kurzreichweitigen und den langreichweitigen Kräften derart, daß eine kleine Änderung von $g(T)$ bewirkt, daß die Frequenz dieser Mode Null wird und damit der Phasenübergang induziert wird. Es zeigte sich also, daß die Anharmonizität der Polarisierbarkeit den ferroelektrischen Phasenübergang auslöste und sich damit ein mikroskopischer Prozeß ergab, der auf seine Tragfähigkeit weiter untersucht werden konnte. Das geschah nicht nur in einer Reihe von Arbeiten zur Ferroelektrizität, viele der Arbeiten der letzten Jahre hingen mit Überlegungen zusammen, die ihre Wurzeln in diesem physikalischen Modell hatten. Die Diskussionen über die spezielle Rolle des Sauerstoffions warfen zusätzlich die Frage auf, ob es noch Ionen mit ähnlichen Eigenschaften geben könnte, vorgeschlagen wurde von HEINZ BILZ N^{3-}; aus diesen Überlegungen entstanden im Max-Planck-Institut die Arbeiten zum Li_3N, an denen viele Abteilungen beteiligt waren.

Um den Einfluß dieser speziellen Anharmonizität genauer zu analysieren, entwickelte seine Arbeitsgruppe ein vereinfachtes Modell, das in seiner Struktur durchschaubar war und das als Grundlage für viele weitere Untersuchungen diente. Hiermit erschloß sich für HEINZ BILZ ein drittes großes Arbeitsgebiet. Hatten sich die Arbeiten bisher im wesentlichen mit der modellhaften Beschreibung der Kräfte im Kristall und der Absorption und Emission von Lichtquanten befaßt, so traten nun auch Fragen in den Vordergrund, die sich mit der Auswirkung anharmonischer Terme auf die Lösungen der Bewegungsgleichungen und insbesondere mit der Struktur dieser Lösungen befaßten. So wurden Solitonen und solitäre Schwingungen diskutiert und analysiert, es wurden kommensurable und inkommensurable Phasenübergänge als Funktion der anharmonischen Parameter gefunden, es ergaben sich Anwendungen bei der Rekonstruktion von Oberflächen und beim Polymorphismus von Silicaten und Eis. Auch die Frage zum Verhältnis von Ferroelektrizität und Supraleitung wurde in diesem Rahmen diskutiert, die Entdeckung der Hochtemperatur-Supraleiter mit einer Struktur, die dem Perowskit und damit den oxidischen Ferroelektrika verwandt ist, hätte sicher die physikalischen Vorstellungen von HEINZ BILZ aufs höchste erregt. Nicht wenige Kollegen haben bedauert, daß er dies nicht mehr erlebt hat.

Das gesamte Arbeitsgebiet von HEINZ BILZ kann charakterisiert werden durch die Stichworte »dynamische Eigenschaften der Kristallgitter« und »Wechselwirkung von Licht und Materie«. Beide Gebiete sind in den zwei Büchern behandelt, die HEINZ BILZ zusammen mit einigen seiner Mitarbeiter publiziert hat. Einen Überblick über das gesamte Arbeitsgebiet bietet der Band XXV/2d des Handbuches der Physik mit dem Titel »Licht und Materie 1d« [1], das HEINZ BILZ gemeinsam mit DIETER STRAUCH und ROLAND K. WEHNER geschrieben hat und das 1984 erschien. Hier sind viele der Ideen und Arbeiten seiner Arbeitsgruppe dargelegt und in den allgemeinen Zusammenhang gestellt. Schon 1979 war der »Phononatlas« mit dem Titel »Phonon Dispersion Relations in Insulators« [2] erschienen, in dem HEINZ BILZ und WINFRIED KRESS gemessene und gerechnete Dispersionskurven und die Zustandsdichten der Nichtmetalle zusammengestellt haben. Als Ergänzung hat WINFRIED KRESS 1987 den Band »Phonon Dispersion Curves, One-Phonon Densities of States and Impurity Vibrations of Metallic Systems« herausgegeben. Dieser zweite Band entstand auf Anregung und mit ständiger Unterstützung von HEINZ BILZ. Wer immer Informationen über Phononendaten sucht, wird zu diesen beiden Bänden greifen. Von seinen über 100 Veröffentlichungen seien hier zusätzlich nur noch einige zusammenfassende Arbeiten [3]–[7] und der Tagungsband einer Sommerschule erwähnt, den HEINZ BILZ zusammen mit GIORGIO BENEDEK und ROLAND ZEYHER herausgegeben hat [8]. Er war dabei, über Ferroelektrizität einen Beitrag für die Reihe »Solid State Physics« zu schreiben. Hier wollte er seine Vorstellungen über die nichtlineare Polarisierbarkeit und ihre Beziehung zu ferroelektrischen Phasenübergängen im Zusammenhang darstellen. Dazu ist er leider nicht mehr gekommen.

HEINZ BILZ war einer der anerkannten Spezialisten auf dem Gebiet der Physik der Phononen. Zusammen mit LUDWIG GENZEL und SERGE NIKITINE hatte er den Anstoß zu einem kleinen deutsch-französischen Treffen über Phononen gegeben, hieraus entwickelte sich schnell eine Tagung über aktuelle Fragen der Phononenphysik, auf der sich jährlich ein kleiner europäischer Physikerkreis trifft. HEINZ BILZ war mehrfach Organisator dieser Tagung. Auch bei den großen internationalen Phonontagungen waren sein Rat und seine Mitarbeit gefragt, auf der Phonontagung in Budapest 1985 hatte er zur nächsten Tagung 1989 in Deutschland eingeladen.

Viele seiner wissenschaftlichen Erfolge verdankt HEINZ BILZ seinem »physikalischen Gefühl«. Dazu kam eine Fülle von Ideen, die ihm zu jedem neu auftauchenden Problem einfielen, verbunden mit einem breiten Wissen auf vielen Gebieten der Physik, das ihm immer zur Verknüpfung von Fakten aus unterschiedlichen Bereichen zur Verfügung stand. Typisch für ihn war, daß sein Denken sehr viel stärker ausgerichtet war auf das Lösen von Problemen als auf die Anwendung eines Formalismus. Daher war er auch ein idealer und gern gesehener Gesprächspartner der Experimentalphysiker, die gute Zusammenarbeit dokumentiert sich in vielen gemeinsamen Veröffentlichungen. Aber auch für die Theoretiker war ein Gespräch mit ihm immer ein Gewinn, besonders dann, wenn die Behandlung der formalen Theorie festgefahren war, sein Ideenreichtum und seine physikalische Intuition eröffneten häufig neue Lösungswege und ungeahnte neue Aspekte. Daß sein Überblick über die laufenden Entwicklungen und neuen Ergebnisse auf seinem Arbeitsgebiet international große Anerkennung fand, zeigen die vielen eingeladenen Vorträge zu internationalen Tagungen genauso wie die zahlreichen ausländischen Gäste, die nach Stuttgart kamen, um mit ihm zu arbeiten. Für seine jungen und jüngeren Mitarbeiter war er der ideale Chef, der es verstand, in seinem Institut eine besondere Atmosphäre entstehen zu lassen, in der eine Fülle von Anregungen verbunden war mit einer großzügigen Freiheit, eigenen Gedanken nachzugehen und Arbeiten mit eigenen Methoden fortzuführen. Dabei konnten seine Mitarbeiter zu jeder Zeit seine Hilfe und seinen Rat in Anspruch nehmen – und das nicht nur bei physikalischen Problemen.

Eine Beschreibung von HEINZ BILZ wäre unvollständig, bliebe seine Beschäftigung mit Fragen der Geisteswissenschaften und ihrer Beziehung zu den Naturwissenschaften unerwähnt. Schon als Student hat er in mehreren Arbeitskreisen an der Johann Wolfgang Goethe-Universität Frankfurt am Main und in der katholischen Studentengemeinde mitgearbeitet. Als junger Professor in Frankfurt am Main war er an der Vorbereitung des ev.-kath. Assistententages in Marburg 1967 beteiligt, im Arbeitsband dieser Tagung erschien sein Vortrag »Strukturen und Methoden – Grundlagen der Wissenschaft und Möglichkeiten ihrer Kooperation«. Oft hat er an Arbeitskreisen und Seminaren über Naturphilosophie, Naturwissenschaft und Glauben teilgenommen, in den späteren Jahren galt seine Mitarbeit den Arbeitsgruppen »Zeit« und »Evolution« des Deutschen Instituts für Bildung und Wissen. Über Fragen aus diesem Gebiet hielt er 1982 einen Vortrag an der Johann Wolfgang Goethe-Universität Frankfurt am Main mit dem Thema »Bewegung, Prozeß und Evolution – zum Zeitbegriff in den Naturwissenschaften«. HERMANN DÄNZER widmete er zum 80. Geburtstag den Vortrag »Struktur und Symbol – Aspekte der modernen Physik mit einem Exkurs über Musik«. Leider hat er sich die meisten seiner Vorträge nicht ausführlich aufgeschrieben und sie nur aufgrund von Stichworten gehalten. Die Veröffentlichung dieser Überlegungen hatte er für später aufgehoben, daß er dennoch sich oft mit diesen Problemen beschäftigte und daß er bei allem Enthusiasmus für aktuelle Forschungsergebnisse auf seinem physikalischen Arbeitsgebiet auch immer wieder Fragen nach der Realität der Welt und ihrer Erfahrung nachging, wissen viele seiner Freunde und Kollegen aus zahlreichen Gesprächen und Diskussionen. Insbesondere hat er in den letzten Jahren über die Struktur der Zeit nachgedacht, auf das Buch, das aus diesen Überlegungen entstehen sollte, hatten sich schon viele gefreut.

Bei aller Beschäftigung mit der Wissenschaft liebte HEINZ BILZ das Leben und die Geselligkeit. 1968 hat er die Realschullehrerin SIGNE KEISER geheiratet, sein Haus in Frankfurt, in München und in Stuttgart war berühmt für seine Gastfreundschaft, und an vielen Abenden waren Gäste bei SIGNE und HEINZ BILZ. Dann wurden nicht selten verschiedene Weinsorten probiert; HEINZ BILZ war ein ausgezeichneter Weinkenner, von dem viele seiner Mitarbeiter die Unterschiede zwischen den Rebsorten, den Lagen und den Jahrgängen sowie die Liebe zum Wein und die Freude am Weingenuß gelernt haben. Oft hat er seine Arbeitsgruppe zum Weintesten eingeladen, berühmt und in bleibender Erinnerung sind für seine Mitarbeiter die Fahrten zum Kaiserstuhl während der Spargelzeit.

Als einer der ersten Direktoren des Max-Planck-Instituts für Festkörperforschung hat HEINZ BILZ den Stil und die Entwicklung dieses Instituts entscheidend mitgeprägt. Er hat eine große Zahl von Gästen aus dem In- und Ausland nach Stuttgart geholt, mit denen er intensiv an den physikalischen Problemen arbeitete, die aber auch seine Gastfreundschaft genossen und mit ihm feierten. Ein Höhepunkt unter den Festen war sicher die Feier zu seinem 60. Geburtstag im Max-Planck-Institut, die er im großen Kreis von Kollegen, Freunden und Schülern sichtlich genoß. Wenige Tage später erlitt er während eines Kolloquiumsvortrags an der Universität Mainz einen Herzanfall. Am 26. Juni 1986 ist HEINZ BILZ in der Universitätsklinik in Mainz gestorben.

Literatur

[1] H. Bilz, D. Strauch und R. K. Wehner
Vibrational Infrared and Raman Spectra of Non-Metals
Handbuch der Physik, Band XXV/2d, Licht und Materie Id
Herausgegeben von S. Flügge, Bandherausgeber L. Genzel
Springer-Verlag, Berlin, Heidelberg, New York, Tokyo 1984.

[2] H. Bilz und W. Kress
Phonon Dispersion Relations in Insulators
Springer Series in Solid-State Sciences 10
Springer-Verlag, Berlin, Heidelberg, New York 1979.

[3] H. Bilz
Infrared Lattice Vibration Spectra of Perfect Crystals
in: Phonons in Perfect Lattices and in Lattices with Point Imperfections
Edited by R. W. H. Stevenson
Oliver and Boyd, Edinburgh und London 1966.

[4] H. Bilz
Theorie der Gitterschwingungen und ihrer Wechselwirkung mit elektromagnetischer Strahlung
Festkörperprobleme VI, 222 (1967).

[5] H. Bilz, B. Gliss und W. Hanke
Theory of Phonons in Ionic Crystals
in: Dynamical Properties of Solids, Vol. I
Edited by G. K. Horton and A. A. Maradudin
North-Holland Publishing Company, Amsterdam 1974.

[6] A. Bussmann-Holder, H. Bilz und P. Vogl
Electronic and Dynamical Properties of IV–VI-Compounds
Springer Tracts in Modern Physics 99, 1983, 51.

[7] H. Büttner und H. Bilz
Nonlinear Structures in Solid State Physics
Festkörperprobleme XXIII, 13 (1983).

[8] G. Benedek, H. Bilz und R. Zeyher (Editors)
Statics and Dynamics of Non-Linear Systems
Springer Series in Solid-State Sciences 47
Springer-Verlag, Berlin, Heidelberg, New York, Tokyo 1983.

Für die leihweise Überlassung der Bildvorlagen danken wir:

Prof. Dr. Werner Wachsmuth, Würzburg
Prof. Dr. Carl Landé, Lawrence/Kansas
Frau Else Hartner, Königstein/Ts.
Frau Maria Dessauer, Frankfurt am Main
Frau Maria Seddig, Buchschlag
Frau Dr. Fatma Bass, Langen
Frau Hanna Meissner, Lafayette, Indiana

Bildarchiv der Universität Frankfurt
Niedersächsische Staats- und Universitäts-Bibliothek, Göttingen
Deutsches Museum München

und den Autoren, die die zu ihren Beiträgen gehörenden Bilder bereitstellten.

Namenregister